高职高专"十二五"规划教材

冶金物化原理

郑溪娟　主编

U0323183

北　京

冶金工业出版社

2024

内 容 提 要

本书是根据冶金行业高职高专"十二五"规划和冶金技术专业"冶金物化原理教学大纲"的要求编写的技术基础课程教材。全书共分 9 章,主要内容包括气体,化学反应热量计算,化学反应进行的方向和判据,化学平衡,溶液,相平衡,冶金反应过程的动力学,金属熔体及炉渣的物理化学性质,氧化熔炼反应等,各章均附有习题。内容注重遵循深度适当的原则,着重阐述物理化学基本原理和方法,以及这些理论在冶金生产过程中的应用,从而培养学生分析问题和解决问题的能力。

本书可作为冶金技术专业教学用书,也可供冶金专业技术人员参考。

图书在版编目(CIP)数据

冶金物化原理/郑溪娟主编 . —北京:冶金工业出版社,2012.3
(2024.1 重印)
高职高专"十二五"规划教材
ISBN 978-7-5024-5849-2

Ⅰ. ①冶… Ⅱ. ①郑… Ⅲ. ①冶金—物理化学—理论—高等职业教育—教材 Ⅳ. ①TF01

中国版本图书馆 CIP 数据核字(2012)第 020301 号

冶金物化原理

出版发行	冶金工业出版社	**电 话**	(010)64027926
地 址	北京市东城区嵩祝院北巷 39 号	**邮 编**	100009
网 址	www.mip1953.com	**电子信箱**	service@ mip1953.com

责任编辑 戈 兰 美术编辑 彭子赫 版式设计 葛新霞
责任校对 王永欣 责任印制 禹 蕊
北京建宏印刷有限公司印刷
2012 年 3 月第 1 版,2024 年 1 月第 3 次印刷
787mm×1092mm 1/16;15.5 印张;371 千字;233 页
定价 33.00 元

投稿电话 (010)64027932 投稿信箱 tougao@cnmip.com.cn
营销中心电话 (010)64044283
冶金工业出版社天猫旗舰店 yjgycbs.tmall.com
(本书如有印装质量问题,本社营销中心负责退换)

前　言

　　本书是根据高等职业专科学校冶金工程、冶金技术专业的技术基础课"冶金物化原理"课程教学大纲的要求，并遵循"拓宽基础、强化能力、立足应用、够用为度"的原则编写的。

　　本书的主要内容包括冶金热力学、冶金反应动力学和金属熔体三部分，着重介绍了热力学的三大定律、溶液、相平衡、化学平衡和基本应用；冶金反应动力学的基础知识，冶金过程中脱硫、脱氧等反应的动力学和液-液双膜理论等；金属熔体介绍熔渣的结构、物理化学性质、氧化熔炼等。各章末均有习题，一是力求引导学生学会应用基本知识分析具体冶金生产过程中的问题，培养分析问题、解决问题的能力；二是便于教师根据教学时数和教学对象，灵活选择教学内容。

　　全书由郑溪娟担任主编，马贺利、陈丹、周欣、代利忠担任副主编。参加本书编写的有周欣（第1章）、赵岩（第2章）、郑溪娟（第3～5章）、陈丹（第6章）、代利忠（第7章）、马贺利（第8章）、彭可武（第9章）。在编写过程中编者结合教学实践，参阅并借鉴了多种版本的物理化学、冶金原理教材和部分专著及文献内容，在此特向上述著作及文献作者表示感谢。

　　辽宁科技学院马贺利教授审阅了全书内容，并提出了宝贵意见和建议，本书在编写的过程中还得到了辽宁科技学院领导和同仁的大力支持，在此一并向他们表示衷心感谢。

　　由于编者水平有限，书中有疏忽和不妥之处，诚请读者批评指正。

编　者

2011 年 12 月

目　录

第2篇　冶金反应动力学

第3篇　金属熔体

0 绪 论

金属元素占周期表中元素的75%，它们表现的三大特征是具有光亮的金属光泽，极高的导热、导电性及良好的延展加工性。大多数金属在自然界中以氧化物状态存在于矿石中。矿石是各种氧化物（有时是碳酸盐、硫化物及其他化合物）的混合体。

从矿石提取金属或其化合物的生产过程称为提取冶金学或简称冶金学。由于在这些生产过程包括许多复杂的物理变化和化学变化，因此在解决这些问题时，必须要用到化学的基础知识，即大学化学为物理化学打基础，物理化学为冶金原理打基础，冶金原理为专业课打基础。也就是将大学化学、物理化学的基本原理用于冶金过程，解决实际问题。

研究冶金反应与研究其他化学反应一样，首先必须研究在给定条件下，反应进行的可能性、方向和限度；怎样创造条件使反应沿着预期的方向进行，达到预期的限度。也就是要研究冶金反应的热力学规律。

热力学只能预测反应的可能性，不回答实现这种可能性所需的时间，即不涉及反应速度问题；热力学只注意始末态，而不管中间经历的具体步骤，即不涉及反应机理问题、速度等，因此怎样创造条件加速反应的进行，就必须要研究冶金反应的动力学规律。

事物发展的根本原因在于事物的内部。要了解冶金反应的内在原因，必须从根本上研究参加反应各物质的结构。本书教学内容包括化学反应热量的计算、化学反应进行方向的判断、转化规律、溶液、氧化还原反应、相平衡、冶金反应过程的热力学、动力学、金属熔体和炉渣的结构和主要物理化学性质。

由于研究高温下的冶金反应有不少困难，特别是在动力学、熔渣结构理论方面，仍有不少见解不一致、属有争议的问题，甚至有些现象的本质还没有被人们所认识。这种情况自然也反映在本书中。

冶金物化原理是炼钢及铁合金专业的一门重要技术基础课。通过本课程的学习，学生可掌握合金熔炼的基本规律，并为学习电炉炼钢、转炉炼钢及铁合金等专业课打下理论基础。

第 1 篇

冶金热力学

1 气　　体

【本章学习要求】

　　（1）了解气体分子运动论，熟练掌握气体三大定律和理想气体状态方程的公式及其计算和应用，明确通用气体常数的确定方法。

　　（2）了解道尔顿分压定律和分体积定律，掌握分压定律和分体积定律的计算公式及应用。

　　（3）了解真实气体的 p、V、T 行为，掌握范德华方程及其应用，理解压力修正项和体积修正项的含义。

1.1 理想气体状态方程式

1.1.1 气体分子运动论

（1）气体是大量分子的集合体。相对于分子与分子间的距离以及整个容器的体积来说，气体分子本身的体积是很小的，可忽略不计，因此常可以将气体分子当作质点来处理。

（2）气体分子不断地作无规则的运动，均匀分布在整个容器之中。

（3）分子彼此的碰撞以及分子与器壁的碰撞是完全弹性的（即在碰撞前后总动量不损失。倘若不是这样，碰撞后能量能以热的形式散失，则结果必然将使运动减缓甚至"冻结"，而不能保持原来的稳定状态）。

气体分子之间的距离比较大，致使分子间的引力甚小，分子可以自由地高速运动。因此气体的基本特征是扩散性和压缩性。将气体放入任一容器，它的分子立即向各个方向扩散，即使极少量的气体，也能够均匀地充满一个很大的容器。压缩气体时，使气体分子间距离缩小，因此其体积变小。装在钢桶里的氧、氮、二氧化碳等气体都是被压缩了的。因此气体是既无固定的体积，又无固定的形状的一种聚集状态。温度和压力对于气体的体积有着显著的影响。利用排水集气法很容易观察某些气体温度、压力和体积之间的关系。由此曾经发现了气体性质的一些经验定律。这些实验大都是在 17 世纪到 19 世纪初进行的。在化学史上，称之为"水槽时期"。这些气体定律，对于科学研究和生产技术都有一定的重要意义。

1.1.2 气体实验定律

在标准状况（273K 及 100kPa）下，1mol 任何气体所占的体积都是 22.4L（即 22.4dm³），这个体积称为气体的摩尔体积。但是在冶金生产和科学实验中，实际遇到的温度和压力往往不是 273K 和 100kPa，因此研究一定量气体的温度、体积和压力的关系十分重要。这些关系已经被总结成一些实验定律，现分述如下。

1.1.2.1 波义耳（Boyle）定律

在温度不变时，一定量气体的体积（V）和它的压力（p）成反比

即
$$V \propto \frac{1}{p} \quad \text{（在恒定温度下）}$$

或
$$p_1 V_1 = p_2 V_2 \tag{1-1}$$

1.1.2.2 查理（Charles）和盖-吕萨克（Gay-Lussac）定律

在压力不变时，一定量气体的体积（V）和它的热力学温度（T）成正比。

$$V \propto T \quad \text{（在恒定压力下）}$$

或
$$\frac{V_1}{T_1} = \frac{V_2}{T_2} \tag{1-2}$$

1.1.2.3 阿伏伽德罗（Avogadro）定律

在等温等压下，气体的体积（V）和气体的分子数成正比，也就是和气体的物质的量（n）成正比。

即
$$V \propto n \quad \text{（当温度、压力一定时）}$$

或
$$\frac{V_1}{n_1} = \frac{V_2}{n_2} \tag{1-3}$$

表 1-1 中列出了某些气体在 273K 和 100kPa 时的摩尔体积的数据。

表 1-1   某些气体在 273K 和 100kPa 时的摩尔体积

气 体	H_2	N_2	O_2	CO_2	NH_3
$V/\text{L} \cdot \text{mol}^{-1}$	22.425	22.405	22.394	22.264	22.084

从表 1-1 中数据可以看出，在 273K 和 100kPa 的标准状况下，难液化的气体如 H_2、N_2、O_2 等的摩尔体积都接近 22.4L，只有容易液化的气体如 CO_2 和 NH_3 等的摩尔体积与 22.4L 相差比较大些。

1.1.3 理想气体状态方程

1.1.3.1 理想气体的 p-V-T 关系-状态方程式

将上述几条适用于理想气体的实验定律合并成一个方程式，叫做理想气体方程式，简称气体方程式。描述一定量理想气体在某一状态时 p-V-T 之间的关系。

根据三条定律，得：

$$V \propto \left(\frac{1}{p}\right)(T)(n)$$

如以 R 为比例常数，可以写成等式，得：

$$pV = nRT \tag{1-4}$$

式中，n 为气体的物质的量（mol），p、T 分别是气体的压力和绝对温度，V 就是 n 摩尔气体在压力 p、温度 T 时的体积，R 是一个常数。显然，常数 R 的大小与 p、V 和 T 的数值无关。实验证明其值与气体的种类无关，故称为通用气体常数，$R = 8.314\text{J}/(\text{mol} \cdot \text{K})$。

理想气体状态方程的另一种表达式为

$$pV_m = RT \tag{1-5}$$

式中，V_m 为气体的摩尔体积。与 V 的关系为

$$V = nV_m \tag{1-6}$$

由于热力学温度 T 和摄氏温度 t 不成正比关系，所以在式 1-4 和式 1-5 中的温度只能用热力学温度，不允许直接用摄氏温度代入。

将 $n = \frac{m}{M}$ 代入式 1-4 中，可得

$$pV = \frac{m}{M}RT \tag{1-7}$$

式 1-7 是理想气体 p-V-T 关系的又一种表达方式，式中，m 是气体的质量，单位为 kg；M 是气体的摩尔质量，单位为 kg/mol。

【例 1-1】 当温度为 15℃，压力为 253kPa 时，问在 200L 的容器中，能容纳多少摩尔的 CO 气体？

解： 已知 $p = 253\text{kPa} = 253 \times 10^3\text{Pa}$；$V = 200\text{L} = 200 \times 10^{-3}\text{m}^3$

$$T = 273.15 + 15 = 288.15\text{K}; \quad R = 8.314\text{J}/(\text{mol} \cdot \text{K})$$

所以

$$n = \frac{pV}{RT} = \frac{253 \times 10^3 \times 200 \times 10^{-3}}{8.314 \times 288.15} = 21.12\text{mol}$$

【例 1-2】 16g 的氧气，在 278K 与 97.272kPa 的状态下，作为理想气体，应占体积多少升？

解： 已知 $T = 278\text{K}$；$p = 97.272\text{kPa} = 97.272 \times 10^3\text{Pa}$

$$n = \frac{m}{M} = \frac{16}{32} = 0.5\text{mol}; \quad R = 8.314\text{J}/(\text{mol} \cdot \text{K})$$

所以
$$V = \frac{nRT}{p} = \frac{0.5 \times 8.314 \times 278}{97.272 \times 10^3} = 0.01188 \text{m}^3 \approx 12\text{L}$$

【例 1-3】 将 1 份重 0.495g 的氯仿（$CHCl_3$）蒸气收集在容积为 127mL 的烧瓶中，在 98℃时，瓶中蒸气压力为 $1.005 \times 10^5 \text{Pa}$，计算氯仿的相对分子质量。

解: 已知　$p = 1.005 \times 10^5 \text{Pa}$；$V = 127 \text{mL}$

$$T = 98 + 273.15 = 371.15 \text{K};\ R = 8.314 \text{J/(mol·K)}$$

将上式已知数据代入式 1-7 中

$$pV = \frac{m}{M}RT$$

则
$$M_{CHCl_3} = \frac{mRT}{pV} = \frac{0.495 \times 8.314 \times 371.15}{1.005 \times 10^5 \times 127 \times 10^{-6}} = 119.7 \text{g/mol}$$

即氯仿的相对分子量是 119.7。

1.1.3.2　通用气体常数 R 的确定

以 V_m 表示摩尔体积，在恒温和低压下，若将各种气体的 pV_m 乘积对 p 的关系外推至压力为零时，这些曲线都相交于同一点，当温度为 273.15K 时各气体的 $\lim\limits_{p \to 0}(pV_m)$ 值都是 2270.99J/mol，如图 1-1 所示。因此，只有在压力 p 趋于零时，才能得出 R 为一个与气体种类无关的常数，其值为

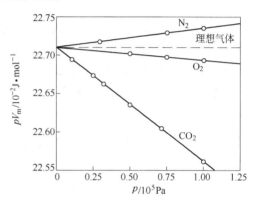

图 1-1　273.15K 时，低压气体的 pV_m-p 关系

$$R = \frac{\lim\limits_{p \to 0}(pV_m)}{T} = \frac{2270.99}{273.15} = 8.314 \text{J/(mol·K)}$$

若恒定其他温度时测定 pV_m-p 关系，各种气体的 $\lim\limits_{p \to 0}(pV_m)$ 也都是相同的，其数值随温度而变化，但 $\dfrac{\lim\limits_{p \to 0}(pV_m)}{T}$ 的结果仍为 8.314J/(mol·K)。

1.2　理想混合气体的分压定律

1.2.1　分压定律

在恒定的温度下，当压力不是很高时，气体混合之后，它们不起化学作用，分子间的引力又小到可以忽略不计，如同它们单独存在一样，混合气体的总压力正好等于两种气体原先分别处于球中时的压力的总和，即

$$p_{总} = p_{N_2} + p_{O_2}$$
$$= 2.67 \times 10^4 \text{Pa} + 4.0 \times 10^4 \text{Pa}$$
$$= 6.67 \times 10^4 \text{Pa}$$

由上述实验可以看出混合气体的总压力等于各个组分气体对器壁施加压力之和。分压

力是组分气体对器壁所施加的压力。这种关系由英国化学家道尔顿（J. Dalton）在 1807 年通过实验发现，称为道尔顿分压定律，即"气体混合物中的总压力等于混合物中各气体分压之和"。如以 $p_{总}$ 表示总压力（可简称总压），p_1，p_2，p_3，…表示组分气体 1，2，3，…的分压力（可简称分压），则

$$p_{总} = p_1 + p_2 + p_3 + \cdots \tag{1-8}$$

例如，对于 O_2 和 N_2 两种气体，如以 p_{O_2} 和 p_{N_2} 分别表示 O_2 和 N_2 的分压，n_{O_2} 和 n_{N_2} 分别表示 O_2 和 N_2 的物质的量，V 为气体混合物的体积，则据气体方程可得：

$$p_{O_2} = \frac{n_{O_2}}{n_{总}} p_{总} = x_{O_2} p_{总} \tag{1-9}$$

$$p_{N_2} = \frac{n_{N_2}}{n_{总}} p_{总} = x_{N_2} p_{总} \tag{1-10}$$

式中，x_{O_2}、x_{N_2} 分别为 O_2 和 N_2 的物质的量分数。某组分气体物质的量与气体混合的物质的量之比，叫做该组分气体的物质的量分数。

1.2.2 分体积定律

混合气体中某组分 i 单独存在，并且和混合气体的温度、压力相同时所具有的体积 V，叫混合气体中 i 组分的分体积。以 T、p 时 n_1 mol 由组分 1 和 n_2 mol 组分 2 组成混合气体为例，其总体积 V 和两个组分的分体积 V_1、V_2 示意图如图 1-2 所示。实验结果表明，如果混合气体压力不高，可得

$$V = V_1 + V_2$$

即混合气体的总体积等于各组分分体积之和。这就叫阿末加（Amagat）分体积定律，简称分体积定律。该定律可用通式表示为

$$V = \Sigma V_i \tag{1-11}$$

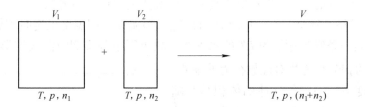

图 1-2 总体积和分体积示意图

分压体积定律所表示的内容应为理想气体行为，低压混合气体近似符合这一规律。

混合气体某组分 i 的分体积 V_i 除以总体积 V，称为 i 组分的体积分数。若混合气体服从分体积定律，则可得

$$\frac{V_i}{V} = \frac{n_i RT/p}{nRT/p} = \frac{n_i}{n} = x_i \tag{1-12}$$

$$p_i = \frac{n_i}{n} p = \frac{V_i}{V} = x_i p$$

混合气体中某组分 i 的分压，等于该组分的物质的量分数或体积分数与总压相乘。

因为体积分数 × 100% = 气体的体积百分含量。

在实际生产中，常常利用气体分析的方法，测定其体积百分含量，再利用气压计测出气体混合物的总压力，就可以算出各组分气体的分压。

【例 1-4】 在 18℃、100kPa 压力下，取 200cm³ 煤气进行分析。煤气中含 CO 59.4%、H_2 10.2%，其他气体占 30.4%。求煤气中 CO 和 H_2 的物质的量，和它们的物质的量分数。

解： 根据分压定律，设 CO 的分压为 p_{CO}，H_2 的分压为 p_{H_2}，则

$$p_{CO} = 59.4\% \times 100kPa = 59.4kPa, \quad p_{H_2} = 10.2\% \times 100kPa = 10.2kPa$$

已知

$$V = 200cm^3 = 200 \times 10^{-6}m^3, \quad T = 273 + 18 = 291K$$

$$n_{CO} = \frac{p_{CO}V}{RT} = \frac{59.4 \times 10^3 \times 0.2 \times 10^{-3}}{8.314 \times 291} = 0.0049mol$$

$$n_{H_2} = \frac{p_{H_2}V}{RT} = \frac{10.2 \times 10^3 \times 0.2 \times 10^{-3}}{8.314 \times 291} = 0.00084mol$$

由于某组分气体的物质的量分数等于它的体积分数，所以 CO 的物质的量分数为 0.594，H_2 的物质的量分数为 0.102，其他气体的物质的量分数为 0.304。

1.3　真实气体——范德华方程

1.3.1　真实气体的 p、V、T 行为

客观存在的气体均为真实气体。真实气体的分子本身具有体积，分子间有作用力，由于分子本身具有体积，因而减小了气体所占体积中可被压缩的空间，使真实气体应比理想气体较难被压缩。而气体分子间的作用力通常表现为吸引力，分子间的相互吸引将使真实气体比理想气体容易压缩。这两个相反的因素总是同时存在的，但并非完全抵消，并且它们都与气体的化学性质有关。因此，真实气体的 p-V-T 关系常偏离理想行为，其 p、V、T 行为可由实验具体测定。图 1-3 示出了真实气体偏离理想行为的情况。

图 1-3 是在 273.15K 时 N_2、O_2 及 H_2 的 pV_m-p 恒温线。因温度恒定时理想气体的 $pV_m = RT$，在图中应是一条纵坐标值为 RT 的水平线，故由图中各实测恒温线的形状，很容易判别各真实气体的 pVT 行为相对理想行为的偏差。

在一定温度下，一定量气体的体积总是随着压力减小而增大，这就使分子本身体积及分子间相互作用力的影响都趋于减弱，所以低压气体近似服从理想气体的各种规律。当压力趋于零时，上述两种因素实际都可以忽略不计，pV_m 都为确定值，各种气体都可以认为是理想气体。

在同样温度与同样压力条件下，不同气体偏离理想行为的程度不同，其偏离程度与气体的种类有关，反映出气体的不同结构对其 pVT

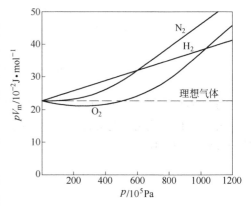

图 1-3　273.15K 时气体的 pV_m-p 关系

行为有影响。

在温度恒定压力不同条件下,同一气体偏离理想行为的程度亦不相同。以 O_2 的恒温线为例,低压时 $pV_m < RT$,表明该气体在所处 T、p 条件下的摩尔体积小于理想气体的摩尔体积值,即比理想气体易于压缩。较高压力下,$pV_m > RT$ 则表明该真实气体较理想气体难压缩。实验曲线表明随 p 增大,影响 pVT 行为的主导因素发生了变化,即从引力因素起主要作用,转变为体积因素起主要作用。

1.3.2 范德华方程

范德华(Van der Waals)于 1873 年在前人研究的基础上,考察了真实气体分子间相互作用力及分子本身具有的体积对 pVT 行为的影响,修正了理想气体状态方程,建立了范德华方程,即真实气体状态方程:

$$\left(p + \frac{a}{V_m^2} \right) (V_m - b) = RT \tag{1-13}$$

该方程是以一定的理论分析为基础,由理想气体状态方程引入 b 及 a/V_m^2 两个修正项而得出的。两个修正项分别修正了分子本身的体积和分子间力对气体行为的影响。式中 a 及 b 是两个与气体种类有关的常数,统称为范德华常数。部分气体的范德华常数列于表1-2中。

表 1-2 气体范德华常数

气 体	$a/Pa \cdot (dm^3)^2 \cdot mol^{-2}$	$b/dm^3 \cdot mol^{-1}$
NH_3	4.17×10^{-5}	3.71×10^2
CO_2	3.60×10^{-5}	4.28×10^2
C_2H_4	4.48×10^{-5}	5.72×10^2
H_2	0.245×10^{-5}	2.66×10^2
CH_4	2.25×10^{-5}	4.28×10^2
N_2	1.347×10^{-5}	3.86×10^2
O_2	1.36×10^{-5}	3.19×10^2
水 汽	5.48×10^{-5}	3.06×10^2
空 气	1.33×10^{-5}	3.66×10^2

根据理想气体的微观模型,$pV_m = RT$ 的含义可表示为:分子间无相互作用力时表现的压力 ×1mol 气体的可压缩空间 $= RT$。当真实气体为 p、V_m、T 时,范德华分析并确定了上式中的两个物理量。

1.3.2.1 压力修正项

通常气体分子间的作用力是客观存在的,只有在低压下,分子间的距离很大时,才能略去分子间的作用力不计。由于气体分子间的作用力是互相吸引,吸引力的存在减弱了每个分子碰撞器壁时施加的力,即气体分子施加器壁的压力要比忽略吸引力时要小。如果真实气体的压力为 p,假设分子间的作用力不复存在,则气体的压力必大于 p,以 $p + p_A$ 表示,p_A 称为内压力。

内压力 p_A 是由于分子间作用力存在而引起的。据范德华的推导，p_A 近似与分子间作用力的大小成正比，也与碰撞在单位容器壁面上的分子数成正比。对一定气体而言，上述两因素都与摩尔体积成反比，所以内压力 p_A 应与摩尔体积 V_m 的平方成反比，比例系数以 a 表示，即

$$p_A = \frac{a}{V_m^2} \tag{1-14}$$

式中，常数 a 就是范德华常数，数值因气体种类而异，但均为正值。

1.3.2.2   体积修整项

在理想气体的分子模型中，是把分子看成没有体积的质点，设如果有 1mol 的气体，在 $pV_m = RT$ 式中的 V_m 应理解为每个分子可以自由活动的空间，或称为自由空间，它等于容器的体积。当压力较高时，分子本身的体积就不能忽略。真实气体的实际摩尔体积为 V_m，因分子本身存在体积，则分子可以自由活动的空间不再是 V_m，而要减少，即可压缩空间必小于 V_m，要从 V_m 中减去一个与分子本身体积有关的修整项 b，即 1mol 真实气体的分子可以自由活动的空间为 $V_m - b$。范德华假设气体分子是直径为 σ 的球体。两分子相接近时，两分子中心的最小距离为 σ，进行推导得出：b 是 1mol 气体分子的实际体积的四倍，即

$$b = 4N_0\left(\frac{1}{6}\pi\sigma^3\right) \tag{1-15}$$

式中，N_0 为阿伏伽德罗常数。

表 1-3 列举了 320K 时，CO_2 气体在不同压力下摩尔体积的实测结果和由范德华方程、理想气体状态方程的计算结果，表明范德华方程计算结果较接近于实际情况。

表 1-3   320K 时 CO$_2$ 的摩尔体积 V_m   （dm³）

p/Pa	V_m（实测值）	V_m 由范德华方程计算值	V_m 由理想气体方程计算值
1×10^{-5}	26.2	26.2	26.3
10×10^{-5}	2.52	2.53	2.63
40×10^{-5}	0.54	0.55	0.66
100×10^{-5}	0.098	0.10	0.26

习   题

1-1   在等压下，欲使气体体积比 0℃时增加 1 倍，温度应升到多少？

1-2   标准状况下 1m³ CO_2 通过炽热的碳层后，完全变成了 CO。这时温度为 900℃，压力为 102.7kPa，问生成的 CO 体积是多少？

1-3   在 25℃，3040kPa 时，容积为 5dm³ 的氧气钢瓶，放出 66g 氧气后，设温度不变，瓶内氧气的压力变为多少（假设氧气看作理想气体）？

1-4   在 2dm³ 装有 100kPa 氧气的容器中，再装入 1dm³ 200kPa 的氩气，问氧气和氩气的分压各是多少？

1-5 在温度为 27℃时，32g 氧气和 56g 氮气盛于 10dm³ 的容器中，试计算：

(1) 这两种气体的分压力；

(2) 气体混合物的总压。

1-6 氯酸钾加热分解后，失去重量 0.491g，生成的氧气用排水法收集。在温度为 21℃、压力为 99.63kPa，测得其体积为 377dm³，试由这些数据计算出氧的相对分子质量。

1-7 在 27℃和 100kPa 时，用 HCl 处理 0.136g 的 Al-Zn 合金试样，测得放出的干燥 H_2 的体积为 129cm³，试计算合金中 Al 的百分含量。

1-8 已知空气中 N_2、O_2 和 Ar 的体积百分数分别为 78%、21% 和 1%，试计算在标准状况下空气中各组分的分压力。

1-9 设空气中含 O_2 21%、N_2 79%（将 Ar 作为 N_2 一起计算），风机的风压为 243.18kPa，风温为 27℃，试求氧的分压，并问每立方米的高压风中含氧多少千克？

1-10 某转炉炉气中含 O_2 5%，炉气温度为 780℃，压力为 100kPa，问 1m³ 的烟气中含氧多少克？

1-11 乙炔气是制取聚氯乙烯的原料之一，它可由电石 CaC_2 和水作用得到。问 1kg 纯度为 90% 的电石可产生多少体积的干燥乙炔气体（在标准状况下）？

1-12 已知湿空气中含有水蒸气 0.5%（体积分数），问 10^5Pa 和 27℃下的湿空气 200mL 中含有水蒸气多少毫克？

2 化学反应热量计算

【本章学习要求】

（1）了解热力学研究的对象和目的，理解并掌握热力学的基本概念。着重理解状态函数及其特点，熟练掌握膨胀功的计算公式及功的计算方法。

（2）注意理解热力学第一定律的文字表述及数学表达式。掌握理想气体的可逆过程、定容热、定压热的定义，掌握定容热与热力学能变化的关系、焓的定义式及定压热与焓变的关系、热容、定压摩尔热容与温度的关系、定压摩尔热容和定容摩尔热容的关系、平均热容，熟练掌握可逆过程与膨胀功及绝热过程功的计算。

（3）了解化学反应的计量方程、反应进度、化学反应热效应、盖斯定律、生成热、燃烧热、熔解热的概念；熟练掌握由标准摩尔生成焓与标准摩尔燃烧焓计算反应焓的计算及应用。

（4）了解化学反应热效应与温度的关系即基尔戈夫定律；并应用基尔戈夫定律计算高温过程化学反应的反应热。

2.1　热力学研究的对象和目的

热力学是从研究热和机械功相互转化关系问题而产生和发展起来的一门科学。热力学的基础主要是热力学第一定律和热力学第二定律。这两个定律都是 19 世纪建立起来的，是人类长期实践经验的总结，有牢固的实验基础。在 20 世纪初又建立了热力学第三定律。用热力学的基本原理来研究化学反应及相变过程的科学，称为化学热力学。化学热力学的主要内容是利用热力学第一定律来计算相变和化学反应热效应等能量转换问题，以及利用热力学第二定律来解决反应及相变过程的方向和限度问题并研究相平衡和化学平衡问题。热力学第三定律主要解决物质的绝对熵问题，有了这个定律，原则上只要从热化学的数据就能解决有关化学平衡的计算问题，因此有着重要的意义。

下面的两个典型的例子，可以说明热力学在化学和冶金方面的作用。

（1）氧化铁在熔炉中还原过程为：$Fe_3O_4 + 4CO \rightarrow 3Fe + 4CO_2$。但在出口处，气体中还含有很多 CO，以前推想还原不完全，可能是由于 CO 与矿石（Fe_3O_4）接触的时间不够。为此，曾花费了大量资金修建高炉，但结果 CO 的含量并未减少。以后根据热力学的计算知道，在高炉中，这个反应不能进行到底，含有很多 CO 是不可避免的。

（2）在 19 世纪末进行了从石墨制造金刚石的尝试，所有的实验都以失败告终，以后通过热力学的计算知道，只有当压力超过 1500MPa 时，石墨才有可能转变成金刚石。现在已经成功地实现了这个转变过程。

这两个例子说明热力学在解决实际问题中的重要性，化学热力学主要解决两大问题：

（1）化学过程中能量转化的衡算。例如某一种燃料燃烧时，能释放多少能量，燃烧时的最高温度是多少？要保证冶金生产顺利进行，必须计算出每生产一定数量的产物时，应该释放多少反应热，或者补充多少能量，才能控制炉内的温度。所有这些都涉及能量衡算的问题。

（2）判断化学反应进行的方向和限度。例如，为了试制某一产品，需要判断根据所建议的某条合成路线，能否得到所需要的产品，这就是反应的方向。如果能进行，其最大产量是多少，应该在什么条件下（T、p、c 等）才能提高产量，这就是反应的方向与限度问题。

热力学的研究方法是宏观方法，热力学的三个定律都是由大量质点的宏观现象总结出来的，不考虑物质的微观结构和反应进行的机理。热力学只能告诉我们，在某条件下，变化是否能够发生，进行到什么程度。这是解决反应进行的可能性问题。至于如何把可能性变为现实性，还需要化学动力学、物质结构等各方面的知识互相配合。

2.2 热力学基本概念

2.2.1 体系与环境

自然界中各种物质都在不停地运动和变化着，而且又互相联系，相互制约。为了研究问题的需要，往往选择部分物质作为研究的对象。所选择的研究对象称为体系，而与体系周围有关的物质则称为环境。体系可由一种物质构成，也可以由几种物质构成。例如研究水的汽化时，水及水蒸气就是我们所研究的对象即体系，装水的容器，加热的热源及容器内外的空气等就是环境。研究 HCl 和 NaOH 之间发生的中和反应，HCl、NaOH 是所研究的体系，盛 HCl、NaOH 的容器、搅拌棒、容器内外的空气等就是环境。在体系和环境之间可以存在着真实的界面，但也可以是虚构的界面。

体系和环境之间有着密切的关系，它们既可以发生能量交换，也可以发生物质交换。

如果体系与环境之间同时有能量和物质交换，则这种体系就称为敞开体系。例如在一只玻璃杯中，水吸热变成汽，当把水作为体系，其他物质当作环境，则体系与环境间不断有物质和能量的交换，称为敞开体系。

如果体系与环境之间只有能量交换，没有物质交换，则这种体系称为封闭体系。上例中若把一杯水盖上盖子，则此时的体系就是水和气，则体系与环境就只有能量的交换而没有物质的交换，故属于封闭体系。如不加以说明，所谓体系就是指封闭体系。

如果体系与环境之间既没有能量交换，也没有物质交换，则该体系称为孤立体系（或称为隔离体系）。设在密闭而又绝热的容器内进行某个化学反应，把整个容器作为体系，则这种体系与环境就既没有交换能量，也没有交换物质，所以它就是孤立体系。因为绝对绝热的材料是不存在的，所以不可能有真正的孤立体系，只能有接近于孤立的体系。

2.2.2 体系的性质、状态和状态函数

体系的性质包括体系的一切物理性质和化学性质，如温度、压力、体积、质量、浓度……等。热力学讨论的性质都是宏观性质（即大量粒子的平均效果），是体系在宏观平

衡状态时的性质。

体系的性质可分为容量性质（又称广度性质）与强度性质两种。容量性质的数值与体系中物质的量成正比；这种性质在体系中有加和性，即整个体系的容量性质的数值，是体系中各部分该性质数值的总和。例如体积、质量、热容量、热力学能等。强度性质的数值与体系中物质的量无关；这种性质在体系中没有加和性，而是整个体系的强度性质的数值与各个部分的强度性质的数值相同。例如一个瓶中气体的压力与瓶中各部分气体的压力是相同的，而不能说气体的压力是各个部分气体的压力之和。所以压力是体系的强度性质。其他还有温度、黏度、密度等亦是强度性质。往往两个容量性质之比称为体系的强度性质。例如密度，它是质量与体积之比；摩尔体积，它是体积与物质的量之比；摩尔热容，它是热容与物质的量之比，而这些均是强度性质。

体系的状态是体系所有性质的综合表现。当各种宏观性质都确定后，体系就有确定的状态。反过来说，体系的状态确定后，各种宏观的性质就有了确定的值。因为体系的各种宏观性质是它所处状态的单值函数，所以热力学把各种宏观性质称为体系的状态函数。根据上述概念，体系的组成、温度、压力、体积、密度等都是状态函数。此外，在以后将要介绍的体系的热力学能、焓、熵、自由能等也是状态函数。

体系的宏观性质相互间是有关联的。所以描述体系的状态并不需要罗列其全部性质，只要确定几个性质就可以确定体系的状态，因为确定了几个状态性质，其他的状态性质亦就随之而定了。例如理想气体在温度一定的条件下，其压力增大一倍，就必然引起气体的体积缩小一半。经验证明，对于纯物质单相体系来说，要确定它的状态，需要有三个状态性质，一般采用温度、压力和物质的量（T、p、n）；当物质的量固定即为封闭体系时，只需要两个状态性质如温度和压力就能够确定它的状态。例如 1mol 的氧气，当温度为 0℃，压力为 100kPa 时，由理想气体状态方程就可以求得体积是 22.4L，密度是 1.43g/L。

由于体系处在一定的状态下，其状态函数就有了一个确定值。则必然可以得出以下两点结论。一是当体系的状态发生变化时，体系的某些状态函数将随之变化，变化的数值只取决于体系的最初状态（称为初态或始态）和最终状态（称为末态或终态），而与变化所经历的途径无关。例如 1mol 氧气从初态（0℃，100kPa）变到末态（0℃，200kPa），不管中间经过什么具体途径，其温度的变化值都是零，压力的变化值都是 100kPa。二是无论经历多么复杂的变化，只要体系恢复原状，状态函数也恢复到原来的值。也就是说，当体系经一循环过程，恢复原来状态时，状态函数之值不变。利用状态函数这种特点来解决问题的方法常称为热力学的状态函数法。这是热力学中解决问题经常应用的方法。

2.2.3　过程和途径

体系状态发生的一切变化均称为过程。根据变化经过的不同特点常给以不同的名称，例如体系的状态是在温度一定的条件下发生了变化，则此变化称为"等温过程"；若在压力一定的条件下，体系的状态发生了变化，则此变化称为"等压过程"。体容积不发生变化的过程称为"等容过程"。体系与环境之间不存在热量传递过程，称为"绝热过程"。如果体系由某一状态出发，经过一系列变化，又回到原来的状态，这样的过程称为"循环过程"。图 2-1 所示为不同途径的示意图。

完成某一过程的具体步骤称为途径。例如，一定量的理想气体由始态（273K，1MPa）

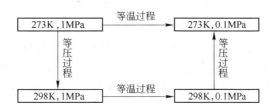

图 2-1 不同途径的示意图

出发，在等温条件下，可以经过不同的途径而达到终态（273K，0.1MPa）。

显然，尽管途径不同，但体系状态函数的变化值不因途径不同而改变。

2.2.4 热和功

热是体系与环境交换能量的一种形式。由于体系与环境之间的温度差而造成的能量传递叫做热。热有显热，潜热和反应热。显热是没有化学变化，没有聚集状态的变化，单纯升温和降温时，体系所吸收或放出的热。如果体系内部有物质聚集状态的变化（相变），并保持在温度不变的条件下，物质相变时体系所吸收或放出的热，称为相变潜热，简称为相变热。

热力学中常用符号 Q 代表热，并规定体系吸热时，Q 为正值；体系放热时，Q 为负值。其单位是 J 或者 kJ。功是体系与环境交换能量的另一种形式。体系与环境之间除热以外其他各种形式的能量传递，都称为功。功可分为若干种。热力学常见的一种功，是体系反抗外压，体系膨胀所做的机械功，称为膨胀功。热力学规定，体系对外做功为负，环境对体系做功为正。图 2-2 是一个汽缸，内有 $n$mol 的某种气体，活塞面积为 S，设活塞与气缸内壁无摩擦，气体所受的外压为 $p_{外}$，当气体的压力大于外压时，气体就克服外压，体积膨胀而做膨胀功。如果活塞从 A 处移动到 B 处，移动的距离为 Δl，体积从 V_1 增加到 V_2，那么所做的膨胀功（W_e）就等于力（f）和位移（Δl）的乘积，即：$W_e = f\Delta l$。

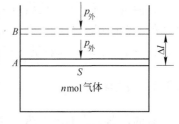

图 2-2 气体膨胀做功

因为：$f = p_{外} S$，所以：$W_e = - p_{外} S\Delta l$。活塞面积和位移的乘积是气体体积增量（ΔV），所以：

$$W_e = - p_{外} \Delta V \tag{2-1}$$

如果发生微小过程，则体积改变为微分值（dV），所做的功为微量功（δW_e）：

$$\delta W_e = - p_{外} dV \tag{2-2}$$

功的单位采用 J 或者 kJ，与热的单位一样。

应当注意，功和热都不是体系的性质，因此也就不是体系的状态函数。所以在微小过程中体系所做的微小功不是全微分，不能用微分符号"d"表示，故以 δW 表示，微量热以 δQ 表示。而状态性质的微小变化，在数学上应当是一全微分，例如体积的微小变化用 dV 表示。既然功和热都不是体系的性质，就不能说体系在一定状态下有多少功和热，只能说在体系状态发生的过程中做了多少功或吸了多少热。W_e 可省略下角字 "e"，而写成 W 表示膨胀功。

从式 2-1 和式 2-2 出发，可计算体系在各种具体过程中的膨胀功。

【例 2-1】　有 1mol H_2，初态为 25℃，0.1MPa，24.78dm³，将其放在大恒温槽内使其恒定温度始终保持 25℃。设想经下列不同过程，使其变为末态 25℃，0.05MPa，49.56dm³，试计算膨胀功：（1）令 H_2 对真空膨胀，在 $p_{外} = 0$ 的条件下迅速膨胀到末态；（2）在膨胀前一瞬间，把外压突然降到 0.05MPa，并保持恒定，令 H_2 在外压 0.05MPa 下膨胀到末态。

解：（1）据式 2-1，$W = -p_{外} \Delta V = 0$

（2）此过程 $p_{外}$ 恒定为 0.05MPa 而始终不变，所以

$$W = -p_{外}(V_2 - V_1) = -0.05 \times 10^6 \times (49.56 - 24.78) \times 10^{-3} = -1239J$$

从此例可见，对于相同的初态和末态，因过程不同，做的功也不同，所以功不是状态函数，与过程有关。

2.3　热力学第一定律及其应用

2.3.1　第一定律的表述

能量可以从一种形式转变为另一种形式，而且不同形式的能量在相互转化时有着严格的当量关系。能量的形式虽然变化了，但总量不变，这就是能量守恒定律。概括地说，能量既不能凭空产生，也不能自行消灭，只能由一种形式转换为另一种形式。对热力学体系而言，能量守恒原理就是热力学第一定律。一种说法是："不供给能量而可连续不断对外做功的机器叫第一类永动机，无数事实表明，第一类永动机是不可能存在的。"另一种说法是："孤立体系的总能量（热力学能）不变"。

2.3.2　热力学能

有的化学反应能放出热，这种热量和反应体系储存的能量有关。体系内部所储存的总能量就叫做热力学能（内能）。它包括体系内部分子运动的动能、分子与分子间相互作用的势能、分子内部原子与电子运动的能量以及原子核内能量等。但是，它不包括体系整体宏观机械运动的动能和体系在外力场中的势能。

热力学中采用符号 U 代表热力学能，其单位采用国际单位的能量单位焦耳（J）或千焦耳（kJ）。有些文献资料目前还是用卡（cal）或千卡（kcal）作为单位，这可以通过热功当量将其换算为焦耳（J）或千焦（kJ）。热功当量为 1cal = 4.184J。

热力学能是体系自身的性质，因而是状态函数，具有状态函数的特点。体系在一定状态下，热力学能有一定值，体系的状态改变时，热力学能的变化 ΔU，只决定于初态 U_1 和末态 U_2，与途径无关。

$$\Delta U = U_2 - U_1 \tag{2-3}$$

热力学能的绝对值现在还无法测量，然而对热力学来说，重要的不是热力学的绝对值，而是热力学的变化值。因为这是可以用实验测量的物理量。

2.3.3　第一定律的数学表达式

体系热力学能的变化可能是由于体系对环境做功或环境对体系做功，也可能是由于体系与环境发生热交换而引起的。

若体系从环境吸热 Q，得到功 W，则体系热力学能的变化 ΔU 为

$$\Delta U = Q + W \tag{2-4}$$

如果体系状态只发生一无限小量的变化，则上式可写成：

$$dU = \delta Q + \delta W \tag{2-5}$$

总括上述，热力学能是体系的性质，是状态函数，具有状态函数的特点。功和热不是状态函数，其值的大小不仅与初末态有关，而且决定于具体的途径。

2.3.4　恒容热、恒压热及焓

有些过程在密闭的容器内进行，体系的体积维持不变，这种过程称为恒容过程。还有许多过程是在敞口容器中进行，压力不变，这种过程称为恒压过程。在恒容或恒压过程中，如果没有非膨胀功，则过程的热分别称为恒容热和恒压热。

2.3.4.1　恒容热

体系与环境之间交换的热不是一状态函数。但在某些特定的条件下，某一特定的过程热却可变成一个定值，此定值仅仅取决于体系的始态和终态。当体系发生某一过程时，如果此过程只做膨胀功而不做其他功（如电功等）。式 2-5 可写为

$$dU = \delta Q - p_{外} \, dV \tag{2-6}$$

对恒容下发生的过程来说，$dV = 0$，上式可写为

$$dU = \delta Q_V \tag{2-7}$$

积分后可得

$$\Delta U = Q_V \tag{2-8}$$

因为 ΔU 只取决于体系的始态和终态，所以恒容热 Q_V 亦必然只取决于体系的始态和终态。

2.3.4.2　恒压热和焓

对恒压下发生的过程来说，因为 $p_{外} = p_{终}$，并且是一常数，因此将式 2-6 积分可得

$$
\begin{aligned}
Q_p &= \Delta U + p_{外} \, \Delta V \\
&= (U_2 - U_1) + p_{外}(V_2 - V_1) \\
&= (U_2 + p_2 V_2) - (U_1 + p_1 V_1)
\end{aligned} \tag{2-9}
$$

因为 U、p 和 V 是体系的状态函数，所以 $U + pV$ 如热力学能 U 一样，也是一个状态函数，这一新的状态函数叫"焓"。用符号 H 表示，即

$$H = U + pV \tag{2-10}$$

所以

$$\Delta H = H_2 - H_1 = \Delta U + \Delta(pV) \tag{2-11}$$

当 p 一定时，上式可写为

$$\Delta H = \Delta U + p\Delta V \tag{2-12}$$

将此式与式 2-9 比较，表明

$$\Delta H = Q_p \tag{2-13}$$

所以，在恒压过程中，体系所吸收的热等于此过程中体系焓的增加。因为 ΔH 是状态函数的变化，只取决于体系的始态和终态，所以恒压热 Q_p 亦必然只取决于体系的始态和终态。由式 2-10 的定义可见，U 和 V 的数值都与体系中物质的量成正比，故此 H 必然亦是体系的容量性质。

2.3.4.3 理想气体的热力学能和焓

冶金过程中所遇到的气体大多数是处在高温、常压状态，比较接近理想气体，一般可将其看作理想气体。

焦耳在 1843 年做了如下实验：将两个容积相等的容器，它们之间有旋塞连通，其一装满气体，另一抽为真空（见图 2-3）中放有温度计。视气体为体系，实验时打开连通旋塞，使气体向真空膨胀，然后观察水的温度有没有变化，结果 $\Delta T = 0$。这说明此膨胀过程中体系和环境间没有热交换，即 $Q = 0$；又因为此过程为向真空膨胀，故 $W = 0$；因此该过程的 $\Delta U = 0$。实验事实说明：在低压下气体向真空膨胀时温度不变，热力学能也不变，但体积增大了。由此得出结论，在温度一定时气体的热力学能 U 是一定值，而与体积无关。这一结论的数学形式可推导如下。

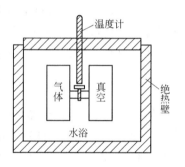

图 2-3 焦耳实验示意图

对纯物质单相密闭体系来说，所发生的任意过程，其热力学能变化可表示为

$$\mathrm{d}U = \left(\frac{\partial U}{\partial T}\right)_V \mathrm{d}T + \left(\frac{\partial U}{\partial V}\right)_T \mathrm{d}V$$

将此公式应用于焦耳实验，则因 $\mathrm{d}U = 0$，故

$$\left(\frac{\partial U}{\partial T}\right)_V \mathrm{d}T + \left(\frac{\partial U}{\partial V}\right)_T \mathrm{d}V = 0$$

而焦耳实验中 $\mathrm{d}T = 0$，$\mathrm{d}V > 0$，所以 $\left(\frac{\partial U}{\partial V}\right)_T = 0$。

上式说明，气体在定温条件下，改变体积时，系统的热力学能不变，即热力学能只是温度的函数而与体积无关，即 $U = f(T)$。

事实上，上式只是对理想气体来说是正确的。因为精确的实验证明：实际气体向真空膨胀时，仍有很小的温度变化，只不过这种温度变化随着气体起始压力降低而变小。因此可以认为，只有当气体的起始压力趋近于零（即理想气体）时，$\mathrm{d}T = 0$ 才是严格正确的。只有理想气体的热力学能才只是温度的函数，与体积或压力无关。因此

$$\left(\frac{\partial U}{\partial V}\right)_T = 0 \tag{2-14}$$

$$\left(\frac{\partial U}{\partial p}\right)_T = 0 \tag{2-15}$$

根据焓的定义：

$$H = U + pV$$

对理想气体同样可以证明：

$$\left(\frac{\partial H}{\partial V}\right)_T = 0 \tag{2-16}$$

$$\left(\frac{\partial H}{\partial p}\right)_T = 0 \tag{2-17}$$

这说明理想气体的焓也只是温度的函数，与压力或体积无关，即 $H = f(T)$。

2.3.5 热容

2.3.5.1 恒容热容与恒压热容

一定量物质，温度升高 1K 所吸收的显热，称为该物质的热容量，简称为热容。热容是一种容量性质，其值随物质的量而变。1g 物质的热容称为比热容，单位为 J/(K·g)。1mol 物质的热容称为摩尔热容，单位为 J/(K·mol)。通常热容多指摩尔热容而言，它是强度性质。

物质由温度 T_1 升温到 T_2，吸热 Q 时，其平均热容 $\overline{C}$ 定义为：

$$\overline{C} = \frac{Q}{T_2 - T_1} = \frac{Q}{\Delta T}$$

$\overline{C}$ 是在 T_1 到 T_2 温度范围内，物质热容的平均值。实际上，热容是随温度而变化的，同一物质在不同温度下，升高 1K 所吸收的热是不同的。例如 1mol 水从 287.5K 升温到 288.5K，吸热 75.2J；从 363.0K 升温到 364.0K 时，吸热 75.6J。所以热容应当用导数形式来定义

$$C = \frac{\delta Q}{\mathrm{d}T} \tag{2-18}$$

正如以前所指出的那样，δQ 不是一个全微分，如果不指定条件，则热容就是一个数值不确定的物理量。通常只有在恒容和恒压条件下，热容方有一定的数值。恒容下的热容叫做恒容热容，用符号 c_V 表示，其定义为：

$$c_V = \frac{\delta Q_V}{\mathrm{d}T} \tag{2-19}$$

恒压下的热容叫做恒压热容，用符号 c_p 表示，其定义为：

$$c_p = \frac{\delta Q_p}{\mathrm{d}T} \tag{2-20}$$

根据式 2-7 可知，在只做体积功不做其他功时，恒容下体系所吸收的热等于热力学能的增加，即 $\delta Q_V = \mathrm{d}U$。所以式 2-19 可以改写为

$$c_V = \left(\frac{\partial U}{\partial T}\right)_V \tag{2-21}$$

此式说明恒容热容就是恒容条件下体系热力学能随温度增加的变化率。所以对 $n$mol 的任何物质来说，在恒容过程中，体积热力学能的变化可写为

$$\Delta U = n\int_{T_1}^{T_2} c_{V,m}\mathrm{d}T \tag{2-22}$$

其中 $c_{V,m}$ 为 1mol 物质的恒容热容。

与恒容热容相类似，对恒压热容，$\mathrm{d}H = \delta Q_p$，则式 2-20 可以写为

$$c_p = \left(\frac{\partial H}{\partial T}\right)_p \tag{2-23}$$

式 2-33 表明恒压热容就是恒压下体系的焓随温度的变化率。所以对 $n$mol 的任何物质，在恒压过程中，体系焓的变化可以写成：

$$\Delta H = n\int_{T_1}^{T_2} c_{p,m}\mathrm{d}T \tag{2-24}$$

其中 $c_{p,m}$ 为 1mol 物质的恒压热容。

2.3.5.2　热容与温度的关系

气体、液体及固体的热容与温度有关，其值随着温度的升高而逐渐增大。但是，热容与温度的关系不能用一简单的数学式表示，而热容的数据对计算热来说非常重要。所以人们由实验积累了许多物质的恒压摩尔热容经验公式。常用的经验式有以下两种：

$$c_{p,m} = a + bT + cT^2 \tag{2-25}$$

$$c_{p,m} = a + bT + c'T^{-2} \tag{2-26}$$

式中，a、b、c、c' 是经验常数，随物质的不同及温度范围的不同而异。各种物质的热容经验公式中的常数值可参见附录或参见有关手册。

2.3.5.3　理想气体的热容

对理想气体，其热力学能和焓均只是温度的函数，与体积或压力无关，因此不仅在恒容和恒压过程，而且在无化学变化，只做体积功的任意其他过程（如绝热过程）中，c_p 与 c_V 的关系为

$$c_p - c_V = nR \tag{2-27}$$

对于 1mol 理想气体，则

$$c_{p,m} - c_{V,m} = R \tag{2-28}$$

统计热力学可以证明，在通常温度下，对理想气体来说：

单原子分子体系：　　　　$c_{V,m} = \frac{3}{2}R$；$c_{p,m} = \frac{5}{2}R$

双原子分子（或线型分子）体系：　　$c_{V,m} = \frac{5}{2}R$；$c_{p,m} = \frac{7}{2}R$

多原子分子（非线型分子）体系：　　$c_{V,m} = \dfrac{6}{2}R = 3R$；$c_{p,m} = \dfrac{8}{2}R = 4R$

$c_{p,m}$ 与 $c_{V,m}$ 之比，称为热容商，以 γ 表示：

$$\gamma = \frac{c_{p,m}}{c_{V,m}} \tag{2-29}$$

【例2-2】　1mol 氩气从 25℃ 加热到 500℃，若经历（1）恒容过程；（2）恒压过程，求 ΔH、ΔU、Q、W。

解：氩气为单原子分子的理想气体，则 $c_{V,m} = \dfrac{3}{2}R = 12.47\text{J}/(\text{K}\cdot\text{mol})$

（1）恒容过程　　$W_1 = 0$

$$Q_V = \Delta U_1 = \int_{T_1}^{T_2} c_{V,m}\mathrm{d}T = \int_{298\text{K}}^{773\text{K}} 12.47\mathrm{d}T = 5924\text{J}$$

$$\Delta H_1 = \int_{T_1}^{T_2} c_{p,m}\mathrm{d}T = \int_{298\text{K}}^{773\text{K}} \frac{5}{2}R\mathrm{d}T = 9873\text{J}$$

（2）恒压过程　　$\Delta U_1 = \Delta U_2 = 5924\text{J}$；$\Delta H_1 = \Delta H_2 = 9873\text{J}$

$$Q_p = \Delta H_2 = 9873\text{J}；W_2 = \Delta U_2 - Q_p = -3949\text{J}$$

2.3.6　可逆过程与膨胀功

2.3.6.1　可逆过程

如前所述，体系做功与过程的途径有关。当体系从某一个始态变到一终态时，如果经历途径不同，则所做的功不同。现以理想气体恒温膨胀为例加以说明。设有一个气缸，内有 $n$mol 理想气体（图2-4）。假定此汽缸的活塞没有重量，活塞移动时和汽缸内壁没有摩擦。将整个汽缸放在温度为 T 的恒温器中，使体系进行的过程为恒温过程。设体系始态的压力为 303.9kPa，体积为 1L，终态压力为 101.3kPa，体积为 3L，从始态到终态可经过下列三种途径：

（1）使活塞外的压力 $p_{外}$ 一次减小到 101.3kPa。在整个膨胀过程中气体反抗的外压均为 101.3kPa，体系做功：

$$W_1 = -101.3 \times 10^3 \times (3-1) \times 10^{-3} = -202.6\text{J}$$

即图 2-5 中矩形 $abcB$ 的面积。

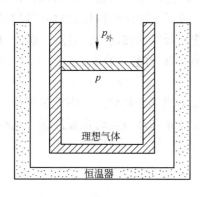

图 2-4　理想气体恒温膨胀

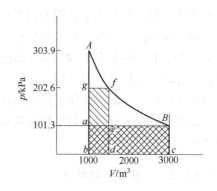

图 2-5　理想气体恒温膨胀功

（2）先使 $p_{外}$ 减小到 202.6kPa，气体反抗 202.6kPa 的外压膨胀到体积为 $\frac{3}{2}$L，然后再使外压减小到 101.3kPa，使气体反抗 101.3kPa 的外压膨胀到体积 3L。体系做功为：

$$W_2 = -202.6 \times 10^3 \times \left(\frac{3}{2} - 1\right) \times 10^{-3} - 101.3 \times 10^3 \times \left(3 - \frac{3}{2}\right) \times 10^{-3} = -253.3J$$

即图 2-5 中 $gbdf$ 与 $edcB$ 两个矩形面积之和。

（3）在整个膨胀过程中不断改变外压，始终维持 $p_{外}$ 比气体的压力 p 小一无限小 dp，即维持 $p_{外} = p - dp$。体系做功

$$W_3 = -\int_{V_1}^{V_2} p_{外} \, dV = -\int_1^3 (p - dp) \, dV$$

略去二级无穷小后，得：

$$W_3 = -\int_{V_1}^{V_2} p \, dV = -\int_1^3 \frac{nRT}{V} dV$$

$$= -nRT\ln\frac{V_2}{V_1}$$

$$= -p_1 V_1 \ln\frac{V_2}{V_1}$$

$$= -303.9 \times 10^3 \times 1 \times 10^{-3} \ln\frac{3}{1}$$

$$= -333.9J$$

这个功等于图 2-5 中曲线 AfB 以下的面积 $AbcBfA$。

比较这三种不同的恒温膨胀过程，可知途径（3）所做的功最大。

现在再看使气体复原的压缩过程，要使气体压缩，$p_{外}$ 至少必须比气体压力大 dp。

若使整个压缩过程维持 $p_{外} = p + dp$，体积从 V_2 压缩回到 V_1，则此过程的功为：

$$W = -\int_{V_2}^{V_1} (p + dp) \, dV = -\int_3^1 \frac{nRT}{V} dV = 333.9J$$

这个功是使体系复原所需要的最小功，W 的绝对值与途径（3）的功 W_3 恰好相等而符号相反。由此可知，途径（3）的过程发生后，可以使体系沿原途径逆向进行，恢复原状而不给环境留下任何痕迹。因为如果在途径（3）的膨胀过程中将体系对外做的功贮存起来，则这些功恰好能使体系恢复原状，同时将膨胀时吸收的热还给恒温器。途径（1）和（2）就不行，因为它们的功 W_1，W_2 都比压缩的最小功 W 的绝对值小。途径（3）这样的过程在热力学中就称为可逆过程。

过程进行以后，如能使体系恢复原状，同时环境不留下任何痕迹，则此过程称为可逆过程。反之，过程进行后，如果用任何方法都不能使体系和环境同时恢复原状，则称为不可逆过程。

2.3.6.2　可逆过程的特点

（1）可逆过程是在作用力与阻力相差无限小的条件下进行的，过程的速率无限缓慢。

每一瞬间，体系都无限接近于平衡状态。只需将条件稍微改变就能使过程逆向进行，过程中没有摩擦发生。

（2）可逆过程发生以后，可以使体系沿原途径逆向进行恢复原状，而不给环境留下任何痕迹。

（3）在可逆膨胀过程中，体系做最大功，在可逆压缩过程中，环境对体系做最小功。

例如，在气、液平衡下的液体蒸发；固、液平衡下液体的结晶；原电池电动势与外电压相差很小的情况下，电池的放电和充电等，可以近似地看做是可逆过程。在热力学中可逆过程是一种极其重要的过程，一些重要的热力学函数的变化值要通过可逆过程的功和热才能求得。

2.3.7　热力学第一定律的应用

根据热力学第一定律的基本原理，讨论理想气体在一些过程中的能量转化情况。

2.3.7.1　恒温过程

体系的温度保持恒定，对于理想气体，则 $\Delta U = 0$，$\Delta H = 0$。根据第一定律可得

$$W = -Q$$

若为恒温可逆过程，则功的公式为

$$W = -\int_{V_1}^{V_2} p\mathrm{d}V = -\int_{V_1}^{V_2} \frac{nRT}{V}\mathrm{d}V = -nRT\ln\frac{V_2}{V_1} = -nRT\ln\frac{p_1}{p_2} \tag{2-30}$$

2.3.7.2　恒压过程

体系压力保持不变，即 $\mathrm{d}p = 0$。所以可逆膨胀功为

$$W = -\int_{V_1}^{V_2} p\mathrm{d}V = -p\Delta V = -nR\Delta T \tag{2-31}$$

$$Q_p = \Delta H = n\int_{T_1}^{T_2} c_{p,\mathrm{m}}\mathrm{d}T = nc_{p,\mathrm{m}}\Delta T$$

$$\Delta U = n\int_{T_1}^{T_2} c_{V,\mathrm{m}}\mathrm{d}T = nc_{V,\mathrm{m}}\Delta T$$

【例2-3】　2mol 氮气，在压力为 100kPa 下，可逆地由 0℃加热到 100℃，求做的膨胀功。

解：　　　　$W = -nR\Delta T = -2 \times 8.314 \times (373 - 273) = -1663\mathrm{J}$

2.3.7.3　恒容过程

因为恒容过程 $\mathrm{d}V = 0$。所以过程功：$W = 0$

$$Q_V = \Delta U = n\int_{T_1}^{T_2} c_{V,\mathrm{m}}\mathrm{d}T = nc_{V,\mathrm{m}}\Delta T$$

$$\Delta H = n\int_{T_1}^{T_2} c_{p,\mathrm{m}}\mathrm{d}T = nc_{p,\mathrm{m}}\Delta T$$

2.3.7.4　绝热过程

绝热过程是体系与环境没有热交换的过程，即 $\delta Q = 0$，体系做功要消耗热力学能，按第一定律

$$\mathrm{d}U = \delta W$$

$$\Delta U = W \tag{2-32}$$

$$W = n c_{V,m}(T_2 - T_1) \tag{2-33}$$

经数学推导可得绝热可逆方程为：

$$TV^{r-1} = 常数 \tag{2-34}$$

将 $T = \dfrac{pV}{nR}$ 代入式 2-34 得：

$$pV^r = 常数 \tag{2-35}$$

将 $V = \dfrac{nRT}{p}$ 代入式 2-34 得：

$$T^r p^{1-r} = 常数 \tag{2-36}$$

式 2-34 ~ 式 2-36 都是理想气体可逆绝热过程 T、V、p 间的关系式，称为绝热方程，由绝热方程和式 2-33 可计算理想气体可逆绝热过程的功。

应着重指出，如果理想气体中发生的绝热过程是不可逆的，那么式 2-34 ~ 式 2-36 就不能成立，体系的 T、V、p 关系就不遵守这些公式，但式 2-33 仍然成立。当绝热不可逆过程是恒外压膨胀（或压缩）时，$W = -p_{外}(V_2 - V_1)$，可按下列计算其体积功：

$$W = -p_{外}(V_2 - V_1) = n c_{V,m}(T_2 - T_1)$$

【例 2-4】　设在 0℃ 和 1010kPa 时为 10L 的气体经过三种不同过程，其最后压力为 101kPa，计算其体积功。假定 $c_{V,m} = \dfrac{3}{2}R$，（1）恒温可逆膨胀；（2）绝热可逆膨胀；（3）将外压骤减到 101kPa，使气体在绝热情况下恒外压不可逆膨胀。

解：气体物质的量

$$n = \frac{pV}{RT} = \frac{1010 \times 10^3 \times 10 \times 10^{-3}}{8.314 \times 273.2} = 4.46\,\mathrm{mol}$$

（1）恒温可逆膨胀

$$W = -nRT\ln\frac{p_1}{p_2} = -4.46 \times 8.314 \times 273.2\ln\frac{1010}{101} = -23.3\,\mathrm{kJ}$$

（2）绝热可逆膨胀

$$T_1^r p_1^{1-r} = T_2^r p_2^{1-r}$$

$$T_2 = T_1\left(\frac{p_1}{p_2}\right)^{\frac{1-1.4}{1.4}} = 273.2 \times \left(\frac{1010}{101}\right)^{\frac{1-\frac{5}{3}}{\frac{5}{3}}} = 108.8\,\mathrm{K}$$

$$W = nc_{V,\mathrm{m}}(T_2 - T_1) = 4.46 \times \frac{3}{2} \times 8.314 \times (108.8 - 273.2) = -9.14\mathrm{kJ}$$

（3）恒外压绝热不可逆膨胀

$$W = -p_{外}(V_2 - V_1) = -p_{外}\left(\frac{nRT_2}{p_2} - \frac{nRT_1}{p_1}\right)$$

因为绝热不可逆，$Q = 0$，$W = nc_{V,\mathrm{m}}(T_2 - T_1) = \Delta U$

所以 $$nc_{V,\mathrm{m}}(T_2 - T_1) = -p_{外}\left(\frac{nRT_2}{p_2} - \frac{nRT_1}{p_1}\right)$$

将已知数据代入，解得： $T_2 = 174.8\mathrm{K}$

$$W = nc_{V,\mathrm{m}}(T_2 - T_1)$$

$$= 4.46 \times \frac{3}{2} \times 8.314 \times (174.8 - 273.2)$$

$$= -5.47\mathrm{kJ}$$

2.4 热效应与盖斯定律

2.4.1 化学反应的计量方程和反应进度

化学反应的方程式可写成：

$$a\mathrm{A} + b\mathrm{B} =\!=\!= d\mathrm{D} + h\mathrm{H}$$

式中，a、b、d、h 为计量系数，用符号 ν_B 表示，它是无量纲的纯数。对于反应物 $\nu_\mathrm{B} < 0$；对于产物 $\nu_\mathrm{B} > 0$。由于反应受计量系数 ν_B 限制，在反应进程中的任一瞬间，参加反应各物质，其量的变化与计量系数成比例。设各物质的量的变化为 Δn_A、Δn_B、Δn_D、Δn_H，则

$$\frac{\Delta n_\mathrm{A}}{-a} = \frac{\Delta n_\mathrm{B}}{-b} = \frac{\Delta n_\mathrm{D}}{d} = \frac{\Delta n_\mathrm{H}}{h} = \xi$$

即 $$\xi = \nu_\mathrm{B}^{-1} \Delta n_\mathrm{B}$$

所以参与反应的物质，比例常数 ξ 都是相同的，ξ 称为反应进度（或称为反应度）。由于计量系数是纯数，ξ 与 Δn_i 有相同的量纲，故其单位为 mol。对上述反应的正向反应而言，ξ 为正值；相反地，逆向反应，ξ 为负值。反应进度表示反应进行的程度。反应开始时，$\Delta n_i = 0$，则 $\xi = 0$。随着反应的进行，ξ 将逐渐增大。当 $\xi = 1\mathrm{mol}$ 时，反应物质的量的变化按计量方程进行反应。可以说物质的变化按计量方程进行了 1mol 反应，或者说进行了 1 个单位反应。

2.4.2 化学反应热效应

化学反应往往伴随着放热或吸热的现象。在恒温（T），没有非膨胀功的条件下，化学反应放出或吸收的热，称为温度 T 的反应热效应。这里恒温是指环境温度不变，而产物温度回到反应前原始物的温度，并与环境温度保持相同。热效应的单位为 J 或 kJ。

按反应条件不同，热效应可分为两种。恒容条件的反应热效应称为恒容热效应（$Q_{V,\mathrm{m}}$），恒压条件的反应热效应称为恒压热效应（$Q_{p,\mathrm{m}}$）。角标"m"是指反应进度为

1mol 的热效应。由式 2-8 和式 2-13 可知：

$$Q_{V,m} = \Delta U_m ; \quad Q_{p,m} = \Delta H_m$$

　　这里表明恒容热效应等于化学反应热力学能的变化，恒压热效应等于化学反应焓的变化。因此以后可用 ΔU_m 代替 $Q_{V,m}$，用 ΔH_m 代替 $Q_{p,m}$。对于吸热反应，热效应为正值，放热反应，热效应为负值。

　　化学反应热效应的测定通常采用量热法。量热法所用量热计的种类有许多种，其中一种是弹式量热计，专门用来测定燃烧反应的热效应，图 2-6 所示就是弹式量热计。测量反应热效应的基本原理是能量守恒定律。在量热计与环境没有热交换的条件下，物质完全燃烧所放出的热使量热计（包括量热计内的水）温度升高。测定燃烧前后温度的变化，就可以确定反应热效应。由于燃烧反应是在密闭的弹形反应室内进行的，所以测得的热效应是恒容热效应。大多数反应是在恒压条件下进行的，常用的是恒压热效应，所以需要将恒容热效应换算为恒压热效应。两种热效应之差为：

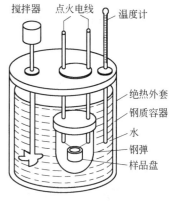

图 2-6　弹式量热计

$$Q_{p,m} - Q_{V,m} = \Delta H_m - \Delta U_m = \Delta U_{p,m} + p\Delta V - \Delta U_{V,m}$$

式中，$\Delta U_{p,m}$ 和 $\Delta U_{V,m}$ 分别表示同一反应的恒压过程热力学能变化和恒容过程热力学能的变化。两个过程的温度相同，只是气体产物的压力和体积不同（固体和液体在压力变化不太大时，体积和压力对热力学能的影响可以忽略）。如果这些气体都是理想气体，则由于热力学能只是温度的函数，不论恒压还是恒容过程，只要反应初末态温度相同，则热力学能变化就一定是相同的。所以：

$$\Delta U_{p,m} = \Delta U_{V,m}$$

$$Q_{p,m} - Q_{V,m} = p\Delta V \qquad (2\text{-}37)$$

　　式 2-37 表明，恒压热效应与恒容热效应的差值等于化学反应的 $p\Delta V$。体系体积变化是由于反应前后气体的物质的量的变化，若将反应气体看作理想气体，将其状态方程式代入式 2-37，得

$$Q_{p,m} - Q_{V,m} = \Sigma V_{i(g)} \cdot RT$$

$$Q_{p,m} = Q_{V,m} + \Sigma V_{i(g)} \cdot RT$$

式中，$\Sigma V_{i(g)}$ 是反应方程式中气体计量系数的代数和。

2.4.3　盖斯定律

　　如前所述，化学反应热效应可以用量热方法测定。但是，实际上不需要对每个反应都进行实验测定，因为有许多热效应数据可以通过间接方法计算。盖斯（Hess）定律提供了这种计算方法。早在 1840 年盖斯就从实验中发现：化学反应热效应只决定于反应的初末状态，与过程的途径无关，这就是盖斯定律。盖斯定律所指的热效应实际上就是恒压热效应和恒容热效应。根据热力学第一定律知，恒压热效应 $Q_{p,m}$ 与恒容热效应 $Q_{V,m}$ 分别等于过

程 ΔH_m 和 ΔU_m。由于焓和热力学能都是状态函数,其变化值只决定于初末态,与过程途径无关,所以热效应($Q_{p,m}$ 和 $Q_{V,m}$)也只与反应的始态和终态有关。很明显,盖斯定律是热力学第一定律的必然结果,也可以说是热力学第一定律在化学过程中的一个应用。

盖斯定律的发现奠定了整个热化学的基础,它的重要意义与作用在于能使热化学方程式像普通代数方程式那样进行运算,从而可以根据已经准确测定的反应热,来计算难于测定或根本不能测定的反应热;可以根据已知的反应热,计算出未知的反应热。

例如碳完全燃烧生成 CO_2 的反应,可以通过以下两个不同途径(见图2-7)实现:

途径 I:一步完成,碳完全燃烧生成 CO_2,热效应为 ΔH_1。

途径 II:两步完成,碳不完全燃烧生成 CO,然后 CO 继续燃烧生成 CO_2,热效应分别为 ΔH_2 和 ΔH_3。

按盖斯定律: $$\Delta H_1 = \Delta H_2 + \Delta H_3$$

知道其中任意两个反应的热效应,就可以确定另一个反应的热效应。由此看来,根据盖斯定律就可以由部分反应的热效应的实验数据计算出一系列反应热效应。例如,碳不完全燃烧生成 CO 的反应热效应 ΔH_2 是无法直接测定的,因为碳燃烧时不可能单纯生成 CO,必定有 CO_2 产生。但是由实验能够测得 ΔH_1 和 ΔH_3,所以 ΔH_2 就可以间接计算出来。实验测得:

$$C + O_2 == CO_2 \qquad \Delta H_1 = -393.52 \text{kJ/mol}$$

$$CO + \frac{1}{2}O_2 == CO_2 \qquad \Delta H_3 = -283.02 \text{kJ/mol}$$

$$\Delta H_2 = \Delta H_1 - \Delta H_3 = (-393.52) - (-283.02) = -110.50 \text{kJ/mol}$$

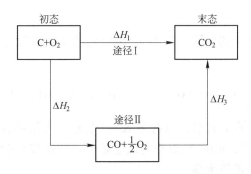

图2-7 C 燃烧生成 CO_2 的两个途径

如同上两式那样,说明反应热效应的方程式,称为热化学方程式。必要时,热化学方程式要注明反应温度、物质聚集状态和压力。应用盖斯定律计算热效应时,比较简便的方法是将热化学方程式当做代数式处理,即进行加减、移项和合并同类项等,最终得到所求的反应热效应。如上例,将上述两式相减,可得下式:

$$C + \frac{1}{2}O_2 == CO \qquad \Delta H_2$$

在方程式相减的同时,热效应也要相减。所以:

$$\Delta H_2 = \Delta H_1 - \Delta H_3 = -110.50 \text{kJ/mol}$$

应用盖斯定律必须注意以下几点：

（1）同种物质的温度、聚集状态和分压都相同时，才可以合并或相消。

（2）热化学方程式乘（或除）某一系数，则热效应也应乘（或除）上这一系数。

【例 2-5】 已知 25℃时下列反应的热效应

$$\text{ZnS} + 2\text{O}_2 =\!=\!= \text{ZnSO}_4 \qquad \Delta H_1 = -777.13 \text{kJ/mol} \qquad (1)$$

$$2\text{ZnS} + 3\text{O}_2 =\!=\!= 2\text{ZnO} + 2\text{SO}_2 \qquad \Delta H_2 = -886.68 \text{kJ/mol} \qquad (2)$$

$$2\text{SO}_2 + \text{O}_2 =\!=\!= 2\text{SO}_3 \qquad \Delta H_3 = -197.72 \text{kJ/mol} \qquad (3)$$

求反应 $\text{ZnO} + \text{SO}_3 =\!=\!= \text{ZnSO}_4$ 在 25℃时的热效应 ΔH_4。

解： 由 $\frac{1}{2}\{2\times(1)-[(2)+(3)]\}$ 可得：$\text{ZnO} + \text{SO}_3 =\!=\!= \text{ZnSO}_4$

$$\Delta H_4 = \frac{1}{2}[2\times\Delta H_1 - (\Delta H_2 + \Delta H_3)]$$

$$= \frac{1}{2}[2\times(-777.13) - (-886.68 - 197.72)]$$

$$= -234.93 \text{kJ/mol}$$

2.5 生成热与燃烧热

任何一化学反应的 ΔH 为产物的总焓与反应物的总焓之差，即

$$\Delta H = \Sigma H_{(\text{产物})} - \Sigma H_{(\text{反应物})}$$

2.5.1 生成热

在指定温度下，由稳定的单质生成 1mol 化合物的反应热效应，称为该化合物的生成热 $(\Delta_f H_i)$。

例如：
$$\text{C} + \frac{1}{2}\text{O}_2 =\!=\!= \text{CO} \qquad \Delta H_{298\text{K}} = -110.50 \text{kJ/mol}$$

这个热效应就是 CO 的生成热，以符号 $\Delta_f H_{\text{CO}}$ 表示。未注明温度时，习惯是指 298K。生成热的单位为 J/mol 或 kJ/mol。C 石墨是最稳定的，所以要注明碳的晶型是石墨。按照这种规定，稳定单质的生成热为零。

物质的生成热可以从热力学手册查到。本书附表 2 列出了部分数据。表中的生成热是指标准状态下的生成热 $\Delta_f H_i^{\ominus}$，右下标"i"是指 i 种物质。有了物质的生成热数据，就可以计算一系列反应的热效应。用通式表示为：

$$\Delta H_m = \Sigma \nu_i \Delta_f H_i \qquad (2-38)$$

2.5.2 燃烧热

1mol 物质与氧反应，完全燃烧时的热效应称为该物质的燃烧热。以符号 $\Delta_c H_i$ 表示。通常指定化合物中碳和氢的燃烧产物是高级氧化物 $\text{CO}_2(\text{g})$ 和 $\text{H}_2\text{O}(\text{l})$。

物质的燃烧热可以由热力学手册查得。大多数手册所列的是 25℃标准状态下物质的燃

烧热。

利用物质的燃烧热，写成通式即：

$$\Delta H_m = -\Sigma\nu_i\Delta_c H_i \qquad (2\text{-}39)$$

由于许多有机物很难由单质合成，所以它们的生成热常利用式 2-39 由燃烧热计算。表 2-1 列出一些有机化合物 25℃时的燃烧热。

表 2-1 25℃时一些有机物质的燃烧热

物 质	$\Delta_c H_i/kJ \cdot mol^{-1}$	物 质	$\Delta_c H_i/kJ \cdot mol^{-1}$
甲烷 $CH_4(g)$	-890.36	甲醇 $CH_3OH(l)$	-726.6
乙烷 $C_2H_6(g)$	-1559.9	乙醇 $C_2H_5OH(l)$	-1366.9
乙烯 $C_2H_4(g)$	-1411.0	乙酸 $CH_3COOH(l)$	-871.7
乙炔 $C_2H_2(g)$	-1299.6	萘 $C_{10}H_8$	-5138.7

2.5.3 溶解热

物质溶解过程通常也伴随着热效应，如硫酸、苛性钠等物质溶解于水中，发生放热现象，而硫酸铵溶于水中，则发生吸热现象。这是由于形成溶液时，粒子间相互作用力与纯物质不同，发生能量变化，并以热的形式与环境交换之故。

物质溶解过程所放出或吸收热量的多少，与温度、压力等条件有关，如果不加注明，常常是指 25℃及 100kPa 的条件。1mol 物质溶解在一定量溶剂中，形成某一浓度的溶液时，所产生的热效应称为该浓度溶液的积分溶解热。由于溶解过程中溶液浓度不断变化，因而积分溶解热称为变浓溶解热。积分溶解热以符号 ΔH_{int} 表示。

1mol 物质溶解在一定浓度的无限大量溶液中，所产生的热效应称为该溶质在此浓度下的微分溶解热，以符号 ΔH_{diff} 表示。ΔH_{diff} 和 ΔH_{int} 单位为 kJ/mol。强调无限大量溶液，是为了使加入 1mol 物质时，溶液浓度维持不变。所以微分溶解热也叫定浓溶解热。表 2-2 列出一些物质在 1600℃，1%（质量）浓度的大量铁液中，溶解 1mol 物质时的热效应（即微分溶解热）。

表 2-2 1600℃，1%（质量）浓度的大量铁液中，溶解 1mol 物质时的热效应

溶解过程	$\Delta H_{diff}/kJ \cdot mol^{-1}$	溶解过程	$\Delta H_{diff}/kJ \cdot mol^{-1}$
$Al(l) = [Al]$	-43.09	$Si(l) = [Si]$	-119.20
$C(石墨) = [C]$	21.34	$V(s) = [V]$	-15.48
$Cr(s) = [Cr]$	20.92	$Ti(s) = [Ti]$	-54.81
$Mn(l) = [Mn]$	0	$1/2O_2 = [O]$	-117.1

式中方括号代表溶解状态，如 [Al] 表示溶解于铁液中的铝。冶金过程中经常遇到溶液组元参加的化学反应等。计算这类反应热效应时，需要溶解热数据。

【例 2-6】 已知 1600℃时，反应：

$$2Al(l) + \frac{3}{2}O_2 = Al_2O_3(s) \qquad \Delta H_1 = -1681kJ/mol \qquad (1)$$

求钢中脱氧反应：

$$2[Al] + 3[O] === Al_2O_3(s) \qquad (2)$$

的热效应 ΔH_{1873K}。

解： 由表 2-2 查得：

$$Al(l) === [Al] \qquad \Delta H_3 = -43.09kJ/mol \qquad (3)$$

$$\frac{1}{2}O_2 === [O] \qquad \Delta H_4 = -117.1kJ/mol \qquad (4)$$

将(1) - 2(3) - 3(4)可得式(2)，所以

$$\Delta H_{1873K} = \Delta H_1 - 2\Delta H_3 - 3\Delta H_4$$
$$= -1681 - 2 \times (-43.09) - 3 \times (-117.1)$$
$$= -1243.52kJ/mol$$

2.6　化学反应热效应与温度的关系

同一化学反应在不同温度下进行时，热效应是不同的。例如，碳不完全燃烧生成 CO 的反应，在 298K 时 $\Delta H_m = -110.50kJ/mol$；1800K 时 $\Delta H_m = -117.10kJ/mol$。由一般热力学手册查得的生成热都是 298K 的数据，应用这些生成数据只能得到 298K 的热效应。实际遇到的化学反应往往在其他温度下进行，所以要找出热效应与温度的关系，才能算出其他温度的热效应。

2.6.1　基尔戈夫定律

热效应与温度的关系是根据状态函数特点而推得的。以碳的不完全燃烧反应作为例子。设 T_1 时反应 $C(石墨) + \frac{1}{2}O_2 === CO$ 的热效应是 ΔH_{T_1}，求 T_2 时反应的热效应 ΔH_{T_2}。

途径 I：T_2 下碳不完全燃烧生成 CO 的反应，其热效应为 ΔH_{T_2}。

途径 II：由三个步骤完成：

(1) 将原始物碳和氧，由温度 T_2 改变到 T_1，恒压热分别为 ΔH_1 和 ΔH_2：

$$\Delta H_1 = \int_{T_2}^{T_1} c_{p,C}dT \qquad \Delta H_2 = \frac{1}{2}\int_{T_2}^{T_1} c_{p,O_2}dT$$

式中，$c_{p,C}$ 和 c_{p,O_2} 为 C 和 O_2 的恒压摩尔热容。

(2) T_1 下碳不完全燃烧生成 CO 的反应，其热效应为 ΔH_{T_1}。

(3) 产物 CO 由温度 T_1 改变到 T_2，恒压热为 ΔH_3：

$$\Delta H_3 = \int_{T_1}^{T_2} c_{p,CO}dT$$

由于焓是状态函数，两条途径的焓变一定相等，即：

$$\Delta H_{T_2} = \Delta H_1 + \Delta H_2 + \Delta H_{T_1} + \Delta H_3$$
$$= \int_{T_2}^{T_1} c_{p,C}dT + \frac{1}{2}\int_{T_2}^{T_1} c_{p,O_2}dT + \Delta H_{T_1} + \int_{T_1}^{T_2} c_{p,CO}dT$$

$$= \Delta H_{T_1} + \int_{T_1}^{T_2} \left[c_{p,\text{CO}} - \left(c_{p,\text{C}} + \frac{1}{2} c_{p,\text{O}_2} \right) \right] \mathrm{d}T$$

式中，$c_{p,\text{CO}} - \left(c_{p,\text{C}} + \frac{1}{2} c_{p,\text{O}_2} \right)$ 是产物 CO 的热容与原始物 C 和 O_2 的热容总和之差，称为热容差，以 Δc_p 表示。如果写成通式即：

$$\Delta c_p = \Sigma \nu_i c_{p,i} \tag{2-40}$$

则

$$\Delta H_{T_2} = \Delta H_{T_1} + \int_{T_1}^{T_2} \Delta c_{p,i} \mathrm{d}T \tag{2-41}$$

式 2-41 是反应热效应与温度的关系式，称为基尔戈夫（Kirchoff）定律。如果知道 Δc_p 与 T 的函数关系及 T_1 下的 ΔH_{T_1} 时，就可以求出 T_2 下的 ΔH_{T_2}。通常温度 T_1 选择 298K，因为 ΔH_{298K} 可以由生成热计算。将式 2-41 微分，可得

$$\mathrm{d}(\Delta H_m) = \Delta c_p \mathrm{d}T$$

$$\frac{\mathrm{d}(\Delta H_m)}{\mathrm{d}T} = \Delta c_p \tag{2-42}$$

式 2-42 是基尔戈夫定律的微分式，对此式作不定积分，可得：

$$\Delta H_T = \Delta H_0 + \int \Delta c_p \mathrm{d}T \tag{2-43}$$

ΔH_0 为积分常数。如果各物质 $c_{p,m}$ 与 T 的关系式服从下列经验式：

$$c_{p,m} = a + bT + c'T^{-2}$$

则

$$\Delta c_p = \Delta a + \Delta bT + \Delta c'T^{-2}$$

式中，Δa、Δb 和 $\Delta c'$ 表示产物与原始物相应的经验常数的差值，将这个关系代入式 2-43 并进行积分，得：

$$\Delta H_T = \Delta H_0 + \Delta aT + \frac{1}{2}\Delta bT^2 - \frac{\Delta c'}{T} \tag{2-44}$$

式中，ΔH_0 可通过已知温度 T 的 ΔH_T 代入式 2-44 来确定，确定 ΔH_0 后，式 2-44 就可以用来计算任一温度的 ΔH_T。当然，计算 ΔH_T 的温度范围不能超过 $c_{p,m}$ 与 T 关系式的测量温度范围。

2.6.2　应用基尔戈夫公式时需注意的问题

应用基尔戈夫公式时，必须注意以下两点：

（1）计算时 $\Delta_f H_i$ 和 $c_{p,m}$ 的单位要统一；

（2）在计算的温度范围内，如反应物和产物有聚集状态的变化时，则要考虑其相变热。

同时，由于聚集状态的变化引起物质的热容的突变，所以这时要分段积分。当其中一个物质有聚集状态变化时，基尔戈夫公式变成如下形式：

$$\Delta H_{T_2} = \Delta H_{T_1} + \int_{T_1}^{T_{\text{相}}} \Delta c_{p,\text{I}} \mathrm{d}T + \int_{T_{\text{相}}}^{T_2} \Delta c_{p,\text{II}} \mathrm{d}T \pm \Delta H_{\text{相}}$$

习　　题

2-1　某体系在压力 100kPa，恒压可逆膨胀，体积增大 5L，计算所做的功，以 cal、J 表示。

2-2　在压力 100kPa 下，1mol 液体苯在其沸点 80℃ 变为蒸气，求 Q、W、ΔU、ΔH。设苯蒸气为理想气体，已知苯在沸点时的蒸发热为 394.4J/g。

2-3　2mol H_2 在 0℃，压力为 100kPa 下恒压可逆胀至 100L，求 Q、W、ΔU、ΔH。

2-4　已知在 25℃，压力为 100kPa 下，反应 $Ag + \frac{1}{2}Cl_2 = AgCl$ 在烧杯中直接进行，放热 127.03kJ。若将此反应组装成原电池，在上述条件下进行，除了做膨胀功之外，还对外做电功 109.60kJ，求电池做功的同时，放出多少热。

2-5　计算 1mol 铅由 25℃ 加热到 300℃ 时所吸收的热。

2-6　竖罐炼锌时，锌蒸气由 1100℃ 进入 450℃ 的冷凝室被冷凝成锌液。求冷凝每千克锌蒸气所放出的热。

2-7　1mol 单原子理想气体，温度为 25℃，压力为 100kPa，经两种过程达到同一末态：（1）恒压加热，温度上升到 1217℃，然后再经恒容降温到 25℃；（2）恒温可逆膨胀到 20kPa。分别计算两个过程的 Q、W、ΔU、ΔH。

2-8　10mol 理想气体，温度为 27℃，压力为 1000kPa。求下列过程气体所做的功：
（1）在空气中（100kPa）体积膨胀增大 1L；
（2）在空气中恒温膨胀到压力为 100kPa；
（3）恒温可逆膨胀到压力为 100kPa。

2-9　（1）2mol H_2，温度为 0℃，压力为 100kPa，恒温可逆压缩到 10L，求过程所做的功。
（2）从相同的初态，经绝热可逆压缩到 10L，求最后的温度及过程所做的功。

2-10　5mol 双原子分子理想气体在 0℃，压力为 1000kPa 下进行下列过程：
（1）绝热可逆膨胀至 100kPa；
（2）反抗 100kPa 恒定外压作绝热膨胀。
求各过程的 Q、W、ΔU、ΔH。

2-11　在 25℃，压力为 3000kPa 下，2mol N_2 经恒温反抗外压膨胀 100kPa 后，再恒容加热到 300℃，求整个过程的 Q、W、ΔU、ΔH。

2-12　已知 25℃ 时下列反应的热效应：

$$2Pb + O_2 = 2PbO \qquad \Delta H_1 = -438.56kJ/mol$$
$$S + O_2 = SO_2 \qquad \Delta H_2 = -296.90kJ/mol$$
$$2SO_2 + O_2 = 2SO_3 \qquad \Delta H_3 = -197.72kJ/mol$$
$$Pb + S + 2O_2 = PbSO_4 \qquad \Delta H_4 = -918.39kJ/mol$$

求反应 $PbO + SO_3 = PbSO_4$ 的热效应。

2-13　已知 25℃ 时下列反应的热效应：

$$Ag_2O + 2HCl(g) = 2AgCl + H_2O(l) \qquad \Delta H_1 = -324.7kJ/mol$$
$$2Ag + \frac{1}{2}O_2 = Ag_2O \qquad \Delta H_2 = -30.57kJ/mol$$
$$\frac{1}{2}H_2 + \frac{1}{2}Cl_2 = HCl(g) \qquad \Delta H_3 = -92.3kJ/mol$$

$$H_2 + \frac{1}{2}O_2 \Longrightarrow H_2O(1) \qquad \Delta H_4 = -285.84kJ/mol$$

求 AgCl 的生成热。

2-14 利用燃烧热计算 25℃ 时 $C_2H_5OH(1)$ 的生成热。

2-15 利用燃烧热计算 25℃ 时反应 $C_2H_4(g) + H_2 \Longrightarrow C_2H_6(g)$ 的热效应 ΔH_m。

2-16 已知 0℃，压力为 100kPa 时，冰的熔化热是 333.5J/g。在 0℃ 与 -10℃ 之间冰的比热容为 1.97J/(K·g)，水的比热容为 4.18J/(K·g)。求压力为 100kPa 下，1mol -10℃ 的过冷水转变为 -10℃ 的冰放热多少？此相变过程是可逆过程吗？

化学反应进行的方向和判据

3.1　自发过程及热力学第二定律

3.1.1　自发过程的方向与限度

自然界发生的一切过程都遵守热力学第一定律，但是，许多过程虽然不违背热力学第一定律，却不能实现。例如室内放一杯水，温度和室温相等，水自动从环境吸热而使水温上升，环境温度下降，这是不可想象的事，是不可能发生的。然而，这个过程如果发生也不违背热力学第一定律，因为只要体系吸收的热等于环境放出的热，能量仍然守恒。可见，单有热力学第一定律还不能解决过程能否自动发生的问题。这个问题要由热力学第二定律来解决。在指定的温度、压力和浓度等条件下，在所讨论的体系中，过程能否自动发生，最后达到什么限度，这是热力学第二定律要解决的中心问题。通过下面几个例子，可以看到自发过程的方向以及它们达到的限度。

两块温度不同的铁块相接触，热必自动地从高温铁块流向低温铁块，直至两铁块的温度相等为止。

将装有某种气体的两容器接触，气体必自动地从压力较大的容器向压力较小的容器扩散，直到压力相等为止。

在 1173K，100kPa 下，若使 CO_2 与固体碳相接触，则必自动发生化学反应：$C + CO_2 = 2CO$。如果碳量足够多，则反应能够进行到气体中 CO 含量为 97%，CO_2 还剩下 3% 为止。

以上各例都是在指定的条件下能够自动发生的过程。自发过程（能自动发生的过程的简称）就是指无需外力帮助，任其自然就能发生的过程。自发过程不但不需外力帮助，而且在适当的安排下，过程进行时还能对外做功。例如，可以利用热自动从高温物体流向低温物体这个自发过程造成热机来做功；可以利用自发的化学反应装成原电池来产生电流。也就是说自发过程都有对外做功的能力。

从类似上述的大量事实可以看出，在一定条件下，自发过程都有一定的方向和限度。温度相等是热传导的限度。压力相等是气体流动的限度。在 1173K，100kPa 的条件下，当气体中含 CO 97%、CO_2 3% 时，化学反应 $C + CO_2 = 2CO$ 就达到了限度。过程达到了限度也就是体系达到了平衡状态。平衡状态是指一定条件下，从宏观来看，浓度、压力等性质都不随时间改变的热力学状态。体系处于平衡状态时，实际过程并没有停止，只是正、逆反应速率相等而已。

从上述可以得到这样的结论：自发过程都向建立平衡状态的方向进行，并且都不会自动逆向的。简单说："自发过程都是热力学不可逆过程。"这是自发过程的共同特性。

3.1.2 热力学第二定律

自从 19 世纪蒸汽机发明后，人们为了提高热机的工作效率，曾进行了大量的研究工作。热力学第二定律就是在这些研究工作的基础上发展起来的。它与热力学第一定律一样，是建立在无数事实的基础上，是人类经验的总结，热力学第二定律有许多种说法，各种说法之间都存在着密切的内在联系，都是等价的，从一种说法可以推出另一种说法。其中的两种经典说法如下：

（1）克劳修斯（Claasius）说法："不可能把热从低温物体传到高温物体，而不引起其他变化。"

（2）开尔文（Kelvin）说法："不可能从单一热源吸热，使之完全转变为功，而不引起其他变化。"

克劳修斯和开尔文的说法都是指一件事情"不可能"的，即指出某种自发过程的逆过程是不能自动进行的。克劳修斯的说法是指明热传导的不可逆性，开尔文的说法是指明摩擦生热的不可逆性，这两种说法实际上是等效的。

应注意的是我们并没有说热不能转变为功（蒸汽机的作用就是把热转变为功），也没有说热不能全部转变为功。因此不要把开尔文的说法简单地理解为："功可以完全转变为热，而热不能完全变为功。"事实上，不是热不能完全变为功，而是在不引起其他变化（或不产生其他影响）的条件下，热不能完全变为功。这个条件是不可少的（理想气体的等温膨胀，热就全部变为功，但是另一变化是气体体积变大，即体系状态改变了）。

开尔文说法也可以表达为："第二类永动机是不可能造成的。"所谓的第二类永动机就是指从单一热源吸热，并将所吸的热全部变为功而不产生其他变化的机器。它并不违背能量守恒定律，但永远造不成。为与第一类永动机区别，称该永动机为第二类永动机。

如果第二类永动机能够造成，那么就可以无限制地从空气、海洋等大热源不断地吸热做功，就能获得取之不尽，用之不竭的能量，则航海就不需要携带燃料了。但无数次的实验都失败了，事实证明，这种永动机是不可能制得的。蒸汽机做功需要在两个不同温度的热源之间工作，工作物质在循环过程中从一个热源吸热，只有一部分转变为功，另一部分热量传递到温度较低的热源中去。热机效率永远小于 1。如果想连续直接从海洋中提取热量，则必须另有一个热源，它至少要和海洋一样大，但温度却比海洋低。这样一个热源是找不到的。

3.2 自发过程的判断依据

3.2.1 卡诺循环

卡诺循环是热力学的基本循环。为了确定热机的最大工作效率，1824 年卡诺（Carnot）设计了一种理想热机，该热机进行的循环叫做卡诺循环。由热力学第二定律中知，从单一热源吸热，使其完全转变为功而不引起其他变化的热机是不可能造成的。也就是说，热机至少需要两个热源。卡诺循环就是在温度 T_1 和 T_2 两个热源之间进行的简单循环，它由两个恒温可逆过程和两个绝热可逆过程组成（图 3-1）。

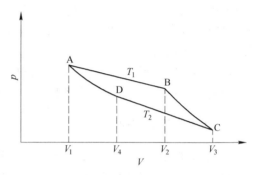

图 3-1 卡诺循环

设卡诺循环的工作物质是 1mol 理想气体，放在具有活塞的气缸中。活塞是无重量的，活塞与气缸之间无摩擦。体系的始态为 A，相继经过下列四个过程回到原来状态，完成一个循环。这四个过程的功计算如下。

3.2.1.1 恒温可逆膨胀

从 $A(p_1, V_1, T_1)$ 变为状态 $B(p_2, V_2, T_1)$。所以

$$Q_1 = -W_1 = RT_1 \ln \frac{V_2}{V_1}$$

3.2.1.2 绝热可逆膨胀

从状态 $B(p_2, V_2, T_1)$ 变到状态 $C(p_3, V_3, T_2)$。因为整个过程没有吸热，$Q = 0$，所以

$$W_2 = \Delta U_2 = c_{V,m}(T_2 - T_1)$$

3.2.1.3 恒温可逆压缩

使体系与温度为 T_2 的低温热源接触，作恒温可逆压缩，从状态 $C(p_3, V_3, T_2)$ 变化到状态 $D(p_4, V_4, T_2)$。因为热力学能不变，所以

$$Q_2 = -W_3 = RT_2 \ln \frac{V_4}{V_3}$$

是因为 $V_4 < V_3$，故知 $Q_2 < 0$，而 $W_3 > 0$。这说明，在此过程中是体系得到功，同时放热给低温热源。

3.2.1.4 绝热可逆过程

使体系可逆绝热压缩从状态 $D(p_4, V_4, T_2)$ 回复到初态 $A(p_1, V_1, T_1)$。因过程是绝热的，所以

$$W_4 = \Delta U_4 = c_{V,m}(T_1 - T_2)$$

在一次循环中，体系所做总功为：

$$\Sigma W = W_1 + W_2 + W_3 + W_4$$

$$= -RT_1\ln\frac{V_2}{V_1} + c_{V,m}(T_2 - T_1) - RT_2\ln\frac{V_4}{V_3} + c_{V,m}(T_1 - T_2)$$

$$= -RT_1\ln\frac{V_2}{V_1} - RT_2\ln\frac{V_4}{V_3} \qquad (3-1)$$

因为绝热可逆膨胀与绝热可逆过程都是可逆绝热过程，所以将理想气体的绝热方程式 2-34 分别用于这两个过程，得：

$$T_1V_2^{r-1} = T_2V_3^{r-1} \qquad\qquad T_1V_1^{r-1} = T_2V_4^{r-1}$$

上述两式相除得：

$$\frac{V_2}{V_1} = \frac{V_3}{V_4}$$

将此式代入式 3-1，得：

$$\Sigma W = -RT_1\ln\frac{V_2}{V_1} + RT_2\ln\frac{V_2}{V_1} = -R(T_1 - T_2)\ln\frac{V_2}{V_1} \qquad (3-2)$$

热机工作效率 η 等于体系经一次循环过程所做的功与高温热源吸收的热 Q_1 之比：

$$\eta = \frac{-\Sigma W}{Q_1} = \frac{T_1 - T_2}{T_1} \qquad (3-3)$$

式 3-3 表明，卡诺热机的工作效率只与两个热源的温度有关，T_1 一定时，T_1 与 T_2 之差愈大，则热机的工作效率就愈高，反之就愈低。当 T_1 和 T_2 相等，即只有一个热源时，热机的工作效率为零。

从热力学第二定律的基本说法出发可以证明，在同样的两个高、低热源间工作的任何可逆热机，其工作效率都与卡诺热机的效率相等；任何不可逆热机的工作效率则都比卡诺热机的效率小。这个定理称为卡诺定理。无论用什么物质作为工作物质，卡诺热机的工作效率与高、低温热源温度 T_1、T_2 的关系都符合式 3-3。

3.2.2 熵及其导出

因为热力学能是状态函数，经一循环回到原状时，体系的热力学能变化为零。所以根据热力学第一定律，当体系经可逆卡诺循环回到始态时，功与热的关系为：

$$-\Sigma W = \Sigma Q = Q_1 + Q_2$$

将此式代入式 3-3，得：

$$\eta = \frac{-\sum W}{Q_1} = \frac{Q_1 + Q_2}{Q_1} = \frac{T_1 - T_2}{T_1} \qquad (3\text{-}4)$$

上式可以改写为

$$1 + \frac{Q_2}{Q_1} = 1 - \frac{T_2}{T_1}$$

经整理得

$$\frac{Q_2}{T_2} + \frac{Q_1}{T_1} = 0 \qquad (3\text{-}5)$$

对于无限小的卡诺循环，式 3-5 变为

$$\frac{\delta Q_2}{T_2} + \frac{\delta Q_1}{T_1} = 0$$

比值 Q_i/T_i 或 $\delta Q_i/T_i$ 叫热温商。热温商是过程的热除以绝对温度所得的商。可见，在卡诺循环中，两个热源的热温商之和等于零，即

$$\sum \frac{Q_i}{T_i} = 0$$

对于任意的一个可逆循环来说，热源可能不止两个而是有许多个。那么，任意可逆循环过程的各个热源的热温商之和是否仍然等于零？是否仍然有关系式 $\sum \dfrac{Q_i}{T_i} = 0$ 存在呢？答案是肯定的。为了证明这一结论，需要先证明一个任意的可逆循环可以与一系列卡诺循环等效。

如图 3-2 所示，AaBbA 为任一可逆循环。在这个循环中引一些绝热线和恒温线，使其得到若干个由两条绝热线和两条恒温线构成的小卡诺循环。因此，可将此任意可逆循环看作是由许多小的卡诺循环组成。

在这些卡诺循环中，从体系做功与吸热的效应来看，虚线所代表的绝热可逆过程实际上等于不存在，因为对上一个循环来说它是绝热压缩，而对下一个循环来说它是绝热膨胀，恰好彼此抵消。因此这些小卡诺循环的总和就是 AaBbA 边界

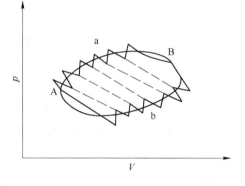

图 3-2　任意可逆循环

上的曲折线。如果把每个小卡诺循环变得无限小，则无数个小卡诺循环的总和就与任意可逆循环 AaBbA 重合。因此在每个无限小的卡诺循环中热温熵之和等于零，即

$$\frac{\delta Q_1}{T_1} + \frac{\delta Q_2}{T_2} = 0$$

对许多无限小的卡诺循环应有

$$\frac{\delta Q_1}{T_1} + \frac{\delta Q_2}{T_2} + \frac{\delta Q_3}{T_3} + \cdots = \sum \frac{\delta Q_i}{T_i} = 0$$

所以在任意可逆循环 AaBbA 中有

$$\Sigma \frac{\delta Q_i}{T_i} = 0 \quad \text{或} \quad \oint \frac{\delta Q_R}{T} = 0 \tag{3-6}$$

式中，$\oint$ 表示沿一个闭合曲线进行的积分；δQ_R 表示无限小的可逆过程中的热效应；T 是热源的温度；R 表示可逆过程。可以把沿闭合曲线 AaBbA 的积分分成沿 AaB 和 BbA 积分之和，即

$$\oint \frac{\delta Q_R}{T} = \int_A^B \left(\frac{\delta Q_R}{T}\right)_a + \int_B^A \left(\frac{\delta Q_R}{T}\right)_b = 0$$

式中，括号外的 a 和 b 表示两条不同的途径（图 3-2）。因为是可逆过程，故：

$$\int_B^A \left(\frac{\delta Q_R}{T}\right)_b = -\int_A^B \left(\frac{\delta Q_R}{T}\right)_b$$

将此式代入上式并移项，即得

$$\int_A^B \left(\frac{\delta Q_R}{T}\right)_a = \int_A^B \left(\frac{\delta Q_R}{T}\right)_b$$

上式表明一个重要事实，即积分 $\int_A^B \frac{\delta Q_R}{T}$ 之值只决定于状态 A 和 B，与中间所经途径无关。也就是说，这个积分值一定等于某一状态函数的改变量。人们将这个状态函数称为"熵"，以符号 S 表示。显然，熵是体系的容量性质。当体系的状态由 A 变到 B 时，熵的变化为

$$\Delta S = S_B - S_A = \int_A^B \frac{\delta Q_R}{T} \tag{3-7}$$

如果为一无限小的变化，其熵变可写成微分形式

$$dS = \frac{\delta Q_R}{T} \tag{3-8}$$

应当注意，式 3-7 和式 3-8 是由可逆循环导出，其中 δQ_R 为可逆过程的热效应，故这两式只能在可逆过程中应用。

熵是一个基本的热力学函数。应当明确以下两点：

（1）熵和热力学能、焓一样，是体系的状态函数，是体系的一种性质。任何体系在一定状态下都具有一定的熵值，熵的单位 J/K。附表 2 中列出某些物质在 298K，100kPa 下 1mol 的熵值。因为熵是状态函数，所以熵的变化只取决于始态和末态，与所经途径无关。

（2）熵的变化等于可逆过程的热温商。熵变可以通过可逆过程的热温商求得。

3.2.3 不可逆过程的热温商

根据卡诺定理，在同样 T_1 和 T_2 两热源之间工作的不可逆热机，其工作效率 η_{ir} 必小于可逆热机的工作效率 η_R。已知在 T_1、T_2 两热源之间工作的可逆热机，其工作效率为

$$\eta_R = \left(\frac{Q_1 + Q_2}{Q_1}\right)_R = \frac{T_1 - T_2}{T_1}$$

而
$$\eta_{ir} = \left(\frac{Q_1 + Q_2}{Q_1} \right)_{ir}$$

因此

$$\left(\frac{Q_1 + Q_2}{Q_1} \right)_{ir} < \frac{T_1 - T_2}{T_1}$$

将此式整理，可得

$$\left(\frac{Q_1}{T_1} + \frac{Q_2}{T_2} \right)_{ir} < 0$$

对于任一不可逆循环，可用与处理可逆循环类似的方法，将其分为许多个小循环。于是得

$$\sum \frac{\delta Q_{ir}}{T} < 0 \tag{3-9}$$

式 3-9 说明，任一不可逆循环的热温商之和总小于零。此式叫做克劳修斯不等式。

现在假定有一不可逆循环，由 A→B 的途径为不可逆，然后再经一可逆过程由 B→A，整个循环过程属于不可逆循环（见图 3-3）。根据克劳修斯不等式 3-9，对此不可逆循环，可得

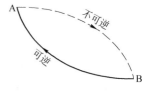

图 3-3　不可逆循环

$$\sum \left(\frac{\delta Q_{ir}}{T} \right)_{A \to B} + \sum \left(\frac{\delta Q_R}{T} \right)_{B \to A} < 0$$

即
$$\sum \left(\frac{\delta Q_{ir}}{T} \right)_{A \to B} + \int_B^A \frac{\delta Q_R}{T} < 0$$

根据式 3-7，上式可改写为

$$\sum \left(\frac{\delta Q_{ir}}{T} \right)_{A \to B} + (S_A - S_B) < 0$$

即
$$S_A - S_B = \Delta S_{A \to B} > \sum \left(\frac{\delta Q_{ir}}{T} \right)_{A \to B}$$

或
$$\Delta S > \sum \frac{\delta Q_{ir}}{T} \tag{3-10}$$

对此无限小的不可逆过程，式 3-10 可写为

$$dS > \frac{\delta Q_{ir}}{T} \tag{3-11}$$

将式 3-8 与式 3-11 合并，可得

$$dS \geqslant \frac{\delta Q}{T} \tag{3-12}$$

式 3-12 为热力学第二定律数学式。可逆过程用等号，不可逆过程用不等号。该式的含义是：

（1）假如某一过程发生后将使体系的熵变大于热温商，则该过程是一个不违反第二定律的、有可能进行的不可逆过程。

（2）假如某一过程发生后，体系的熵变与热温商相等，则该过程是一个可逆过程。由于可逆过程进行时，体系时时处于无限接近平衡的状态，因此，$dS = \dfrac{\delta Q}{T}$ 也可以看作是体系已达到平衡态的标志。

（3）有没有体系熵变小于热温商的情况呢？根据卡诺定理，热机效率大于可逆的卡诺热机的效率是不可能的，据此可以推知，不可能有 $dS < \dfrac{\delta Q}{T}$ 的实际情况出现。如果人们所设计出来的某个过程真的进行之后，将会使体系熵变小于热温商的话，那么，可以断言，该过程一定是违背第二定律、不可能发生的过程，就好像第二类永动机一样，永远不会实现。换言之，这个设计出来的过程的方向是应该否定的。

3.2.4　孤立体系中自发过程的方向和限度

如果研究的对象是孤立体系，由于环境对体系没有作用，发生的不可逆过程就必须是自发过程。因为在孤立体系中，$\delta Q = 0$。故由式 3-10 和式 3-11 可得

$$dS_{孤立系} \overset{自发}{>} 0$$

或

$$\Delta S_{孤立系} \overset{自发}{>} 0 \tag{3-13}$$

式 3-13 说明，孤立体系中自发过程进行的结果，熵值必定增大，当熵值增至极大时，体系达到平衡状态。由数字可知，熵值极大的必要条件是 $dS = 0$ 或 $\Delta S = 0$，故得

$$\Delta S_{孤立系} = 0 \tag{3-14}$$

将式 3-14 与式 3-13 合并，得

$$\Delta S_{孤立系} \overset{自发}{\underset{平衡}{\geq}} 0 \tag{3-15}$$

式 3-15 说明，孤立体系中自发过程的方向和限度可以由熵来判断。如果熵的变化大于零，即过程进行的结果使熵增大，则此过程是自发的；如果熵的变化等于零，熵不变，则说明体系处于平衡状态。在孤立体系中，熵永远不会减小。这就是熵增加原理。如果体系与环境有相互作用，把与体系相关的环境看作一个孤立体系。此时应有

$$\Delta S_{总} = \Delta S_{体系} + \Delta S_{环境} \overset{自发}{\underset{平衡}{\geq}} 0 \tag{3-16}$$

3.3　熵变的计算

熵变的计算无论对于孤立体系还是非孤立体系来说，熵变可以作为自发过程方向和限度的判据。对于非孤立体系，熵变虽然不能直接用作判据，但在计算其他热力学函数变化和化学平衡常数时，还要常常用到。

设体系进行某种过程，状态从 A 到 B，则熵变的基本公式是式 3-7

$$\Delta S = S_B - S_A = \int_A^B \frac{\delta Q_R}{T}$$

3.3.1　简单的状态变化过程

在这类过程中没有化学变化和相的变化，也没有非膨胀功。

3.3.1.1　恒温过程

因为温度 T 为常数，所以

$$\Delta S = \int_A^B \frac{\delta Q_R}{T} = \frac{Q_R}{T} \tag{3-17}$$

若为理想气体恒温过程，则因 $\Delta U = 0$，$Q = -W$，所以

$$\Delta S = \frac{Q_R}{T} = \frac{-W}{T} = \frac{nRT\ln\frac{V_2}{V_1}}{T}$$

$$= nR\ln\frac{V_2}{V_1} = nR\ln\frac{p_1}{p_2} \tag{3-18}$$

【例 3-1】　1mol 理想气体在 273K 作恒温膨胀，体积从 22.4L 变为 44.8L，求熵变。设（1）可逆过程；（2）向真空膨胀。

解：（1）由式 3-18 得

$$\Delta S = nR\ln\frac{V_2}{V_1} = 1 \times 8.314\ln\frac{44.8}{22.4} = 5.76\text{J/K}$$

（2）向真空膨胀是不可逆的，但因熵是状态函数，其变化值只取决于始态和终态。而（1）和（2）两过程的始态与终态相同，故熵变应当相同。所以

$$\Delta S_2 = \Delta S_1 = nR\ln\frac{V_2}{V_1} = 1 \times 8.314\ln\frac{44.8}{22.4} = 5.76\text{J/K}$$

真空膨胀过程，$W = 0$。又因理想气体恒温过程 $\Delta U = 0$，所以 $Q = \Delta U - W = 0$。这就说明在此过程中，体系与环境没有物质的交换，也没有热和功的交换，可以看做是孤立体系。故由计算结果 $\Delta S = 5.76\text{J/K}$，即由 $\Delta S > 0$，可以得出结论：气体向真空膨胀是自发过程。

3.3.1.2　恒压或恒容变温过程

对于恒压变温过程，由于：$\delta Q_R = \delta Q_p = nc_{p,m}\mathrm{d}T$

所以

$$\Delta S = \int_A^B \frac{\delta Q_R}{T} = \int_{T_1}^{T_2} \frac{nc_{p,m}\mathrm{d}T}{T} \tag{3-19}$$

如果 $c_{p,m}$ 不随温度变化，即 $c_{p,m}$ 是常数，则得

$$\Delta S = nc_{p,m}\ln\frac{T_2}{T_1} \tag{3-20}$$

对于恒容变温过程，由于 $\delta Q_R = \delta Q_V = nc_{V,m}dT$

所以
$$\Delta S = \int_A^B \frac{\delta Q_R}{T} = \int_{T_1}^{T_2}\frac{nc_{V,m}dT}{T} \tag{3-21}$$

如果 $c_{V,m}$ 不随温度变化，即 $c_{V,m}$ 是常数，则得

$$\Delta S = nc_{V,m}\ln\frac{T_2}{T_1} \tag{3-22}$$

【例3-2】　1mol 液态镉，在 100kPa 下，从 600K 加热到 1000K 的熵变。已知镉的 $c_{p,m} = 29.8J/(K \cdot mol)$。

解： 由式 3-20 得

$$\Delta S = nc_{p,m}\ln\frac{T_2}{T_1} = 1 \times 29.8 \times \ln\frac{1000}{600} = 15.22J/K$$

3.3.2　p、V、T 都改变的过程

设始态为 p_1、V_1、T_1，终态为 p_2、V_2、T_2。在这种情况下，由于几个变量同时变化，不能用以上各式计算 ΔS。因熵变只决定于始态与终态，所以，可在相同始态与终态之间设计一条易于计算的途径来完成上述变化。例如，可以假设通过由一恒温可逆过程和一恒容可逆过程组成的途径来完成这个变化。因为熵是状态函数，这两条途径的始态与终态相同，熵变应当相同，所以

$$\Delta S = \Delta S_T + \Delta S_V$$

如果是理想气体体系，ΔS_T、ΔS_V 可按式 3-18 和式 3-22 计算，于是得

$$\Delta S = nR\ln\frac{V_2}{V_1} + nc_{V,m}\ln\frac{T_2}{T_1} \tag{3-23}$$

类似方法可得

$$\Delta S = nR\ln\frac{p_1}{p_2} + nc_{p,m}\ln\frac{T_2}{T_1} \tag{3-24}$$

$$\Delta S = nc_{p,m}\ln\frac{V_2}{V_1} + nc_{V,m}\ln\frac{p_2}{p_1} \tag{3-25}$$

【例3-3】　1mol 理想气体，$c_{p,m} = \frac{7}{2}R$，从 25℃，100kPa 绝热压缩至 334℃，1013kPa，求熵变。

解： 根据题给数据，按式 3-24 计算较方便

$$\Delta S = nR\ln\frac{p_1}{p_2} + nc_{p,m}\ln\frac{T_2}{T_1}$$

$$= 1 \times 8.314 \times \ln\frac{1}{10} + 1 \times \frac{7}{2} \times 8.314 \times \ln\frac{334+273}{25+273}$$

$$= 1.56J/K$$

此过程是绝热的，即热温商为零，而计算得 $\Delta S = 1.56\text{J/K}$，体系的熵变大于零，所以过程的热温商小于熵变。根据式 3-10 可知，此过程是不可逆的。

3.3.3　相变化的熵变

相变一般是在恒温、恒压下进行的。如果在指定的温度、压力下，参加变化的两相恰能平衡共存，则此相变是可逆的。也就是说，在正常的相变温度和相变压力下的相变可以看做是可逆过程。例如，在 100℃、100kPa 下水变气是可逆过程。而过冷水结冰就是不可逆过程。可逆相变过程的相变 Q_p（等于 ΔH）等于 Q_R，可用来计算此过程的熵变，即

$$\Delta S = \frac{Q_R}{T} = \frac{\Delta H_{相}}{T} \tag{3-26}$$

【例 3-4】　已知 100kPa 下，固体苯的熔化温度为 5℃，熔化热为 9916J/mol。求在此温度和压力下，1g 液体苯结晶为固体苯的熵变。

解：此过程为恒温、恒压可逆相变过程。

$$Q_R = \Delta H = 9916 \times \frac{1}{78} = 127.1\text{J}$$

$$\Delta S = \frac{Q_R}{T} = \frac{-127.1}{273 + 5} = -0.456\text{J/K}$$

【例 3-5】　1mol 过冷水在 100kPa 和 -5℃ 的条件下凝固为冰，求此过程的熵变。已知水和冰的恒压热容分别为 4.18J/(K·g)、1.97J/(K·g)。100kPa 和 0℃ 时，冰的融化热为 333.5J/g。

解：水和冰在 -5℃，100kPa 下不能平衡共存，故此过程为恒温、恒压不可逆相变过程。为了计算 ΔS，必须设计一个可逆过程。

因为熵是状态函数，其变化值只决定于始态、终态，故

$$\Delta S_{268K} = \Delta S_1 + \Delta S_2 + \Delta S_3$$

根据式 3-20 和式 3-26 得

$$\Delta S_1 = nc_{p,m,水}\ln\frac{T_2}{T_1} = 4.18 \times 18\ln\frac{273}{268} = 1.38\text{J/K}$$

$$\Delta S_2 = \frac{\Delta H_{凝固}}{T} = \frac{18 \times (-333.5)}{273} = -22.01\text{J/K}$$

$$\Delta S_3 = nc_{p,m,冰}\ln\frac{T_1}{T_2} = 1.97 \times 18\ln\frac{268}{273} = -0.67\text{J/K}$$

所以　　　　$\Delta S_{268K} = \Delta S_1 + \Delta S_2 + \Delta S_3$

$$= 1.38 + (-22.01) + (-0.67)$$

$$= -21.3\text{J/K}$$

已知过冷水结冰是自发的，但计算结果体系的熵却减少了。这与熵增加原理并不矛盾，因为过程进行时体系放热，不是孤立体系，故不能用体系的熵变作为判据，根据式 3-16，可用总熵变作为判据，这样就必须再算出环境的熵变。环境的熵变 $\Delta S_{环境}$ 可按下式计算：

$$\Delta S_{环境} = \frac{Q_{环境}}{T} = -\frac{Q_{体系}}{T} = -\frac{\Delta H_{268K}}{T}$$

按基尔戈夫公式：

$$\Delta H_{268K} = \Delta H_{273K} + \int_{273K}^{268K} \Delta c_p dT$$

$$= -333.5 \times 18 + (1.97 - 4.18) \times 18 \times (268 - 273)$$

$$= -5804J$$

$$\Delta S_{环境} = -\frac{Q_{体系}}{T} = -\frac{-5804}{268} = 21.7J/K$$

$$\Delta S_{总} = \Delta S_{体系} + \Delta S_{环境} = -21.3 + 21.7 = 0.4J/K$$

计算说明，包括环境在内的孤立体系中，自发进行的是一个熵增大过程。

3.3.4 化学反应的熵变

实际发生的化学反应都是不可逆的。因此，用量热法测得的热效应不等于 Q_R，不能用来计算熵变。化学反应熵变的计算将在第4章中讨论。

3.4 熵的统计意义

根据热力学第二定律，从卡诺循环出发，我们已经导出了熵函数，并得出结论：孤立体系中自发过程中总沿着熵增大的方向进行，但是从微观结构来看，究竟什么是熵呢？要回答这个问题，可以从分析一些事实入手。

由例3-4可知，液体苯的结晶过程，熵值是减少的。也就是说，在同样的温度、压力下，液体苯的熵值比固体苯大。从内部结构来看，液体苯的混乱程度比固体苯大。由例3-1知道，气体恒温膨胀过程熵值要增大，而在膨胀过程中，随着自由空间的增大，分子运动的混乱度也是增大的。再看例3-2，镉受热升温，熵值要增大，而温度升高分子热运动加剧，混乱度也是增大的。类似的例子还可以举出很多。这些例子都说明，熵值大的状态也就是混乱度大的状态。所以，熵是反映体系内部质点混乱度的一种宏观性质。

从统计观点出发，可以给混乱度以明确的定义，进而也能对熵有进一步的理解。如前所述，热力学体系都是由大量质点组成的。大量质点组成的体系会表现出单个质点所没有的新性质——体系的统计平均性质。例如，温度反映的是大量分子质点平均动能的大小，压力反映的是大量分子撞击器壁的平均作用力的大小。混乱度这个概念也必须从统计观点来解释。当一个体系达到了平衡状态时，体系的宏观性质如温度、压力、体积、热力学能等都具有确定值，都不再随时间而变化，此时就可以认为体系处于一确定的宏观状态。然而从微观角度来看，由于质点总在不断地运动，质点间的相互作用以及质点与器壁间的相互作用都使质点的状态不断地改变，因而可以出现不同的微观状态。也就是说，每一个确定的宏观状态还与一定数量的微观状态相对应。下面举例说明。

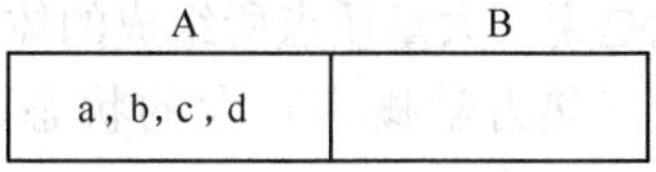

A	B
a, b, c, d	

（1）设一容器（图3-4），用隔板分成 A 和 B 两个相等的部分。A 中装有 4 个气体分子（a、b、c、

图3-4 熵统计意义示意图

d)，B 为真空。与这种宏观状态对应的微观状态只有一种。

（2）容器与（1）相同，但隔板是多孔的，可允许气体分子通过。容器中同样装有 4 个气体分子（a、b、c、d）。按排列组合原理可以算出这 4 个分子在容器中分布的微观状态共有 $2^4 = 16$ 种。就是说，这种宏观状态所对应的微观状态数是 16。这 16 种微观状态如图 3-5 所示。

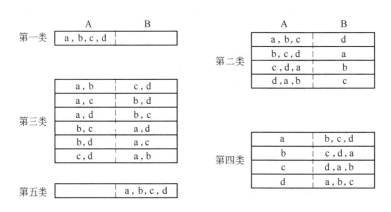

图 3-5　熵统计意义示意图

从上述两个例子可以看出，每一个确定的宏观状态都与一定数目的微观状态相对应。第一种宏观状态（4 个分子集中在被隔板等分的容器 A 中）对应的微观状态数是 1。（2）中宏观状态（4 个分子分布在被多孔隔板分布的容器中）对应的微观状态数 16。对应的微观状态数愈多的那种宏观状态，其内部情况愈复杂，或者说愈混乱。所以，统计热力学中就把一定宏观状态相对应的微观状态数定义为该宏观状态的混乱度（无序性）。

从图 3-5 还可以看出，第 2 种宏观状态对应的 16 种微观状态又可以分为五类。

其中第三类分布（A = 2，B = 2）是均匀分布，对应的微观状态最多（等于 6）；出现的概率最大（等于 6/16）。而分子都集中在 A（或 B）中的微观状态数最少（等于 1），概率也最小（等于 1/16）。可见，微观状态数愈多的分布状态，其出现的概率也愈大。故统计热力学中又将其某种状态对应的微观状态数叫做热力学概率。数学概率的数值只能在 0 和 1 之间变动。热力学概率则是正整数，可以是很大的数值。

如在与（2）相同的容器中装有 n 个分子，则与这种宏观状态对应的微观状态数为 2^n。当 n 数值很大时，即这些（指基本上均匀分布的）分布状态的微观状态数之和与总数的微观状态数 2^n 相差很小。而 n 个分子都集中在 A 中的分布状态的微观状态数为 1，其数学概率近于零（等于 $1/2^n$）。所以人们实际观察到的都是均匀分布的状态，而看不到分子都集中在 A 中这种状态。

根据上述可知，从统计观点来看，如果最初将 n 个分子都放在 A 中〔如（1）〕，则隔板抽出去后，n 个分子必将会自动地均匀分布到整个容器中去，而不会仍然集中在 A 中，也就是说，大量质点所组成的体系总是要自动地从混乱度（热力学概率）小的状态变为混乱度（热力学概率）大的状态。气体自动向真空膨胀这个现象正是这个统计规律的反映。

如前所述，孤立体系中自发过程总是向熵增大的方向进行。对比二者，可以看出，熵是混乱度（热力学概率）的函数，它们的定量关系已由玻耳兹曼（Bollzmann）确定：

$$S = k\ln\Omega \tag{3-27}$$

式中　k——玻耳兹曼常数；

　　　Ω——微观状态数，即混乱度。

以上讨论的是空间位置变化而出现的混乱度，实际情况要比这复杂得多，例如，由于热运动，体系内的质点还可以处在一系列不同的能级上。由于能级分布不同，也会出现不同的微观状态。当体系能量由于温度的升高而增大时，部分分子可以分布到更高的能级上去，而微观状态数也就增加。物体受热升温时熵值的增大，就是这种情况下混乱度增加的反映。

3.5　亥姆霍兹自由能和吉布斯自由能

如前所述，应用熵变判断自发过程中的方向和限度只限于孤立体系。实际过程很少在孤立体系中进行的，用总熵变 $\Delta S_\text{总}$ 作为判据也不很方便。因此，对于化学反应和相变过程，直接用熵变作为判据的意义不大。通过熵这个基本函数，亥姆霍兹（Helmholtz）和吉布斯（Gibbs）又找到可以作为判据的另外两个状态函数——亥姆霍兹自由能和吉布斯自由能。

3.5.1　亥姆霍兹自由能（A）

将热力学第一定律数学式用于可逆过程，得

$$dU = \delta Q_\text{R} + \delta W_\text{M}$$

由式 3-8 得

$$\delta Q_\text{R} = TdS$$

代入上式得

$$dU = TdS + \delta W_\text{M} \tag{3-28}$$

对于恒温过程，上式可写成为

$$dU = d(TS) + \delta W_\text{M}$$

整理得　　　　　　　　　　$-d(U - TS)_\text{T} = -\delta W_\text{M} \tag{3-29}$

式 3-29 等号左边括号中的 U、T 和 S 都是体系的状态函数，在一定状态下都具有一定值，所以 $U - TS$ 在一定状态下也具有一定值，即 $U - TS$ 也必定是体系的状态函数。用符号 A 代表这个状态函数，即令

$$A = U - TS \tag{3-30}$$

A 叫做亥姆霍兹自由能。由上述知，A 是体系的状态函数，是体系的一种性质。A 的单位为焦耳（J）。

将式 3-30 代入式 3-29，得

$$-dA_\text{T} = -\delta W_\text{M}$$

或　　　　　　　　　　　　$-\Delta A_\text{T} = -W_\text{M} \tag{3-31}$

由式 3-31 可以看出恒温过程中体系亥姆霍兹自由能的减少等于体系所做的最大功。因此，亥姆霍兹自由能可以理解为恒温条件下可以用来做功的能力。或者说亥姆霍兹自由能代表恒温条件下体系的做功能力。

亥姆霍兹自由能的变化可作为恒温、恒容过程自发与平衡的判据。

根据热力学第一定律

$$\delta Q = \mathrm{d}U + p\mathrm{d}V - \delta W'$$

由式 3-12 得

$$T\mathrm{d}S \overset{不可逆}{>} \delta Q$$

合并以上两式得

$$T\mathrm{d}S > \mathrm{d}U + p\mathrm{d}V - \delta W' \tag{3-32}$$

对于恒温、恒容、不做非膨胀功的不可逆过程来说，由于

$$T\mathrm{d}S = \mathrm{d}(TS), \ -p\mathrm{d}V = 0, \ \delta W' = 0$$

故式 3-32 可变为

$$\mathrm{d}(TS) \overset{不可逆}{>} \mathrm{d}U$$

整理得

$$\mathrm{d}(U - TS)_{T,V} \overset{不可逆}{<} 0$$

即

$$\mathrm{d}A_{T,V} \overset{不可逆}{<} 0 \tag{3-33}$$

式中，下标表示恒温、恒容过程。又由上式的推导可知，此不可逆过程不做非膨胀功，也不做膨胀功。环境不对体系做功的不可逆过程只能是自发过程，因此，式 3-33 也就是恒温、恒容过程能否自发的判据。即

$$\mathrm{d}A_{T,V} \overset{自发}{<} 0 \quad 或 \quad \Delta A_{T,V} \overset{自发}{<} 0 \tag{3-34}$$

式 3-34 说明，在恒温、恒容条件下，如果 $\Delta A < 0$，即终态的亥姆霍兹自由能小于始态的亥姆霍兹自由能时，从始态到终态是自发的。或者说，在恒温、恒容条件下，自发过程是向着亥姆霍兹自由能减小的方向进行。亥姆霍兹自由能达到极小值时，过程达到限度，此时体系就处于平衡状态。由数学可知，亥姆霍兹自由能具有极小值的条件是 $\mathrm{d}A = 0$ 或 $\Delta A = 0$。故得

$$\Delta A_{T,V} \overset{平衡}{=} 0 \tag{3-35}$$

3.5.2 吉布斯自由能（G）

对于恒温、恒压过程，式 3-28 可写为

$$dU = TdS - pdV + \delta W'_M = d(TS) - d(pV) + \delta W'_M$$

整理得
$$- d(U + pV - TS)_{T,p} = - \delta W'_M \qquad (3\text{-}36)$$

式 3-36 等号左边括号中的 U、T、S、p、V 都是状态函数，所以，$U + pV - TS$ 也必定是状态函数，用符号 G 代表此状态函数，即令

$$G = U + pV - TS = H - TS \qquad (3\text{-}37)$$

G 叫做吉布斯自由能。由上述知，G 也是体系的状态函数，是体系的一种性质。G 的单位为焦耳（J）。

将式 3-37 代入式 3-36，得

$$- dG_{T,p} = - \delta W'_M$$

或
$$- \Delta G_{T,p} = - W'_M \qquad (3\text{-}38)$$

式 3-38 说明，在恒温、恒压过程中，体系吉布斯自由能的减少等于体系所做的最大非膨胀功。因此，吉布斯自由能可理解为恒温、恒压下可以用来做非膨胀功的能力。或者说吉布斯自由能代表恒温、恒压条件下，体系做非膨胀功的能力。

对于恒温、恒压不做非膨胀功的过程来说，因为 $pdV = d(pV)$，$TdS = d(TS)$，$\delta W' = 0$。所以，式 3-32 可变为

$$d(U + pV - TS)_{T,p} \overset{\text{不可逆}}{<} 0$$

$$dG_{T,p} \overset{\text{不可逆}}{<} 0 \qquad (3\text{-}39)$$

式 3-39 下标表示恒温、恒压过程。由推导知，式 3-39 的不可逆过程是无需环境对体系做非膨胀功的不可逆过程。在恒温、恒压下，无需非膨胀功就能发生的不可逆过程也就是自发过程。因此，式（3-40）也就是恒温、恒压过程能否自发的判据，即

$$dG_{T,p} \overset{\text{自发}}{<} 0 \quad \text{或} \quad \Delta G_{T,p} \overset{\text{自发}}{<} 0 \qquad (3\text{-}40)$$

式 3-40 说明，在恒温、恒压条件下，$\Delta G < 0$，即终态的吉布斯自由能小于始态的吉布斯自由能，则从始态到终态是自发的。或者说，在恒温、恒压的条件下，过程是自发地向着吉布斯自由能减小的方向进行，当吉布斯自由能达最小值，即 $\Delta G = 0$ 时，过程就达到限度，或者说体系就达到平衡状态。以上所述叫最小自由能原理，可用下式表示

$$\Delta G_{T,p} \overset{\text{自发}}{\underset{\text{平衡}}{\leqq}} 0 \qquad (3\text{-}41)$$

在生产、科研中遇到的化学变化及相变过程大多是恒温、恒压过程，因此，经常要用到最小自由能原理。

3.5.3 吉布斯自由能变化与亥姆霍兹自由能变化计算

因为焓和热力学能的绝对值不能求得，所以，吉布斯自由能和亥姆霍兹自由能的绝对

值也不能求得。然而，在应用热力学解决问题时，实际需要的只是这些函数在过程中的变化，即只算出 ΔG 和 ΔA 就可以了。

从定义式

$$G = U + pV - TS = H - TS$$
$$A = U - TS$$

出发，可得计算吉布斯自由能的变化和亥姆霍兹自由能的变化的基本公式为

$$\Delta G = \Delta U + \Delta(pV) - \Delta(TS) = \Delta H - \Delta(TS) \tag{3-42}$$
$$\Delta A = \Delta U - \Delta(TS) \tag{3-43}$$

式 3-42 和式 3-43 对任何过程都适用，如加上一定的条件，就能得到适用于该条件的计算公式。

对于恒温过程，式 3-42 和式 3-43 变为

$$\Delta G = \Delta H - T\Delta S \tag{3-44}$$
$$\Delta A = \Delta U - T\Delta S \tag{3-45}$$

对于理想气体恒温膨胀过程，因为

$$\Delta U = \Delta H = 0$$

所以

$$T\Delta S = Q_R = -W_M$$

代入式 3-44 和式 3-45，可得

$$\Delta G = \Delta A = W_M$$

即

$$\Delta G = \Delta A = -nRT\ln\frac{V_2}{V_1} = nRT\ln\frac{p_2}{p_1} \tag{3-46}$$

【例 3-6】　1mol 理想气体在 27℃ 向真空膨胀，压力从 1013kPa 减小到 100kPa，求 ΔG 和 ΔA。

解：本题的过程是理想气体恒温不可逆过程，因为吉布斯自由能和亥姆霍兹自由能都是状态函数，其变化值只决定于始态、终态，与过程是否可逆无关，所以，ΔG 和 ΔA 也可以用式 3-46 计算，即

$$\Delta G = \Delta A = nRT\ln\frac{p_2}{p_1}$$

$$= 1 \times 8.314 \times (273 + 27)\ln\frac{101.3}{1013}$$

$$= -5744\text{J}$$

【例 3-7】　在 -5℃、100kPa 的条件下，1mol 过冷水凝固为冰，求此过程的 ΔG 和 ΔA。

解：此过程为恒温、恒压不可逆相变过程，由式 3-44 可得

$$\Delta G_{268K} = \Delta H_{268K} - T\Delta S_{268K}$$

由例 3-5 可知

$$\Delta S_{268K} = -21.3 J/K$$

$$\Delta H_{268K} = -5804 J$$

可得

$$\Delta G_{268K} = -5804 - 268(-21.3) = -95.6 J$$

此过程为恒压过程，因算出的 $\Delta G < 0$，故可判断过冷水结冰是自发过程。

由于液体与固体体积相差不大，即 ΔV 值不大，所以

$$\Delta U = \Delta H - p\Delta V \approx \Delta H$$

故由式 3-45 可得

$$\Delta A_{268K} = \Delta U_{268K} - T\Delta S_{268K} \approx \Delta H_{268K} - T\Delta S_{268K}$$

$$\Delta A_{268K} \approx -95.6 J$$

又因为体积变化很小，近似地可将此过程看作恒温、恒容过程，故根据 $\Delta A < 0$ 也可判断此过程能自发进行。凡是凝聚系（不包括气相的体系）的恒温过程，由于体积变化不大，可以近似地看作是恒温、恒容过程。故凝聚系的过程也常用 ΔA 作为判据。

3.6 热力学函数间的关系及克劳修斯-克莱贝龙方程

到此为止，一共讨论了五个状态函数，它们之间的关系可概括为图 3-6。

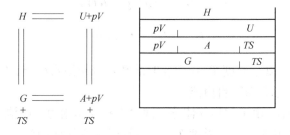

图 3-6 热力学函数间的关系

当状态发生变化时，这些状态函数随之发生变化。它们变化值之间存在着以下一些比较重要的关系式。

3.6.1 基本关系式

对于一个无限小的可逆过程

$$dU = \delta Q_R - pdV + \delta W'_M = TdS - pdV + \delta W'_M$$

$$dH = dU + d(pV) = TdS + Vdp + \delta W'_M$$

$$dA = dU - d(TS) = -SdT - pdV + \delta W'_M$$

$$dG = dH - d(TS) = -SdT + Vdp + \delta W'_M$$

对于不做非膨胀功的可逆过程来说，因为 $\delta W'_M = 0$，故以上各式变为

$$dU = TdS - pdV \tag{3-47}$$

$$dH = TdS + Vdp \tag{3-48}$$

$$dA = -SdT - pdV \tag{3-49}$$

$$dG = -SdT + Vdp \tag{3-50}$$

由推导可知，式 3-47 ~ 式 3-50 适用于封闭体系中无非膨胀功的可逆过程。但对于一定量纯物质的单相体系，无论过程是否可逆，以上四式都适用。这是因为在这样的体系中没有化学变化和相的变化，体系的状态仅由两个独立变量（T，p，V，S 等任选两个）所决定。只要这两个变量的变化值相同，则 U，H，A，G 等状态函数的变化值就相同，与过程是否可逆无关。

以上这些关系式，特别是式 3-50 十分重要。将这些公式积分，可以用来计算简单状态变化过程（没有相变化和化学变化的过程）的热力学能、焓等状态函数的变化值。也可以从这些基本关系式出发，推得一些有用的公式。例如，可以推得在一定状态下，1mol 理想气体的吉布斯自由能与温度、压力的关系式。

对 1mol 理想气体来说，在恒温条件下，由式 3-50 可得

$$dG = Vdp = \frac{RT}{p}dp$$

当压力从标准状态的压力 $p^{\ominus}$ 变到 p 时，摩尔吉布斯自由能相应地从 $G_{\mathrm{m}}^{\ominus}$ 变到 G_{m}，在恒温条件下积分上式，得

$$G_{\mathrm{m}} - G_{\mathrm{m}}^{\ominus} = RT\ln p - RT\ln p^{\ominus}$$

整理得

$$G_{\mathrm{m}} = G_{\mathrm{m}}^{\ominus} + RT\ln\frac{p}{p^{\ominus}} \tag{3-51}$$

式中，G_{m} 表示理想气体处于温度 T、压力 p 时的摩尔吉布斯自由能，$G_{\mathrm{m}}^{\ominus}$ 是理想气体处于温度 T，标准状态下的摩尔吉布斯自由能。

对于混合理想气体，由于理想气体分子间没有相互作用力，故混合理想气体中的任一种气体的 G_{i} 与该气体单独存在（温度 T、压力等于混合气体中该气体的分压 p_{i}）时的 G_{i} 相同。故得

$$G_{\mathrm{i}} = G_{\mathrm{i}}^{\ominus} + RT\ln\frac{p_{\mathrm{i}}}{p^{\ominus}} \tag{3-52}$$

式中，$G_{\mathrm{i}}^{\ominus}$ 仅仅是温度的函数。对理想气体来说，温度一定时 $G_{\mathrm{i}}^{\ominus}$ 为一定值。

3.6.2　克劳修斯-克莱贝龙方程式

研究物态间的化学平衡是化学热力学的一个重要内容。两相达到平衡时，平衡温度与平衡压力间要满足一定的关系。

先讨论液体与其蒸气之间的平衡。液体和它的蒸气达平衡时，蒸气所具有的压力叫做液体的饱和蒸气压（简称蒸气压）。液体的蒸气压与温度和总压有关。但总压的影响很小，故一般认为液体的蒸气压只和温度有关。蒸气压与温度的定量关系式用下式表示

$$\frac{dp}{dT} = \frac{S_{\mathrm{g}} - S_{\mathrm{l}}}{V_{\mathrm{g}} - V_{\mathrm{l}}} = \frac{\Delta S_{\mathrm{m}}}{\Delta V_{\mathrm{m}}} \tag{3-53}$$

式中 ΔS_m ——1mol 液体变为蒸气时的熵变；

ΔV_m ——1mol 液体变为蒸气时的体积变化。

由于两相平衡时的相变过程是可逆的，按式 3-26 可得

$$\Delta S_m = \frac{\Delta H_v}{T}$$

式中，ΔH_v 为液体的摩尔蒸发热。将此式代入式 3-53，得

$$\frac{\mathrm{d}p}{\mathrm{d}T} = \frac{\Delta H_v}{T\Delta V_m} \tag{3-54}$$

对于其他两相平衡，可推得类似公式。例如，对于固体和液体间的平衡，可推得：

$$\frac{\mathrm{d}p}{\mathrm{d}T} = \frac{\Delta H_熔}{T\Delta V_m} \tag{3-55}$$

式中 $\Delta H_熔$ ——固体的摩尔熔化热；

ΔV_m ——1mol 固体熔化时的体积变化。

式 3-54 和式 3-55 叫做克莱贝龙（Clapeyron）方程式。

假定气体是理想气体，而且液体的摩尔体积和气体的摩尔体积比较可以忽略，则式 3-55 可进一步简化。因为：

$$\Delta V_m = V_g - V_l \approx V_g = \frac{RT}{p}$$

整理得

$$\frac{\mathrm{d}\ln p}{\mathrm{d}T} = \frac{\Delta H_v}{RT^2} \tag{3-56}$$

对于固、气平衡，同法可推得

$$\frac{\mathrm{d}\ln p}{\mathrm{d}T} = \frac{\Delta H_s}{RT^2} \tag{3-57}$$

式中，ΔH_s 为 1mol 固体变为蒸气的升华热。式 3-56 和式 3-57 叫做克劳修斯-克莱贝龙（Clausius-Clapayron）方程式。

设 ΔH_m（蒸发热或升华热）为常数，不随温度变化，将式 3-56 或式 3-57 作不定积分，可得

$$\ln p = -\frac{\Delta H_m}{RT} + B'$$

或

$$\lg p = -\frac{\Delta H_m}{2.303RT} + B = -\frac{A}{T} + B \tag{3-58}$$

根据式 3-58 可知，若以 $\lg p$ 为纵轴，以 $1/T$ 为横轴作图，可得一直线（图 3-7）。图中直线的斜率为

$$m = -A = -\frac{\Delta H_m}{2.303R}$$

式 3-58 中 A、B 可由实验求得。表 3-1 是一些物质的 A、B 值。若已知 A、B，代入式 3-58，就可以求

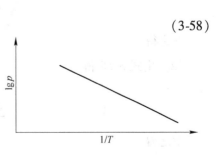

图 3-7 蒸气压与温度的关系

得在指定温度下，固体或液体物质的蒸气压。应用表 3-1 的数据求得蒸气压的单位为 Pa。

表 3-1   蒸气压公式中常数 A、B 的值

物　质	液　体			固　体		
	A/K	B	温度范围/℃	A/K	B	温度范围/℃
Al	11430	10.525	—	11940	11.075	—
Cu	24400	14.469	2100~2310	24900	14.898	—
Fe	16100	9.607	2220~2450	16700	9.940	—
Hg	3066	9.907	400~1300	3810	12.508	(−80)~(−39)
Pb	9840	9.925	525~1325	10090	10.375	—
S	3795	10.225	445~700	3807	10.385	—
Si	8660	8.015	—	8900	9.075	1200~1320
Zn	6163	10.233	600~985	6950	11.325	250~419

式 3-58 是假定 ΔH_m 不随温度变化而导出的。

【例 3-8】   求 Fe 在 2400℃ 的蒸气压。

解：查表 3-1，液体的铁的 $A = 16100\text{K}$，$B = 9.607$，代入式 3-58 得

$$\lg p = -\frac{16100}{T} + 9.607$$

题给温度为 $T = 2400 + 273 = 2673\text{K}$ 代入上式，得

$$\lg p = -\frac{16100}{2673} + 9.607 = 3.5838$$

解之得 $p = 3835.3\text{Pa}$

计算表明，在 2400℃ 的高温下，液体铁的蒸气压也是不小的。电炉炼钢高温区的温度可达 2400℃ 以上，所以会有相当数量的铁变为蒸气。

【例 3-9】   求（1）液体锌的沸点 T_b；

（2）液体锌的蒸发热。

解：（1）沸点是蒸气压等于外压的温度，一般是指蒸气压等于 100kPa 时的温度。即当 $T = T_b$ 时，$p = 100\text{kPa}$。查表 3-1 得液体锌的蒸气压与温度的关系式为：以 $T = T_b$，$p = 100\text{kPa}$ 代入式 3-58，得

$$\lg 10^5 = -\frac{6163}{T_b} + 10.233$$

解之得 $T_b = 1177.712\text{K}$

（2）由式 3-58 得

$$\frac{\Delta H_v}{2.303R} = A = 6163$$

解之得

$$\Delta H_v = 2.303 \times 8.314 \times 6163 = 118004\text{J/mol}$$

习　题

3-1 "理想气体恒温膨胀的结果是把吸收的热完全变成功" 这种说法与第二定律的开尔文说法是否矛盾?

3-2 有人声称, 他设计的热机高温热源和低温热源的温度分别为 400K 和 250K, 当热机从高温热源吸热 5000kJ 时, 可对外做功 4000kJ, 同时放出 1000kJ 的热给低温热源。这可能吗? 根据是什么?

3-3 下列说法如有错误, 请予以改正。

　　(1) 在一可逆过程中, 体系的熵值不变;

　　(2) 体系作不可逆循环, 熵变等于零;

　　(3) 任一过程, 体系的熵变等于过程的热温熵;

　　(4) $\Delta S < 0$ 的过程不能发生;

　　(5) 因为熵是状态函数, 所以, 绝热可逆过程与绝热不可逆过程的熵变都等于零。

3-4 "110℃, 100kPa 下, 过热的水变成蒸汽所吸收的热 $Q_P = \Delta H$。因为 ΔH 只决定于初、末态, 与过程是否可逆无关, 故可根据:

$$\Delta S = \frac{Q_R}{T} = \frac{\Delta H}{(273 + 110)\,\mathrm{K}}$$

来计算此过程的熵变"。这种说法是否正确? 为什么?

3-5 在下列各情况下, 1mol 理想气体在 27℃ 恒温膨胀, 从 50L 增至 100L。求过程的 Q, W, ΔU, ΔH, ΔS。(1) 可逆膨胀; (2) 膨胀过程所做的功等于最大功的 50%; (3) 向真空膨胀。

3-6 0.5mol 单原子理想气体, 由 25℃、2L 绝热可逆膨胀至 100kPa, 然后恒温可逆压缩至 2L。求 Q、W、ΔU、ΔH 和 ΔS。

3-7 150g, 0℃ 的冰放入 1000g, 25℃ 的水中, 形成一孤立体系, 求 ΔS。已知冰的融化热为 6004J/mol, 水的比热容为 4.184J/(K·g)。

3-8 计算 1mol $Br_2(s)$, 从熔点 7.32℃ 变为沸点 61.55℃ 的 $Br_2(g)$ 的熵变。已知 $Br_2(s)$ 的熔化热为 67.71J/g, $Br_2(l)$ 的比热容为 0.448J/(K·g), 蒸发热为 182.80J/g。

3-9 5mol 氨从 0℃, 100kPa 变为 25℃, 200kPa, 求 ΔS。

3-10 25℃ 时将 1mol 氧从 100kPa 恒温可逆压缩至 607.8kPa, 求 Q, W, ΔU, ΔH, ΔS, ΔA 和 ΔG。

3-11 25℃, 100kPa 下, 1mol 铅与醋酸铜在可逆情况下发生反应, 可做电功 91840J, 同时吸热 213600J。求 ΔU, ΔH, ΔS, ΔA 和 ΔG。

3-12 25℃, 100kPa 下, 1mol 过冷水蒸气凝结为水, 求过程的 ΔG, 已知液体水的摩尔体积为 18cm³/mol。25℃ 时水的饱和蒸汽压为 3.167kPa。

3-13 10mol H_2 从 100kPa, 298K 绝热压缩至 1013kPa, 607K。设 H_2 为理想气体, 已知 $S^{\ominus}_{H_2} = 130.59$ J/(K·mol)。求此过程的 ΔU, ΔH, ΔS, ΔA 和 ΔG。此过程是不是可逆过程?

3-14 某炼铜炉废气 (压力为 100kPa) 中含锌 5%。试查表计算说明烟道温度高于 700℃ 的位置能否有液体锌凝结出来。

3-15 汞在 100kPa 下熔点是 −38.87℃。液体汞的密度 13.690g/cm 固体汞的密度 14.193g/cm。熔化热是 9.75J/g。求在 358.6MPa 下汞的熔点。

4 化 学 平 衡

【本章学习要求】

（1）了解化学反应的限度，理解质量作用定律，掌握平衡常数的表达式及平衡常数的计算。

（2）熟练掌握化学反应等温方程式，理解多相反应的平衡常数，明确分解压的概念。

（3）熟练掌握范特霍夫等压方程式的微分方程式和积分方程式，明确标准生成吉布斯自由能的定义，掌握热力学第三定律及绝对熵的概念，学会利用熵法求平衡常数。

（4）了解分解压的影响因素，明确并掌握氧化物分解的逐级转变原则，理解冶金反应的优势区图的应用，熟练掌握氧化物分解的开始温度及沸腾温度。

（5）了解氧势图的绘制方法，明确氧势图定义，熟练掌握氧势图的主要用途。

（6）了解燃烧反应的概念，明确气体燃烧反应的热效应，掌握水煤气反应及固体碳的气化反应对冶金过程的重要意义。

（7）明确氧化物还原的热力学条件，熟练掌握 CO 和 H_2 还原氧化物的热力学条件，掌握 CO 和 H_2 还原氧化铁的反应及应用。

（8）理解固体碳直接还原氧化物的热力学条件，熟练掌握固体碳直接还原氧化铁的反应及应用。

4.1　化学反应的方向和限度

4.1.1　化学反应的限度

所有的化学反应既可以正向进行亦可以逆向进行。有些情况下，逆向反应的程度是如此之小，以致可以略去不计，这种反应通常称为单向反应。例如，常温下，将 2mol 氢气和 1mol 氧气的混合物用电火花引爆，就可以转化为水，这时若用一般的实验方法去检验剩余的氢和氧的数量是检查不出来的。但是若温度高达 1500℃时，水蒸气却有相当程度分解为氢和氧。这个实验说明，在通常条件下，氢和氧的反应，其逆向进行的程度是很小的，而在高温下，反应逆向进行的程度是相当明显的。

但是，在通常情况下，有不少反应既能向一个方向进行又能向相反方向进行，这种反应叫做可逆反应，也叫对峙反应。例如在一密闭容器中盛有氢气和碘蒸气的混合物，即使加热 450℃，氢和碘亦不能全部转化为碘化氢，这就是说氢和碘能生成碘化氢，但同时碘化氢亦可以在相当程度上分解为氢和碘，此种反应的可逆性质可表示为：

$$H_2(g) + I_2(g) \rightleftharpoons 2HI(g)$$

实验证明，经一定时间后容器内三种气体同时存在，并且浓度都不再发生变化。

为什么浓度不再发生变化了呢？这要作进一步的分析。上述反应是可逆反应，在一定条件下，反应开始时，反应物 H_2 和 I_2 的浓度比产物 HI 的浓度大得多，故正反应的速率较快，而逆反应较慢，反应进行以后，H_2、I_2 的浓度逐渐减小，正反应的速率便逐渐变慢；而 HI 的浓度逐渐增大。这样发展下去，到达某一时刻以后，正逆反应的速率相等，此时虽然正逆反应都还在进行，但浓度却不再有变化，这就是化学平衡状态。

所有的可逆反应在进行一定时间以后均会达到平衡状态，此时的反应进度达到极限值，以 ξ^{eq} 表示。若温度和压力保持不变，ξ^{eq} 亦保持不变，即混合物的组成不随时间而改变，这就是化学反应的限度。

可见：化学平衡是指在一定条件下，可逆反应是正反应和逆反应的速率相等时的运动状态。其特征有三：

（1）化学平衡是动态平衡。

（2）达到平衡时，各参加反应的物质的浓度都保持定值。

（3）一切平衡都只是相对的和暂时的。化学平衡是在一定条件下建立的，一旦条件改变，平衡就受到破坏，组成就会发生变化，直到建立新的平衡。

化学平衡状态可以用平衡常数来定量地表征。

4.1.2 质量作用定律

假设有一理想气体间的反应为：

$$aA + bB \rightleftharpoons dD + hH$$

式中，A、B、D 和 H 为理想气体分子；a、b、d 和 h 为气体分子 A、B、D 和 H 的化学计量系数。

此反应每一个反应进度的吉布斯自由能变化为产物的吉布斯自由能之和减去原始物吉布斯自由能之和：

$$\Delta G_m = (dG_D + hG_H) - (aG_A + bG_B) \tag{4-1}$$

G_D、G_H、G_A 和 G_B 分别为 D、H、A 和 B 的摩尔吉布斯自由能。由式 3-52 可知，理想气体混合物中，物质 i 的摩尔吉布斯自由能与其分压的关系为：

$$G_i = G_i^{\ominus} + RT\ln\frac{p_i}{p^{\ominus}}$$

$G_i^{\ominus}$ 在一定温度下为一常数，与压力无关。将此式应用到各原始物和产物，可得到：各种气体的摩尔吉布斯自由能与其分压的关系：

$$G_A = G_A^{\ominus} + RT\ln p_A/p^{\ominus}; \quad G_B = G_B^{\ominus} + RT\ln p_B/p^{\ominus}$$

$$G_D = G_D^{\ominus} + RT\ln p_D/p^{\ominus}; \quad G_H = G_H^{\ominus} + RT\ln p_H/p^{\ominus}$$

将这些式子代入式 4-1，恒温恒压下，当反应达到平衡时，有：$\Delta G_m = 0$，经整理后得：

$$(dG_D^{\ominus} + hG_H^{\ominus} - aG_A^{\ominus} - bG_B^{\ominus}) + RT\ln\left(\frac{p_D^d \cdot p_H^h}{p_A^a \cdot p_B^b} \cdot p^{\ominus - \Sigma\nu_i}\right) = 0 \tag{4-2}$$

式中，$\Sigma\nu_i$ 为反应式前后气体物质计量系数的代数和，即 $\Sigma\nu_i = d + h - a - b$。

令
$$dG_D^\ominus + dG_H^\ominus - aG_A^\ominus - bG_B^\ominus = \Delta G_m^\ominus$$

则
$$\ln\left(\frac{p_D^d \cdot p_H^h}{p_A^a \cdot p_B^b} \cdot p^{\ominus-\Sigma\nu_i}\right) = -\frac{\Delta G_m^\ominus}{RT}$$

前面已经指出，各物质的 $G_i^\ominus$ 都只是温度的函数，因此 $\Delta G_m^\ominus$ 也只是温度的函数，因此，在温度一定时，等式右边为一常数。所以令此常数为 $\ln K^\ominus$，即：

$$-\frac{\Delta G_m^\ominus}{RT} = \ln K^\ominus \tag{4-3}$$

则可得质量作用定律（也称化学平衡定律）：

$$K^\ominus = \left(\frac{p_D^d \cdot p_H^h}{p_A^a \cdot p_B^b} \cdot p^{\ominus-\Sigma\nu_i}\right) \tag{4-4}$$

$K^\ominus$ 称为标准平衡常数。p_i 和 $p^\ominus$ 的单位相同，都是 Pa 或 kPa，$p^\ominus = 100\text{kPa}$。$K^\ominus$ 是温度的函数。此定律说明，无论反应物及产物开始时的分压如何，在一定的温度下，反应达平衡时各物质的分压按式 4-4 比值总是保持一个恒定的数值 $K^\ominus$。

4.1.3　平衡常数的其他表示式

对于理想气体参加的反应，因式 4-4 中的 $p^{\ominus-\Sigma\nu_i}$ 是常数，如果归并到 $K^\ominus$ 中，可得

$$K_P = \frac{p_D^d \cdot p_H^h}{p_A^a \cdot p_B^b} \tag{4-5}$$

$$K_P = K^\ominus p^{\ominus\Sigma\nu_i} \tag{4-6}$$

K_P 也是温度的函数，称为压力平衡常数。除 $\Sigma\nu_i = 0$ 的特殊情况外，它都是有量纲的量。当 $\Sigma\nu_i = 0$ 时，$K_P = K^\ominus$。

有时平衡常数可以用体积摩尔浓度 c 表示。对理想气体

$$p_i = \frac{n_i}{V}RT = 10^3 c_i RT \tag{4-7}$$

以 p_i 之值代入式 4-5 得

$$K_P = \frac{c_D^d \cdot c_H^h}{c_A^a \cdot c_B^b}(10^3 RT)^{\Sigma\nu_i}$$

令
$$K_c = \frac{c_D^d \cdot c_H^h}{c_A^a \cdot c_B^b} \tag{4-8}$$

得
$$K_P = K_c(10^3 RT)^{\Sigma\nu_i} \tag{4-9}$$

对理想气体反应，K_c 也是温度的函数，称为浓度平衡常数。除 $\Sigma\nu_i = 0$ 外，它也是有量纲的。当 $\Sigma\nu_i = 0$ 时，K_P 与 K_c 相等，并且与 $K^\ominus$ 相等。

【例 4-1】 已知反应 $2SO_3 = 2SO_2 + O_2$，在 1000K 时 $K_c = 0.00354\text{mol/L}$，求（1）此反应的 K_P 和 $K^\ominus$；（2）反应 $SO_3 = SO_2 + \frac{1}{2}O_2$ 的 K_c、K_P 和 $K^\ominus$；（3）$2SO_2 + O_2 = 2SO_3$ 的

K_c、K_P 和 $K^\ominus$。

解:（1）
$$\Sigma\nu_i = 2 + 1 - 2 = 1$$

$$K_{P_1} = \frac{p_{SO_2}^2 \cdot p_{O_2}}{p_{SO_3}^2} = K_{c_1}(10^3 RT)^{\Sigma\nu_i}$$

$$= 0.00354 \times 10^3 \times 8.314 \times 1000$$

$$= 29431 Pa = 29.43 kPa$$

$$K_1^\ominus = K_{P_1} p^{\ominus-\Sigma\nu_i} = \frac{29.43}{100} = 0.2943$$

（2）
$$K_{c_2} = (K_{c_1})^{1/2} = (0.00354)^{1/2} = 0.0595 mol^{1/2}/L^{1/2}$$

$$K_{P_2} = (K_{P_1})^{1/2} = 5.425 kPa^{1/2}; \quad K_2^\ominus = (K_1^\ominus)^{1/2} = 0.5425$$

（3）
$$K_{c_3} = (K_{c_1})^{-1} = (0.00354)^{-1} = 282.5 mol^{-1} \cdot L$$

$$K_{P_3} = (K_{P_1})^{-1} = 0.0340 kPa^{-1}; \quad K_3^\ominus = (K_1^\ominus)^{-1} = 3.398$$

【例4-2】 N_2O_4 离解为：$N_2O_4 \rightleftharpoons 2NO_2$。设 α 为 N_2O_4 的离解度，即平衡时 N_2O_4 离解的分数，求 K 与离解度 α 的关系。已知 N_2O_4 在 25℃、100kPa 下离解度为 0.1846，求 K。

解: 设离解前 N_2O_4 的物质的量为 1mol，则离解达平衡后 N_2O_4 的物质的量剩下 $(1-\alpha)$mol。由反应式知，产生的 NO_2 为 2αmol。

$$N_2O_4 \rightleftharpoons 2NO_2$$

开始	1mol	0mol
平衡	$(1-\alpha)$mol	2αmol

物质的量总数为 $(1-\alpha) + 2\alpha = (1+\alpha)$mol

设总压为 p，因气体分压与摩尔分数成正比，故

$$p_{N_2O_4} = \frac{1-\alpha}{1+\alpha}p, \quad p_{NO_2} = \frac{2\alpha}{1+\alpha}p$$

因而按质量作用定律，可得

$$K = \frac{p_{NO_2}^2}{p_{N_2O_4}}p^{\ominus-1} = \frac{\left(\dfrac{2\alpha}{1+\alpha}p\right)^2}{\dfrac{1-\alpha}{1+\alpha}p} \cdot p^{\ominus-1}$$

$$K = \frac{4\alpha^2}{1-\alpha^2} \cdot \frac{p}{p^\ominus}$$

已知 25℃、100kPa 下，$\alpha = 0.1846$，故

$$K = \frac{4 \times 0.1846^2}{1 - 0.1846^2} \times \frac{100}{100} = 0.141$$

4.2　多相反应的平衡常数

4.2.1　化学反应等温方程式

质量作用定律表示反应达平衡时参加反应各物质分压之间的关系。要判断化学反应在恒温恒压下向哪个方向进行，即自发进行的方向，就必须知道反应的吉布斯自由能变化 ΔG 和标准吉布斯自由能变化 $\Delta G^\ominus$。ΔG 与 $\Delta G^\ominus$ 的关系为化学反应的等温方程式。

$$\Delta G_m = \Delta G_m^\ominus + RT\ln\left(\frac{p_D'^d \cdot p_H'^h}{p_A'^a \cdot p_B'^b} \cdot p^{\ominus - \Sigma\nu_i}\right) \tag{4-10}$$

根据式 4-3 得

$$\Delta G_m^\ominus = -RT\ln K^\ominus \tag{4-11}$$

所以

$$\Delta G_m = -RT\ln K^\ominus + RT\ln\left(\frac{p_D'^d \cdot p_H'^h}{p_A'^a \cdot p_B'^b} \cdot p^{\ominus - \Sigma\nu_i}\right) \tag{4-12}$$

式 4-11 和式 4-12 称为化学反应等温方程式。式中 p_A'、p_B'、p_D' 和 p_H' 为所研究的条件下，各反应物质的分压。这些分压之间并没有一定的关系，它们的数值要看实际情况而定，与平衡值 p_i 不同。

为简便，等温方程式可以写成

$$\Delta G_m = -RT\ln K^\ominus + RT\ln J^\ominus \tag{4-13}$$

$$J^\ominus = \frac{p_D'^d \cdot p_H'^h}{p_A'^a \cdot p_B'^b} \cdot p^{\ominus - \Sigma\nu_i} \tag{4-14}$$

$J^\ominus$ 称为标准压力商。如上所述，通常 $K^\ominus$ 和 $J^\ominus$ 的标准符号可以省略，式 4-13 可写成

$$\Delta G_m = -RT\ln K + RT\ln J \tag{4-15}$$

等温方程式也叫范特霍夫（Vant Hoff）等温方程式，对化学反应是重要的，因为利用等温方程式可以判断化学反应进行的方向。

若在所研究的条件下：

当 $J < K$ 时，$\Delta G_m < 0$，反应正向进行；

当 $J > K$ 时，$\Delta G_m > 0$，反应逆向进行；

当 $J = K$ 时，$\Delta G_m = 0$，反应达到平衡。

等温方程式是判断化学反应在恒温恒压下能否自发进行的依据，因此在化学热力学中，它是一个重要公式。

【例 4-3】　实验测得水煤气反应　　$H_2O + CO = H_2 + CO_2$

在 1000K 时的平衡常数 $K = 1.36$。试计算含 5% H_2O、50% CO、20% H_2 和 25% CO_2 的混合气体在此温度下反应的吉布斯自由能变化，并判断反应自发的方向。

解：　　　$J^\ominus = \dfrac{p_D'^d \cdot p_H'^h}{p_A'^a \cdot p_B'^b} \cdot p^{\ominus - \Sigma\nu_i}$　　　$\Sigma\nu_i = 1 + 1 - 1 - 1 = 0$

根据道尔顿分压定律：

$$p'_{H_2} = 0.2p、\quad p'_{CO_2} = 0.25p、\quad p'_{H_2O} = 0.05p、\quad p'_{CO} = 0.5p$$

所以

$$J = \frac{0.2p \times 0.25p}{0.05p \times 0.5p} = 2$$

$$\Delta G_m = -RT\ln K + RT\ln J = -8.314 \times 1000(\ln 1.36 - \ln 2)$$

$$= 3206J/mol$$

由计算结果知：$\Delta G_m > 0$，反应正向不能自发进行，但其逆方向可自发进行。

4.2.2 多相反应的平衡常数、分解压

在工业生产过程中常常遇到多相反应。例如金属在空气中的氧化反应为固-气相反应；炼钢时，钢液的脱 P、脱 S 反应就是钢液与熔渣间的液-液相反应；用适当的溶剂（酸、碱等）浸出矿石中有价值成分的反应为固-液相反应等。

例如石灰石的分解反应：

$$CaCO_3(s) \rightleftharpoons CaO(s) + CO_2(g)$$

$$K = \frac{p_{CO_2}}{p^{\ominus}};\qquad K_P = p_{CO_2}$$

即在一定温度下，碳酸钙分解反应的压力平衡常数 K_P 等于 CO_2 的平衡分压。实验可以测得，在一定温度下，$CaCO_3$ 分解反应达平衡时，CO_2 的分压是一个常数与 $CaCO_3$ 的量无关。

在一定温度下，$CaCO_3$ 分解达平衡时的 p_{CO_2} 称为 $CaCO_3$ 在该温度下的分解压（或称离解压）。一般来说，一固体或液体化合物分解时，如果生成一种气体，则在一定温度下，分解达平衡时，该气体的分压称为该化合物的分解压。在这里，特别强调平衡化合物的热力学稳定性。某化合物的分解压越大，说明该化合物分解的趋势大，稳定性小，容易分解。例如 600K 时，$CaCO_3$ 和 $MgCO_3$ 的分解压分别为 $4.53 \times 10^{-5}kPa$ 和 $0.0284kPa$，这说明 $CaCO_3$ 比 $MgCO_3$ 稳定。

【例 4-4】 实验测出 900℃时，反应 FeO(s) + H_2(g)══ Fe(s) + H_2O(g)的平衡常数 $K = 0.646$。钢件热处理中，为了防止氧化，常用氢气作保护气氛。若所用氢气含 2%的水蒸气，问在 900℃进行热处理时，钢件能否被氧化？

解： 氢气中含 2%的水蒸气，则有 98%的 H_2。设总压为 p，

则根据分压定律：

$$p'_{H_2} = 0.98p \qquad p'_{H_2O} = 0.02p$$

所以

$$J = \frac{p'_{H_2O}}{p'_{H_2}}p^{\ominus - \Sigma \nu_i} = \frac{0.02p}{0.98p} = 0.0204$$

$$\Delta G_m = -RT\ln K + RT\ln J$$

$$= -8.314 \times (900 + 273)(\ln 0.646 - \ln 0.0204)$$

$$= -33697J/mol$$

吉布斯自由能的变化小于零，说明反应自发向生成 Fe 和 H_2O 的方向进行，钢件不能被氧化。也就是说，可以在此条件下进行热处理。

4.3　温度对平衡常数的影响

4.3.1　等压方程式——平衡常数与温度的关系

由于 $\ln K^{\ominus} = -\Delta_r G_m^{\ominus}/RT$ 和 $\Delta_r G_m = \Delta_r H_m^{\ominus} - T\Delta_r S_m^{\ominus}$，可得

$$\ln K^{\ominus} = -\Delta_r H_m^{\ominus}/RT + \Delta_r S_m^{\ominus}/T \qquad (4\text{-}16a)$$

设某一反应在不同温度 T_1 和 T_2 时的平衡常数分别为 $K_1^{\ominus}$ 和 $K_2^{\ominus}$，则

$$\ln\frac{K_2^{\ominus}}{K_1^{\ominus}} = \frac{\Delta_r H_m (T_2 - T_1)}{RT_1 T_2} \qquad (4\text{-}16b)$$

其微分形式为

$$\frac{d\ln K}{dT} = \frac{\Delta H_m}{RT^2} \qquad (4\text{-}17)$$

式 4-16 和式 4-17 称为范特霍夫（Vant Hoff）等压方程式，它表示平衡常数与温度的关系，是化学平衡的重要公式。式中 ΔH_m 表示化学反应的焓变。$\ln K$ 随温度的变化率取决于 ΔH_m，根据反应吸热或放热来确定温度升高时 K 是增大还是减小。对于吸热反应：$\Delta H_m > 0$，T 升高，K 增大；对于放热反应：$\Delta H_m < 0$，T 升高，K 减小。

4.3.2　等压方程式的积分式

4.3.2.1　ΔH_m 不随温度变化

$$d\ln K = \frac{\Delta H_m}{RT^2}dT$$

$$\int d\ln K = \int \frac{\Delta H_m}{RT^2}dT$$

$$\ln K = -\frac{\Delta H_m}{RT} + C \qquad (4\text{-}18)$$

C 为积分常数，可由已知一个温度的平衡常数代入求得。式 4-18 也可写成

$$\lg K = \frac{A}{T} + B \qquad (4\text{-}19)$$

A、B 为常数，其中 $A = -\dfrac{\Delta H_m}{2.303R}$，$B = \dfrac{C}{2.303}$。式 4-20 表明用 $\lg K$ 对 $1/T$ 作图可得一直线（图 4-1）。

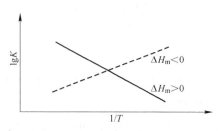

图 4-1　温度 T 对平衡常数 K 的影响

如果用定积分法解式4-17时，可得

$$\int_{K_1}^{K_2} d\ln K = \int_{T_1}^{T_2} \frac{\Delta H_m}{RT^2} dT$$

或

$$\lg \frac{K_2}{K_1} = \frac{\Delta H_m (T_2 - T_1)}{2.303 R T_2 T_1} \tag{4-20}$$

式中　K_1——温度 T_1 时的平衡常数；

　　　　K_2——温度 T_2 时的平衡常数。

【例4-5】　下列水煤气反应的 $\Delta H_m = -36400 J/mol$

$$H_2O + CO \Longrightarrow H_2 + CO_2$$

已知 500K 时 $K_{500K} = 126$，求 600K 时的 K_{600K}。

解：　应用式4-20　　　$\lg \dfrac{K_2}{K_1} = \dfrac{\Delta H_m (T_2 - T_1)}{2.303 R T_2 T_1}$

将已知数据代入，得：

$$\lg \frac{K_{600K}}{126} = \frac{-36400(600 - 500)}{2.303 \times 8.314 \times 600 \times 500} = -0.6337$$

$$K_{600K} = 29.3$$

4.3.2.2　ΔH_m 是温度的函数

当温度变化范围大时，应用式4-20计算的结果就不够精确了，为此需应用基尔戈夫公式，找出 ΔH_m 与温度的关系式。

已知 $\Delta H_m = \Delta H_0 + \Delta a T + \dfrac{1}{2} \Delta b T^2 - \Delta c' T^{-1}$，将此关系式代入式4-17并积分得

$$\int d\ln K = \int \left(\frac{\Delta H_0}{RT^2} + \frac{\Delta a}{RT} + \frac{\Delta b}{2R} - \frac{\Delta c'}{RT^3} \right) dT$$

$$\ln K = -\frac{\Delta H_0}{RT} + \frac{\Delta a}{R} \ln T + \frac{\Delta b}{2R} + \frac{\Delta c'}{2R} T^{-2} + I \tag{4-21}$$

式中，I 为积分常数，其值可由已知某一温度的 K 代入而求得。

4.3.3　标准生成吉布斯自由能

在标准状态下，从稳定的单质生成 1mol 化合物时的吉布斯自由能变化称为该化合物的标准生成吉布斯自由能，以符号 $\Delta_f G_i^\ominus$ 表示，单位为 J/mol 或 kJ/mol。稳定单质的标准生成吉布斯自由能规定为零。例如25℃时，反应：

$$C(石墨) + O_2(g) \Longrightarrow CO_2(g) \qquad \Delta G_{298K}^\ominus = -394.39 kJ/mol$$

即25℃时 CO_2 标准生成吉布斯自由能 $\Delta_f G_{(CO_2, g, 298K)}^\ominus = -394.39 kJ/mol$。

因吉布斯自由能是状态函数，故可以用类似于由标准生成热计算反应热效应的方法来计算反应的标准吉布斯自由能变化。所以公式是：

$$\Delta G_m^\ominus = \Sigma \nu_i \Delta_f G_i^\ominus \tag{4-22}$$

式中，ν_i 对产物为正，对反应物为负。这就是说，反应的标准吉布斯自由能变化等于产物

标准生成吉布斯自由能之和减去反应物标准生成吉布斯自由能之和。许多化合物的标准生成吉布斯自由能已由实验求出，或从其他数据算出，列于表中。在本书末的附录 4 中亦可查到冶金反应常见化合物的标准生成吉布斯自由能。利用 $\Delta_f G_i^{\ominus}$ 按式 4-22 求得 $\Delta G_m^{\ominus}$，就可以计算该温度下反应的平衡常数。

在冶炼温度及标准压力下某些物质的 $\Delta_f G_T^{\ominus}$ 值也可以查到，它是一个与温度有关的二项式，即 $\Delta G^{\ominus} = A + BT$。

4.3.4　热力学第三定律

体系的混乱度越低，有序性越高，熵值就越低。对于一种物质来说，处于分子只能小幅度运动的液态比处于分子可大幅度混乱运动的气态的熵值要低，而分子排列成晶格、只能在结点附近做微小振动的固态的熵值比液态的熵值又低一些。当固态的温度进一步降低时，体系的熵值也进一步下降。对任何物质来说，都有这种规律存在。

1902 年里查兹（Richards）研究低温反应时发现，当温度降低时，反应的 ΔG 和 ΔH 的数值迅速接近。其后能斯特（Nernst）在 1906 年根据低温下凝聚系反应的实验，得到如下关系：

$$\lim_{T \to 0} \frac{\partial \Delta G}{\partial T} = \lim_{T \to 0} \frac{\partial \Delta H}{\partial T} = 0 \tag{4-23}$$

也就是说，当接近绝对零度时，ΔG 和 ΔH 与 T 的两条关系曲线相切，其公切线与横轴平行，如图 4-2 所示。由于

$$\frac{\partial \Delta G}{\partial T} = - \Delta S$$

所以　　　　　$$\lim_{T \to 0} (\Delta S)_T = 0 \tag{4-24}$$

即在温度趋近绝对零度时，凝聚系所发生的过程没有熵变。这就是能斯特热定理。

从热定理可以推论，在绝对零度时，凝聚系反应前后的熵都相等，因而发生的化学反应也没

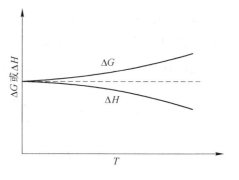

图 4-2　能斯特热定理

有熵的变化。设在 0K 时体系初态的熵为 S_0'，末态的熵为 S_0''，则：$S_0'' = S_0'$。

因此看来，绝对零度时凝聚系的熵值是一个常数。

普朗克（Planck）1911 年进一步假定这个常数的值为零：

$$S_0 = 0$$

热力学第三定律：在绝对零度时，任何纯物质完整晶体的熵都等于零。热力学第三定律已为后来的实验所证实。

4.3.5　绝对熵

在恒压下：　　　　　　　　$$S_T - S_0 = \int_{0K}^{TK} c_p \, \mathrm{d}\ln T$$

根据热力学第三定律，又知 $S_0 = 0$，所以：

$$S_T = \int_{0K}^{TK} c_p \mathrm{d}\ln T \qquad (4\text{-}25)$$

由此式可以看出，只要知道 $0 \sim T$K 范围内 c_p 与 T 的关系，就可以算出 T 时的绝对熵 S_T。应当指出，式 4-25 只适用于没有相变的温度范围。在 $0 \sim T$K 的温度范围内有晶型转变、熔化、气化等相变过程，则应分段计算，并应将相变过程的熵变考虑进去。许多物质的绝对熵值已经测定，测定结果已列成表（见附表 2）。通常在 25℃ 及标准压力下 1mol 物质的熵值，称为 298K 时的标准熵 $S_{298K}^{\ominus}$，单位是 J/(K·mol)。

4.3.6 熵法求 $\Delta G_m^{\ominus}$、平衡常数 K

有了各物质的标准熵数值后，就可以利用这些数据直接求得化学反应的熵变。再由公式求得 $\Delta G_{298K}^{\ominus}$

$$\Delta G_{298K}^{\ominus} = \Delta H_{298K}^{\ominus} - T\Delta S_{298K}^{\ominus}$$

其中 $\Delta H_{298K}^{\ominus}$ 可由附表求得各物质的标准生成热直接求得。而 $\Delta S_{298K}^{\ominus} = \Sigma \nu_i S_i^{\ominus}$。$\Delta G_{298K}^{\ominus}$ 求出后，又可以根据 $\Delta G_{298K}^{\ominus} = -RT\ln K_{298K}$ 即可求出平衡常数。

【例 4-6】 用熵法求 25℃ 时下列反应的 $\Delta G_m^{\ominus}$ 和 298K 时的平衡常数 K。

$$2SO_2(g) + O_2(g) === 2SO_3(g)$$

解： 查本书附表 2 得下列数据：

	$S_{298K}^{\ominus}[J/(K\cdot mol)]$	$\Delta_f H_{298K}^{\ominus}(J/mol)$
$SO_2(g)$	248.11	-296900
$O_2(g)$	205.04	0
$SO_2(g)$	256.6	-395760

$$\Delta H_{298K}^{\ominus} = 2\Delta_f H_{SO_3}^{\ominus} - 2\Delta_f H_{SO_2}^{\ominus} - \Delta_f H_{O_2}^{\ominus}$$
$$= 2(-395760) - 2(-296900)$$
$$= -197720 J/mol$$

$$\Delta S_{298K}^{\ominus} = 2S_{SO_3}^{\ominus} - 2S_{SO_2}^{\ominus} - S_{O_2}^{\ominus}$$
$$= 2 \times 256.6 - 2 \times 248.11 - 205.04$$
$$= -188.06 J/(K\cdot mol)$$

$$\Delta G_{298K}^{\ominus} = \Delta H_{298K}^{\ominus} - T\Delta S_{298K}^{\ominus}$$
$$= -197720 - 298(-188.06)$$
$$= -141678 J/mol$$

$$\Delta G_{298K}^{\ominus} = -RT\ln K_{298K}$$

所以
$$\ln K = -\frac{\Delta G_{298K}^{\ominus}}{RT} = -\frac{-141678}{8.314 \times 298} = 57.18$$
$$K = 6.84 \times 10^{24}$$

　　如要求其他温度下的 $\Delta G_m^{\ominus}$ 及 K，必须先求 $\Delta H_m^{\ominus}$ 与温度及 $\Delta S_m^{\ominus}$ 与温度的关系式，进而求出 $\Delta G_m^{\ominus}$ 与温度的关系式。然后由 $\Delta G_m^{\ominus}$ 与平衡常数 K 的关系式求得平衡常数 K。$\Delta H_m^{\ominus}$ 与温度的关系就是基尔戈夫关系式

$$\Delta H_T^{\ominus} = \Delta H_{298K}^{\ominus} + \int_{298K}^{T} \Delta c_{p,m} \mathrm{d}T$$

$$S_T^{\ominus} = S_{298K}^{\ominus} + \int_{298K}^{T} c_{p,m} \frac{\mathrm{d}T}{T}$$

$$\Delta G_{298K}^{\ominus} = \Delta H_{298K}^{\ominus} - T\Delta S_{298K}^{\ominus} + \int_{298K}^{T} \Delta c_p \mathrm{d}T - T\int_{298K}^{T} \Delta c_{p,m} \frac{\mathrm{d}T}{T} \qquad (4\text{-}26)$$

　　在应用此式计算时，要有各物质的 $c_{p,m}$ 与温度的函数关系式，而且计算较麻烦。有时为了近似计算，可设 $\Delta H_m^{\ominus}$ 和 $\Delta S_m^{\ominus}$ 都不随温度而变化，并且都等于 298K 时的数值，即令 $\Delta c_p = 0$，则式 4-26 变为

$$\Delta G_T^{\ominus} = \Delta H_{298K}^{\ominus} - T\Delta S_{298K}^{\ominus}$$

因此　　　　　　　　　　$$\ln K = -\frac{\Delta H_{298K}^{\ominus}}{RT} + \frac{\Delta S_{298K}^{\ominus}}{R} \qquad (4\text{-}27)$$

式 4-27 称为熵法近似式。

4.4　化合物的热分解

4.4.1　分解压的热力学意义

　　若以 MO 型的氧化物为例，其分解反应可表示为

$$2MO(s) \Longrightarrow 2M(s) + O_2$$

则分解反应的平衡常数及 $\Delta G^{\ominus}$ 为：

$$K_P = \frac{p_{O_2}}{p^{\ominus}}$$

$$\Delta G^{\ominus} = -RT\ln K = -RT\ln p_{O_2(MO)}$$

因此把 $p_{O_2(MO)}$ 叫 MO 的分解压。规定 $p_{O_2(MO)} = p_{O_2}/p^{\ominus}$ 即 $p_{O_2(MO)}$ 无量纲。由于 $-\Delta G^{\ominus} = RT\ln p_{O_2(MO)}$，故分解压愈大，则 $-\Delta G^{\ominus}$ 值愈大，MO(s) 就愈易分解，M 和氧的亲和力就愈小，而 MO(s) 的稳定性就愈小。因此，化合物的分解压可代替 $\Delta G^{\ominus}$ 来量度化合物的稳定性或金属与氧的亲和力，但它比 $\Delta G^{\ominus}$ 更直观，易理解，这就是分解压的热力学意义。

　　因为　　　　　$$\Delta G^{\ominus} = -RT\ln K = -RT\ln p_{O_2(MO)} = \Delta H_m^{\ominus} - T\Delta S_m^{\ominus}$$

经整理得

$$\lg p_{O_2(MO)} = \frac{A}{T} + B \qquad (4\text{-}28)$$

该式为 MO 的分解压与温度的关系式。

4.4.2 分解压的影响因素

4.4.2.1 温度

化合物的分解反应是吸热的，温度升高，分解压增大，因为温度升高，供给的热能使化合物内的气体物与金属或氧化物的键减弱。

根据范特霍夫等压方程式 4-17，温度升高，平衡常数增大，而分解反应的平衡常数恰好等于其分解压力，所以温度升高，分解压 p 增大，如图 4-3 所示为化合物分解或形成的平衡图。

位于一定温度及气相组成下的化合物能否分解或稳定存在，可由等温方程式计算的 ΔG 确定，对 MO(s) 的分解反应来说，等温方程为：

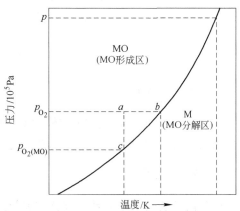

图 4-3　化合物分解或形成的平衡图

$$\Delta G = -RT\ln K + RT\ln J$$

由于 $K = p_{O_2(MO)}$；$J = p'_{O_2}/p^{\ominus}$，即 MO(s) 周围气相的氧分压，故

$$\Delta G = RT\ln p'_{O_2}/p^{\ominus} - RT\ln p_{O_2(MO)}$$

(1) 当 $p'_{O_2}/p^{\ominus} < p_{O_2(MO)}$ 时，$\Delta G < 0$，氧化物发生分解，$p'_{O_2}/p^{\ominus}$ 增加直到 $p'_{O_2}/p^{\ominus} = p_{O_2(MO)}$ 时为止，或 MO 完全分解，位于曲线下方的 MO 分解区。

(2) 当 $p'_{O_2}/p^{\ominus} > p_{O_2(MO)}$ 时，$\Delta G > 0$ 时，分解反应向逆向进行，即 M 不断被氧化，生成 MO，而 $p'_{O_2}/p^{\ominus}$ 不断降低，直到 $p'_{O_2}/p^{\ominus} = p_{O_2(MO)}$ 为止，其结果是气相的氧不断被消耗掉或一直到 M(s) 全部被氧化，位于曲线上方的 MO 形成区。

(3) 当 $p'_{O_2}/p^{\ominus} = p_{O_2(MO)}$ 时，$\Delta G = 0$，此时，M、MO 同氧处于平衡，即没有 M 的氧化，也没有 MO 的分解。位于曲线上的点为氧化物分解的平衡线，表明平衡氧分压与温度的关系，这种由气-固反应的气相组分分压及温度为坐标绘出平衡图表示某凝聚相稳定存在热力学条件的范围，在冶金中称为优势区图（Predominance area diagram），是冶金过程的热力学状态图之一。它能反映等温方程确定的结果，用它能更直观、简捷地分析问题，所以在热力学中广泛应用。

由图 4-3 可见，欲使位于一定状态的 (p'_{O_2}、T) 的氧化物开始分解，有两种方法：

(1) 降低气相的氧分压，使 $p'_{O_2}/p^{\ominus} \leqslant p_{O_2(MO)}$，则 $\Delta G \leqslant 0$，氧化物开始分解，如图中的 a 点变到 c 点，这是用真空使氧化物发生分解的原理。

(2) 提高体系的温度，$p_{O_2(MO)}$ 增加，当 $p_{O_2(MO)}$ 增加到等于或大于 $p'_{O_2}/p^{\ominus}$ 时，$\Delta G \leqslant 0$，于是氧化物开始分解，如图 4-3 中的 a 点变到 b 点。因此，加热到 $p_{O_2(MO)} = p'_{O_2}/p^{\ominus}$ 的温度就是 MO(s) 在一定氧分压 p'_{O_2}(Pa) 下开始分解的温度，称为化合物分解的开始温度，用 $T_{开}$ 表示。当温度超过 $T_{开}$ 时，MO(s) 即进入其分解区或 M(s) 的稳定区了。

在式 4-28 中用气相的 $p'_{O_2}/p^{\ominus}$ 代替 $p_{O_2(MO)}$，可求得氧化物分解的开始温度，即

$$T_{\text{开}} = \frac{A}{\ln p'_{O_2}/p^{\ominus} - B} \qquad (4\text{-}29)$$

当氧化物继续被加热，其分解压达到体系的总压时，氧化物将剧烈地分解，好像把水加热到其蒸气压等于总压时发生沸腾一样，这时氧化物的分解温度称为沸腾温度，用 $T_{\text{沸}}$ 表示，在这种条件下，用 $p/p^{\ominus}$ 代替式 4-18 中的 $p_{O_2(MO)}$，可求得 $T_{\text{沸}}$：

$$T_{\text{沸}} = \frac{A}{\ln p/p^{\ominus} - B} \qquad (4\text{-}30)$$

当总压为 100kPa 时，$p/p^{\ominus} = 1$，而 $T_{\text{沸}} = \dfrac{A}{B}$。

实际上，为使化合物实现分解，常须把它加热到沸腾温度，所以一般实际的分解温度均指沸腾温度，即分解压达到 100kPa 的温度。

4.4.2.2　相变

由平衡常数与温度关系的范特霍夫等压方程式可知

$$\frac{\mathrm{d}\ln K}{\mathrm{d}T} = \frac{\Delta H}{RT^2}$$

当 MO 和 M 为纯物质时，分解反应的平衡常数在数值上等于分解压，所以

$$\frac{\mathrm{d}\ln p_{O_2(MO)}}{\mathrm{d}T} = \frac{\mathrm{d}\ln K}{\mathrm{d}T} = \frac{\Delta H}{RT^2} \qquad (4\text{-}31)$$

可见，$\ln p_{O_2(MO)}$ 随温度的变化率取决于热效应 ΔH 的值。$p_{O_2(MO)}$ 为 MO 的分解压。

由于相变时有相应热产生，因此对热效应 ΔH 值有一定影响，从而 $\ln p_{O_2(MO)}$ 随温度的变化率也不同。

（1）假设温度升高到 MO 的熔点 $T_{m(MO)}$ 时。化合物由固态转变为液态后，$\ln p_{O_2(MO)}$ 随温度的变化率减小。如图 4-4 所示，分解压曲线在相变点 $T_{m(MO)}$ 出现转折，高于 $T_{m(MO)}$ 温度时曲线斜率变小，即曲线变得平缓。

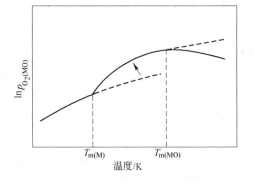

图 4-4　固体物相变（熔化）对分解压的影响
$T_{m(M)}$ — 产物 M 的熔点；$T_{m(MO)}$ — 反应物 MO 的熔点

（2）假设温度升高到 M 的熔点 $T_{m(M)}$ 时。M(s)发生相变后，$\ln p_{O_2(MO)}$ 随温度的变化率增大，即曲线变得更陡些，如图 4-4 所示。

4.4.3　氧化物的分解

4.4.3.1　氧化物的分解压

图 4-5 为各种金属氧化物的分解压与温度的关系。它们的分解压都是随温度的升高而增大。但绝大多数金属氧化物的分解压在一般冶炼温度（1400～1700℃）下远

远小于大气中氧的分压，所以仅用热分解法，是很难得到金属的，因 $\Delta G = -RT\ln p_{O_2(MO)} + RT\ln p'_{O_2}/p^{\ominus}$，$< p'_{O_2}/p^{\ominus} = 0.21$，所以 $\Delta G > 0$，分解反应正向不能自发进行，相反，金属在空气中不能稳定存在，会逐渐氧化变成氧化物。

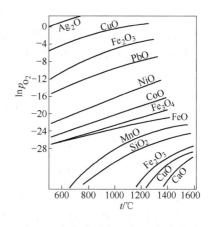

图 4-5　氧化物分解压与温度的关系

如前所述金属氧化物的分解压 $p_{O_2(MO)}$ 只与温度 T 有关。其关系式已由式 4-28 给出。

即 $\ln p_{O_2(MO)} = \dfrac{A}{T} + B$。有了 $\ln p_{O_2(MO)}$ 与 T 的函数式，即可求出任何温度下的分解压。

图 4-5 就是根据氧化物分解压力与温度的关系所绘制出的图形。从图中可以看出氧化物的分解压都是随温度的升高而增大。

4.4.3.2　氧化物分解的特性

许多元素能形成多种价态的氧化物。它们的分解压具有以下特性：

（1）在同种金属元素的一系列氧化物中，高价氧化物的分解压比低价氧化物的分解压要大，所以高价氧化物不及低价氧化物稳定，前者较易放出一部分氧，而后者难放出氧。

（2）高价氧化物只能依次分解成次一级价数的氧化物，即高价氧化物只能与顺序中次一级价数的氧化物同时平衡存在。例如在 Fe-O 系的氧化物中，存在下列分解反应：

$$6Fe_2O_3 \Longrightarrow 4Fe_3O_4 + O_2$$

$$2Fe_3O_4 \Longrightarrow 6FeO + O_2$$

$$2FeO \Longrightarrow 2Fe + O_2$$

这称为氧化物的分解或其形成的逐级转变原则。

（3）最低价的氧化物都有其存在的温度范围，高于此温度，才能稳定存在，低于此温度该氧化物就不稳定，发生分解。例如 FeO 只能在 570℃ 以上稳定存在；SiO 只能在 1500℃ 以上稳定存在；Cu_2O 只能在 375℃ 以上稳定存在，因此，氧化物有高温转变和低温转变之分，例如，Fe_2O_3 的分解，在 570℃ 以上分三步进行分解（高温转变）：

$$6Fe_2O_3 \Longrightarrow 4Fe_3O_4 + O_2 \qquad \Delta G^{\ominus} = 586788 - 340.17T(J)$$

$$2Fe_3O_4 \Longrightarrow 6FeO + O_2 \qquad \Delta G^{\ominus} = 636154 - 255.6T(J)$$

$$2FeO \Longrightarrow 2Fe + O_2 \qquad \Delta G^{\ominus} = 539095 - 140.57T(J)$$

在 570℃ 以下，分两步进行分解（低温转变）：

$$6Fe_2O_3 \Longrightarrow 4Fe_3O_4 + O_2 \qquad \Delta G^{\ominus} = 586788 - 340.17T(J)$$

$$\frac{1}{2}Fe_3O_4 \Longrightarrow \frac{3}{2}Fe + O_2 \qquad \Delta G^{\ominus} = 563338 - 169.29T(J)$$

这是由于 FeO 在 570℃ 以下热力学上是不稳定的相。要按下式分解：

$$4FeO \rightleftharpoons Fe_3O_4 + Fe$$

除铁外，如硅、铬等的低价氧化物 SiO、CrO、Cu_2O 等也具有这种分解特性。

因此，氧化铁的分解有两种顺序：

$t > 570℃$　　　　　　　　$Fe_2O_3 \rightarrow Fe_3O_4 \rightarrow FeO \rightarrow Fe$

$t < 570℃$　　　　　　　　$Fe_2O_3 \rightarrow Fe_3O_4 \rightarrow Fe$

4.4.3.3　铁氧化物的分解

铁的氧化物有三种：即 Fe_2O_3、Fe_3O_4、FeO。图 4-6 表示铁氧化物的 $\Delta G^{\ominus}$ 及其分解压与温度的关系。由图 4-6 可见，Fe_2O_3 的分解压或其 $\Delta G^{\ominus}_{生}$，在一切温度下都比其他的氧化物高。所以 Fe_2O_3 最不稳定。在570℃以上，Fe_2O_3、Fe_3O_4、FeO 三种氧化物中，FeO 分解压最小，是最稳定的氧化物；570℃以下，Fe_2O_3 及 Fe_3O_4 两种化合物，Fe_3O_4 分解压最小，是最稳定的氧化物。由于 FeO 在570℃以下不能稳定存在，所以凡有 FeO 参加的反应，如反应（2）、（3）都不能出现，而仅有反应（1）、（4）能出现。不论是 $\Delta G^{\ominus} = f(T)$ 直线或它们的分解压与温度曲线都在570℃相交于一点，在此点，Fe、FeO、Fe_3O_4、O_2 四相平衡共存。这些曲线把图形分为 Fe_2O_3、Fe_3O_4、FeO 稳定存在的区域。

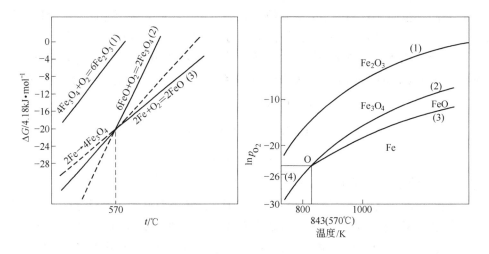

图 4-6　铁氧化物的 $\Delta G^{\ominus}$ 及分解压与温度的关系

例如，曲线（1）区域内的 p'_{O_2}（外界的氧分压） $> p_{O_2(Fe_2O_3)} > p_{O_2(Fe_3O_4)} > p_{O_2(FeO)}$，因而位于此区域内的 Fe、FeO、$Fe_3O_4$ 都将被氧化成 Fe_2O_3，所以此区域是 Fe_2O_3 稳定存在的区域。在曲线（1）和（2）之间区域内，$p_{O_2(Fe_2O_3)} > p'_{O_2}$（外界的氧分压） $> p_{O_2(Fe_3O_4)} > p_{O_2(FeO)}$，因而位于此区域内的 $Fe_2O_3 \rightarrow Fe_3O_4$，而 $Fe \rightarrow FeO \rightarrow Fe_3O_4$。所以此区域是 Fe_3O_4 稳定存在的区域。

在曲线（2）和（3）之间区域内，$p_{O_2(Fe_2O_3)} > p_{O_2(Fe_3O_4)} > p'_{O_2}$（外界的氧分压） $> p_{O_2(FeO)}$，因而位于此区域内的 $Fe_2O_3 \rightarrow Fe_3O_4 \rightarrow FeO$，而 $Fe \rightarrow FeO$。所以此区域是 FeO 稳定存在的区域。

同理可以说明曲线（3）以下的区域是 Fe 的稳定存在区，曲线（4）以上的区域是

Fe_3O_4 的稳定区，以下为 Fe 的稳定区。

4.5 标准生成吉布斯自由能与温度关系图

利用各种氧化物 $\Delta_f G_i^{\ominus} = f(T)$ 关系式绘制成标准生成吉布斯自由能-温度图，就能代替计算，直观地了解这类反应的热力学特性。这种图又称氧势图，是 1944 年首先由 H. J. 埃林汉（Eillingham）提出，所以又称埃林汉图。

4.5.1 氧化物的氧势

为了便于比较元素和氧的亲和力或氧化物的稳定性，应指定同一氧量，例如 $1\,mol\;O_2$ 参加反应，故氧化物 M_xO_y 的生成反应为

$$(2x/y)M(s) + O_2 \Longrightarrow (2/y)M_xO_y(s)$$

式中，M 及 M_xO_y 的系数是使参加反应的氧为 $1\,mol$ 量。上式的 $\Delta G^{\ominus}$ 是指所有参加反应的物质均在标准态，即 M(s)、$M_xO_y(s)$ 是纯物质，而 O_2 为 $100\,kPa$。又由于 $\Delta G_m^{\ominus} = -RT\ln K$，故可由反应的平衡常数 K 求出反应的 $\Delta G_m^{\ominus}$。上述反应的平衡常数为：

$$K = \frac{p^{\ominus}}{p_{O_2}}$$

从而

$$\Delta G_m^{\ominus} = -RT\ln K = RT\ln(p_{O_2}/p^{\ominus})$$

式中，p_{O_2} 是反应的平衡氧分压，$RT\ln(p_{O_2}/p^{\ominus})$ 称氧势。p_{O_2} 值愈低，$\Delta G_m^{\ominus}$ 的负值愈大，则元素对氧的亲和力就愈大，而氧化物在该温度下就愈稳定。因此氧势愈低的氧化物在该温度下愈稳定。

4.5.2 氧势图

图 4-7 是根据氧化物标准生成吉布斯自由能的二项式：

$$\Delta G_m^{\ominus} = A + BT = RT\ln(p_{O_2}/p^{\ominus}) = \Delta H_m^{\ominus} - T\Delta S_m^{\ominus}$$

绘制的氧势图（$\Delta G_m^{\ominus}$-T 图）。虽然 $\Delta H_m^{\ominus}$ 和 $\Delta S_m^{\ominus}$ 都是与温度有关的函数，但温度升高带来的变化不是很大的（估计温度升高 100℃，$\Delta H_m^{\ominus}$ 大约变化 5%，$\Delta S_m^{\ominus}$ 大约变化 1%，但高温下，$\Delta G_m^{\ominus}$ 的误差比低温下的略大，见图 4-7 中准确度符号），并且两者变化的结果大致是可以相互抵消的，所以在要求的精度内，在物质不发生相变的温度范围内 $\Delta G_m^{\ominus}$-T 的关系实质上都是直线。

图 4-7 中纵坐标为 $\Delta G_m^{\ominus}$，单位是 kJ/mol，横坐标为温度（℃）。各直线所代表的反应已在线上注明。

直线的参数-斜率、截距及折点有不同物理意义。直线在 $T = 0K$ 轴上的截距视为反应的标准焓变化 $\Delta H_m^{\ominus}$；而直线的斜率（$\partial \Delta G_m^{\ominus}/\partial T$）等于反应标准熵变化的负值 $-\Delta S_m^{\ominus}$，因为 $d\Delta G_m^{\ominus} = \Delta V_m dp - \Delta S_m^{\ominus} dT$，从而 $(\partial \Delta G_m^{\ominus}/\partial T) = -\Delta S_m^{\ominus}$。如前所述，$\Delta G_m^{\ominus}$ 可代表元素和氧的亲和力或氧化物在一定温度的稳定性，因此直线的斜率可表示氧化物的稳定性随温度的变化率。凝聚态物质的熵远小于气态物质的熵，因而图 4-7 中形成凝聚态氧化物的熵变化均为

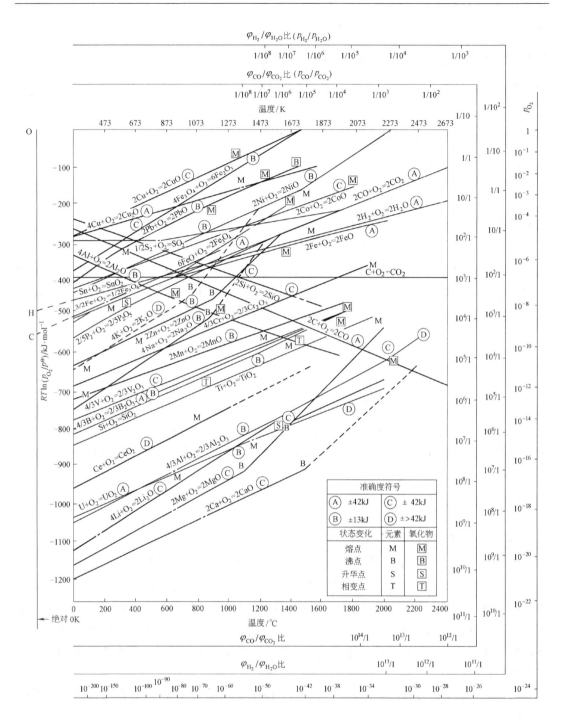

图4-7　氧化物的标准生成吉布斯自由能图

负值，这是因为这种氧化物形成时消耗了1mol O_2，使反应的 $\Delta S_m^{\ominus} < 0$，这时 $\Delta G_m^{\ominus}$-T 直线都具有正的斜率，即 $(\partial \Delta G_m^{\ominus} / \partial T) = -\Delta S_m^{\ominus} > 0$。所以图4-7中绝大多数金属氧化物的 $\Delta G_m^{\ominus}$-T 均具有这种性质。形成气态氧化物时，对气体物质摩尔数增大的反应，其熵变化是正值，而其 $\Delta G_m^{\ominus}$-T 直线则有负的斜率，如图4-7中 $2C + O_2 = 2CO$ 反应。这也表明 CO 的稳定性

在高温时比较大。气态氧化物如 SiO、Al_2O 亦有此特性。图 4-7 中 $C + O_2 = CO_2$ 反应的 $\Delta G_m^{\ominus}$-T 直线则是水平的,其斜率接近于零。这是因为碳氧化形成 CO_2 时,消耗了 1mol O_2,同时又生成 1mol CO_2,反应后气体的摩尔数没有改变,所以 $\Delta S_m^{\ominus} \approx 0$。即斜率 $(\partial \Delta G_m^{\ominus}/\partial T) = -\Delta S_m^{\ominus} \approx 0$,故其 $\Delta G_m^{\ominus}$-T 直线是水平的。图 4-7 中有些 $\Delta G_m^{\ominus}$-T 直线在相变温度后斜率有改变,因此经过相变点出现了转折点。物质的聚集状态不同,则意味着其原子或分子的排列状态不同,因而熵值有改变。这种聚集状态的改变称为相变。

4.5.3 氧势图的应用

氧势图是火法冶金中最主要的图形之一,由它可直接得出氧化-还原反应热力学的基本原理。

4.5.3.1 氧化物稳定性的判断

氧化物在一定温度的 $\Delta G_m^{\ominus}$ 代表其稳定性,它可以直接从图 4-7 中读出。在所讨论的温度范围内,即 0 ~ 2200℃ 内,$\Delta G_m^{\ominus} < 0$,所以大多数氧化物在这个温度范围内均可形成或存在。图 4-7 中绝大多数直线倾斜直上,表明随着温度的升高,这些氧化物的 $\Delta G_m^{\ominus}$ 值增加,它们的稳定性随着温度的升高而减小(CO、SiO(g)、Al_2O(g) 等气态氧化物除外),因为 $\Delta G_T^{\ominus}$ 逐渐增加,如果温度升高到足以使氧化物的 $\Delta G_m^{\ominus}$-T 直线和 $\Delta G_m^{\ominus} = 0$ 的水平线相交,此交点是氧化物的平衡氧分压等于 100kPa 的温度,称为氧化物的分解温度,因为温度超过此交点温度时 $\Delta G_T^{\ominus} > 0$,氧化物不能稳定存在,将分解为其组成元素和氧。

4.5.3.2 元素的氧化还原次序的确定

由图 4-7 可知,各元素和氧的亲和力逐渐增加的顺序大致为:Cu、Pb、Ni、Co、P、Fe、W、Mo、V、Si、Ti、Al、Mg、Ca。例如,凡是在铁线以上的元素,其对氧的亲和力都小于铁对氧的亲和力,故在炼钢过程中它们不被氧化。相反在炼铁过程中它们的氧化物可与氧化铁一起被还原。凡是在铁线以下的元素,其对氧的亲和力都大于铁对氧的亲和力,故在炼钢过程中很容易氧化而进入炉渣或炉气中。例如铁水中如含有铜,则铜始终不能被氧化除去。由于直线的斜率不同,温度的改变也会引起氧化次序发生变化。例如炼钢时,开始铁水温度较低(低于 1400℃,杂质氧化的顺序是 Si、Mn、C)。首先是 Si 氧化,接着是 Mn 的氧化,氧化过程放出的热使钢液的温度上升。当钢液温度超过 1530℃ 时,氧化的顺序就发生变化,变成 C、Si、Mn,此时 C 就大量氧化了。

在氧化物的还原过程中,图 4-7 上部金属的氧化物稳定性较小,所以首先还原。原则上凡是在氧势图中位于下部的金属都有可能作为还原剂,以还原氧势图上部的金属氧化物。例如 MnO 的 $\Delta G_m^{\ominus}$-T 直线位于 FeO 的 $\Delta G_m^{\ominus}$-T 直线之下,故元素 Mn 能还原 FeO。

$$Mn(s) + FeO(s) = Fe(s) + MnO(s)$$

因为该反应的 $\Delta G_m^{\ominus} = \Delta G_{MnO(s)}^{\ominus} - \Delta G_{FeO(s)}^{\ominus} < 0$,所以该反应能正向进行。

4.5.3.3 生成 CO 直线变化的特点

从氧势图 4-7 中看到 C 线与其他直线的斜率不同，且还与许多直线相交。由此将氧势图大体分为以下三个区域：

（1）在 C 线以上的区域有 Cu、Pb、Ni、Co、Fe 等线，它们的氧化物与 CO 相比都不稳定，故在图 4-7 中表示温度范围内它们均能被 C 还原。

（2）在 C 线以下的区域有 Al、Mg、Ca 等线，它们的氧化物与 CO 相比都稳定，故在图 4-7 中表示的温度范围内它们均不能被 C 还原。

（3）中间区域，即 C 线与 Cr、Mn、V、Si、Ti 等线相交的区域，其中每条线与 C 都有一个交点，且对应着不同的温度，低于此温度，则该元素先于 C 而氧化。高于此温度，则 C 先于该元素而氧化。根据中间区域 C 线的特点，可以求出用碳还原氧化物的最低还原温度。因为 C 氧化为 CO 的直线斜率是负的，随着温度的升高，C 的直线与其下面的氧化物直线逐渐接近，碳对该氧化物的还原能力逐渐增强，达到交点过后，碳就能将此氧化物还原。交点温度称为用碳还原此氧化物的最低还原温度（开始还原温度）。例如 C 线与 Mn 线在 1704K 时，说明在此温度时其 $\Delta G_T^\ominus$ 值相等，即两氧化物稳定性相同。当温度低于 1704K 时，Mn 先于 C 而被氧化，当温度高于 1704K 时，C 先于 Mn 而被氧化。交点 1704K 正是 C 还原 MnO 的最低还原温度。只要温度足够高，各种氧化物都可以被碳还原，但实际上由于金属与碳作用要生成碳化物，用碳还原时不一定能得到金属。最低还原温度可直接由图中的交点读出，也可以通过计算求得。

图 4-8 中三个标尺分别是 p_{O_2}、p_{CO}/p_{CO_2}、p_{H_2}/p_{H_2O}。

氧化物在某温度的 $p_{O_2(平)}$ 可通过此氧化物的 $\Delta G_m^\ominus\text{-}T$ 直线上的温度点与 "O" 点作一直线，由其在 p_{O_2} 标尺上的交点读出。这是因为在此氧气的氧势线（p_{O_2}）值与氧化物的 $\Delta G_m^\ominus\text{-}T$ 直线的交点处，两者的 $\Delta G_T^\ominus$ 值相同，即 $\Delta G_{O_2} = \Delta G_{MnO}^\ominus$，故 $p_{O_2(平)} = p_{O_2}/p^\ominus$，如图 4-8 的 OA 线。

【例 4-7】 试从氧势图求 MnO(s) 在 1473K 的平衡氧分压。

解：在氧势图中作 "O" 点与 MnO(s) 的 $\Delta G_m^\ominus\text{-}T$ 直线上 1473K 温度点的连线，外延交 p_{O_2} 标尺上 $10^{-18} \sim 10^{-20}$ 点间的坐标点：$10^{-19.8}$，由数学运算得 $10^{-19.8} = 1.6 \times 10^{-20}$，故 $p_{O_2(平)} = 1.6 \times 10^{-20}$，见图 4-8 中 A 点。

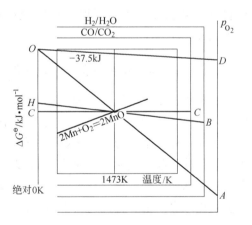

图 4-8　氧势图中 p_{O_2}、CO/CO$_2$、H$_2$/H$_2$O 标尺应用的图示法

4.6 冶金过程燃烧反应

C、CO 和 H$_2$（包括 CH$_4$）是冶金燃料的主要成分。它们在冶金过程中除燃烧供给热能外，还直接参加冶金中的某些反应，例如，在氧化-还原反应中，这些成分就是主要的还原剂，而它们的燃烧产物 CO$_2$ 和 H$_2$O 在一定条件下又是氧化剂。所谓燃烧反应是指燃

料的可燃成分（C、H_2、CO）与氧化合的反应。

凡是与氧化性气体发生反应，从广义上讲，都叫燃烧反应。

4.6.1 C、CO、H_2 与 O_2 的反应

$$C + O_2 = CO_2 \qquad \Delta G^{\ominus} = -394007 - 1.29T \qquad (1)$$

$$2C + O_2 = 2CO \qquad \Delta G^{\ominus} = -219537 - 175.39T \qquad (2)$$

$$2CO + O_2 = 2CO_2 \qquad \Delta G^{\ominus} = -564300 + 173.14T \qquad (3)$$

$$2H_2 + O_2 = 2H_2O(g) \qquad \Delta G^{\ominus} = -491986 + 109.68T \qquad (4)$$

其中反应（1）、（2）分别称为固体碳的完全燃烧反应和不完全燃烧反应，（3）和（4）分别称为 CO 和 H_2 的燃烧反应。

4.6.1.1 CO 和 H_2 燃烧反应的热效应

上述反应均有较大的热反应，它们是燃料的主要成分。其热效应与温度的关系可由基尔戈夫定律求得。

对于 H_2 的燃烧热反应

$$\Delta H^{\ominus} = -479906 - 7.86T - 1.38 \times 10^{-2}T^2 + 6.18 \times 10^{-6}$$

对于 CO 的燃烧反应

$$\Delta H^{\ominus} = -560772 - 23T + 2.34 \times 10^{-2}T^2 - 5.18 \times 10^{-6}$$

由上列方程计算的 CO 和 H_2 的燃烧反应的热效应如表 4-1 所示。

表 4-1　CO 和 H_2 燃烧反应的热效应　　　　　　　　（J/mol）

燃　烧　反　应	1000K	1500K	2000K	2500K
H_2 的燃烧反应	495272	501600	501307	489102
CO 的燃烧反应	565554	560078	554603	552930

由表 4-1 数据可知热随温度的变化不大，且高温下仍有较大的数值。

4.6.1.2 温度对反应方向的影响

由于 CO 和 H_2 燃烧反应的 $\Delta G^{\ominus}$ 在 2400℃ 以下都是负值，在标准状态下，反应实际上是自发向右不可逆进行的，体系达到平衡时，氧的平衡分压很低。在一般冶炼温度下，CO 和 H_2 对 O_2 都有较大的亲和力。

但是反应（1）的 $\Delta G^{\ominus}$ 随着温度的改变很小（因 $\Delta S^{\ominus} \approx 0$），其氧势线几乎是水平线（图 4-9）。

反应（2）的 $\Delta G^{\ominus}$ 随着温度的升高而下降，因而 CO 对氧的亲和力在温度升高时增大，即 CO 在高温下比较稳定。

反应（1）与反应（2）的氧势线在 705℃ 左右相交，即在此温度它们的 $\Delta G^{\ominus}$ 相等，CO 和 CO_2 的稳定性相同。

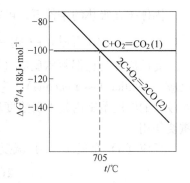

图 4-9　CO 和 CO_2 稳定性的比较

低于705℃时 CO_2 比 CO 稳定，而高于705℃时，CO 则比 CO_2 稳定。因此，在高温下，碳的燃烧产物主要是 CO，而低温下主要是 CO_2。

同理 CO_2 和 H_2O 的稳定性可从图 4-10 中得知。在810℃以下，CO_2 比 H_2O 稳定，即 CO 对氧的亲和力大于 H_2 对氧的亲和力；相反，在此温度以上，H_2O 比 CO_2 稳定，即 H_2 对氧的亲和力大于 CO 对氧的亲和力。在810℃时它们的 $\Delta G^{\ominus}$ 相等，即两者和氧的亲和力相同。

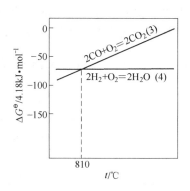

图 4-10　CO_2 和 H_2O 稳定性的比较

4.6.2　水煤气反应

在不同的温度条件下，CO 能还原 H_2O，而 H_2 也能还原 CO_2，故有下列水煤气反应发生：

$$CO + H_2O(g) = H_2 + CO_2 \qquad \Delta H^{\ominus} = -36583J \qquad (5)$$

水煤气反应可以看作下列两反应相减而得

$$2CO + O_2 = 2CO_2 \qquad\qquad \Delta G_3^{\ominus}$$

$$2H_2 + O_2 = 2H_2O(g) \qquad\qquad \Delta G_4^{\ominus}$$

$$2CO + 2H_2O(g) = 2H_2 + 2CO_2$$

所以
$$\Delta G_5^{\ominus} = \frac{1}{2}(\Delta G_3^{\ominus} - \Delta G_4^{\ominus})$$

同理
$$\Delta H_5^{\ominus} = \frac{1}{2}(\Delta H_3^{\ominus} - \Delta H_4^{\ominus})$$

$$K_5 = \sqrt{\frac{K_3}{K_4}}$$

因为 1083K 时（810℃）　　$\Delta G_3^{\ominus} = \Delta G_4^{\ominus}$　　　$K_3 = K_4$

所以　　　　　　　　　　　　　　　　　　　　$K_5 = 1$

4.6.3　固体碳的气化反应

固体碳在吸热的条件下，可被 CO_2 气化，转化为 CO

$$C(石墨) + CO_2 = 2CO \qquad \Delta G^{\ominus} = 170544 - 174.3T \qquad (6)$$

此反应称为包都阿尔反应（Boudouara Reaction），简称碳的气化反应，又叫碳的溶损反应（Solution loss Reaction）。它不仅是用固体碳作还原剂时的最主要反应，而且此反应在较大的温度范围内其平衡浓度均容易测量，因此在研究 C-O 系中其他反应的热力学上有重要作用。

反应（6）是反应（2）减反应（1）的结果。

$$2C + O_2 = 2CO \qquad \Delta G_2^{\ominus}$$

$$C + O_2 = CO_2 \qquad \Delta G_1^{\ominus}$$

$$C_{石} + CO_2 \rightleftharpoons 2CO \qquad \Delta G_6^\ominus = \Delta G_2^\ominus - \Delta G_1^\ominus$$

因此，可由反应（1）和反应（2）的热力学数据或氧势图中，此两反应在温度 T 时氧势线之间距离，求得其 $\Delta G^\ominus$。

由图 4-9 可见，反应（1）和反应（2）在 705℃ 相交，体系的 $\Delta G_6^\ominus = 0$，在此温度以上，CO 比 CO_2 稳定，反应的方向是 $C + CO_2 \rightarrow 2CO$（$\Delta H^\ominus > 0$），并随温度的升高，反应不断向右进行。气相中 CO 的浓度不断增大，而 CO_2 则不断减小。相反，在此温度以下，CO_2 比 CO 稳定，而体系的 $\Delta G_6^\ominus > 0$，反应（6）逆向进行，CO 发生分解即 $2CO \rightarrow C + CO_2$（$\Delta H^\ominus < 0$）。分解时析出极细的烟碳，并且气相中 CO_2 的浓度增高。

反应的气相平衡成分和温度、压力有关，可由反应（6）导出。由于反应（6）的 $\Delta G_6^\ominus$ 为

$$\Delta G_6^\ominus = -RT\ln\frac{p_{CO}^2}{p_{CO_2} a_C}$$

又因
$$p_{CO} = \frac{\%CO}{100}p \qquad p_{CO_2} = \frac{\%CO_2}{100}p$$

式中，p、p_{CO}、p_{CO_2} 为总压、CO、CO_2 的无量纲分压。

选石墨作为标准时，$a_C = 1$，故 $\Delta G_6^\ominus = -RT\ln\dfrac{(\%CO)^2 \times p}{(\%CO_2) \times 100}$

将 $\%CO + \%CO_2 = 100$，代入上式，得

$$\ln\frac{(\%CO)^2 \times p}{(100 - \%CO) \times 100} = -\frac{\Delta G^\ominus}{19.147} = -\frac{8907}{T} - 9.1$$

上式计算出的混合气体中 CO 的平衡浓度的温度的关系可由图 4-11 表示。由图 4-11 可见，在 410℃ 以下，体系的气相几乎全由 CO_2 组成。而在此温度范围内，随着温度的升高，$\%CO_2$ 减小，而 $\%CO$ 增大，如图 4-11 中曲线的 ab 段所示。

图 4-11 中曲线把坐标平面分为热力学性质不同的两个区域。曲线以下为固体碳的气化区。曲线以上则为 CO 的分解区。利用图 4-11 可以在一定条件下，判断体系中反应的方向和限度。

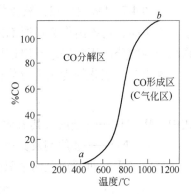

图 4-11 C（石墨）+ CO_2 = 2CO 的平衡图

由于在反应前后气体的摩尔数发生改变，压力对图 4-11 中曲线的位置有影响。根据吕查德理原理可知，当压力增加时，促使平衡向 $2CO \rightarrow C + CO_2$ 方向移动。由于温度一定时，K 为常数。故由下式可知：

$$K = \frac{(\%CO)^2 \times p}{(\%CO_2) \times 100}$$

压力增加，引起 $\%CO_2$ 增加，而 $\%CO$ 减小，即促进 CO 分解，于是曲线位置下移，如

图 4-12 所示。

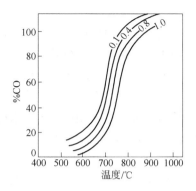

图 4-12   总压对反应（6）
平衡曲线的影响

4.6.4   固体碳和水蒸气的反应

固体碳和水蒸气的反应常发生在发生炉及高炉的燃烧带中，水蒸气来自燃料中的水分及燃烧的空气，有时是冶金操作中引入的。它能使气相中的 H_2 或 CO 的浓度提高。

固体碳和水蒸气的反应有两个：

反应（2）减反应（4）得反应（7）、反应（1）减反应（2）得反应（8）

$$C + H_2O(g) \Longrightarrow H_2 + CO \qquad \Delta H^\ominus = 13117J \quad (7)$$

$$C + 2H_2O(g) \Longrightarrow 2H_2 + CO_2 \qquad \Delta H^\ominus = 90054J \quad (8)$$

反应的热力学式为

$$\ln K_7 = -\frac{7324}{T} + 7.644$$

$$\ln K_8 = -\frac{5734}{T} + 6.176$$

4.7   气体还原剂还原氧化铁的反应

4.7.1   氧化物的还原热力学条件

由图 4-7 氧势图可知，氧化物的 $\Delta G^\ominus$-T 直线位置不同，其稳定性不同，即金属和氧的亲和力不同，可提出作为还原剂的元素还原金属氧化物的热力学条件。此外，也可从氧化物稳定性的分解压的概念导出还原反应进行的热力学条件。

现以二价氧化物为例进行分析。当用还原剂 N 去还原氧化物 MO 时，还原反应为：

$$MO + N \Longrightarrow NO + M \qquad\qquad (\text{I})$$

式中   M，MO——金属及其氧化物；

N，NO——还原剂及其氧化物。

反应（I）可看成是两个氧化物生成反应相减的结果：

$$2N + O_2 \Longrightarrow 2NO \qquad \Delta G_2^\ominus \qquad (\text{II})$$

$$2M + O_2 \Longrightarrow 2MO \qquad \Delta G_3^\ominus \qquad (\text{III})$$

因为 $[(\text{II}) - (\text{III})]/2 = (\text{I})$，所以有

$$\Delta G_1^\ominus = \frac{1}{2}(\Delta G_2^\ominus - \Delta G_3^\ominus)$$

在标准状态下，氧化-还原反应（I）要能自动进行，必须 $\Delta G_1^\ominus < 0$，

即
$$\frac{1}{2}(\Delta G_2^\ominus - \Delta G_3^\ominus) < 0$$

故 $$\Delta G_2^{\ominus} < \Delta G_3^{\ominus}$$

上式说明，还原剂 N 对氧的亲和力大于被还原金属对氧的亲和力。这就是金属氧化物还原的热力学条件。

在 CO 氧势线以上的氧化物均能为固体碳所还原，但不一定能为 CO（或 H_2）所还原，如铬、铌、钡、硅、钛等的氧化物。钙、镁、铝等难还原的氧化物，仅能在很高的温度下才能为碳所还原，碳可称为"万能还原剂"，因为 CO 的氧势线走向与大多数氧化物走向相反，两者必有交点，而在此交点的温度以上，碳就能还原这些氧化物。

判断氧化-还原反应的进行，除了用氧化物的 $\Delta G^{\ominus}$ 比较外，也可以用它们的分解压大小来比较。

因为 $$\Delta G^{\ominus} = - RT\ln \frac{p^{\ominus}}{p_{O_2}} = RT\ln \frac{p_{O_2}}{p^{\ominus}}$$

式中，p_{O_2} 为氧化物的分解压。

$$p_{O_2(NO)} < p_{O_2(MO)} \tag{4-32}$$

这就是金属氧化物 MO 的还原条件。即还原剂（N）氧化物的分解压 $p_{O_2(NO)}$ 必须小于被还原氧化物的分解压 $p_{O_2(MO)}$，N 才能作为还原剂。

4.7.2 CO 和 H_2 还原氧化物的热力学

4.7.2.1 气体还原剂（CO、H_2）还原氧化物的热力学特点

从氧势图上可见，气体还原剂还原氧化物的能力不是很大的，许多较难还原的氧化物，如 SiO_2、MnO 等都难于单独被 CO（或 H_2）所还原；但是它们仍是某些氧化物的主要还原剂，例如，高炉中铁矿石的还原。近代直接还原的某些方法，就是用 CO + H_2 的混合气体作还原剂的。气体还原剂的优点是在还原过程中它易于向矿石中的空隙内扩散，保证了还原剂与矿石有较大的接触面。另外，当有固体碳存在时，CO 的还原能力提高许多。为此，研究 CO 还原氧化物的热力学的意义重大。

CO（或 H_2）作还原剂还原氧化物的热力学关系式可由 CO 燃烧反应与氧化物 MO（这里以二价金属氧化物为例）的形成反应的热力学求得：

$$2CO + O_2 = 2CO_2 \qquad \Delta H_1^{\ominus}、\Delta G_1^{\ominus}$$

$$-\ \underline{2M(s) + O_2 = 2MO(s)} \qquad \Delta H_2^{\ominus}、\Delta G_2^{\ominus}$$

或 $$2MO(s) + 2CO = 2M(s) + 2CO_2 \qquad \Delta H^{\ominus} = \frac{1}{2}(\Delta H_1^{\ominus} - \Delta H_2^{\ominus})$$

还原反应的平衡常数为

$$K = \frac{p_{CO_2}}{p_{CO}} = \frac{\% CO_2}{\% CO}$$

因为 $p_{CO_2} = \frac{\% CO_2}{100}p$，$p_{CO} = \frac{\% CO}{100}p$，而 $\% CO + \% CO_2 = 100$，故可以得出还原反应的气相平衡成分和温度的关系式，即

$$\% CO = \frac{100}{1+K}, \qquad \% CO_2 = \frac{K \times 100}{1+K} \tag{4-33}$$

利用反应的 $\Delta G^\ominus$ 可以计算 K，可计算不同温度下气相平衡成分$\% CO$ 或$\% CO_2$。

利用式 4-33 可绘出还原反应的平衡成分$\% CO$ 和温度的关系，如图 4-13 所示。图中曲线上每个点为反应的一个平衡态，曲线以外的区域为非平衡态，但在曲线以上的区域体系的$\% CO >$ 平衡的$\% CO$，还原反应的 $\Delta G < 0$，因此氧化物能被还原；在曲线以下的区域内，体系的$\% CO <$ 平衡的$\% CO$，还原反应的 $\Delta G > 0$，反应不能正常进行，被还原的单质要受到氧化，转变为氧化物。

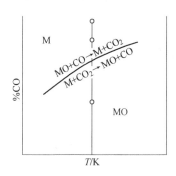

图 4-13　放热的还原反应的平衡
$\% CO$ 和温度的关系

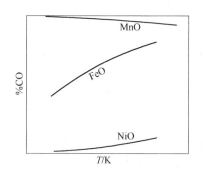

图 4-14　不同氧化物的还原反应的平衡
$\% CO$ 和温度的关系

4.7.2.2　被还原氧化物的分类

按被还原的难易将氧化物分为三类。

因为
$$\Delta G^\ominus = \frac{1}{2} \left[\Delta G^\ominus_{(NO)} - \Delta G^\ominus_{(MO)} \right]$$

氧化物愈稳定，其 $\Delta G^\ominus$ 就愈小，从而还原反应的平衡常数 K 就愈小，而还原反应的气相平衡$\% CO$ 就愈大，所以氧化物愈稳定，还原就愈困难，还原剂的最小消耗量就愈高。根据这点，可以把氧化物被还原的难易分为以下三类：

（1）易还原的氧化物。这是稳定性比 FeO 小的一些氧化物，如 Cu_2O、NiO、CoO、Fe_2O_3、MnO_2 等。这些氧化物还原反应的 $K \gg 1$，因而平衡$\% CO$ 很低，还原实际是不可逆的。因为 $\Delta H^\ominus < 0$，所以是放热反应，平衡$\% CO$ 曲线的走向是向上的。

（2）还原性与 FeO 相近的氧化物。它们是 Mn_3O_4、WO_3、MoO_3 等。反应的平衡常数 $K \approx 1$，平衡时$\% CO \approx 50$，还原反应有较大的可逆性，反应热效应不高。

（3）难还原的氧化物。这是比 FeO 稳定的一些氧化物，如 MnO、SiO_2、Al_2O_3、CaO 等。它们的还原反应 $K \ll 1$，而平衡$\% CO$ 很高，接近100%。这类还原反应实际是难于实现的。由于还原反应的 $\Delta H^\ominus > 0$，是强吸热反应。

以上三类氧化物还原的平衡成分与温度的曲线可分别用图 4-14 中的 NiO、FeO 和 MnO 作为代表绘出。

因此，从以上讨论可知，实际上，仅前两类氧化物才可能单独为$\% CO$ 还原。此外还应指出，$\% CO$ 能在较低温度下分解，形成氧化性气体 CO_2（$2CO = CO_2 + C$），因此，上述%CO 还原氧化物的规律仅是在%CO 的分解不能实现的条件下出现的。

4.7.3 CO 还原氧化铁的反应

如前所述。氧化铁的分解是逐级进行的，并在570℃以上或以下有不同的转变阶段：

$t > 570℃$,　　　　　　　$Fe_2O_3 \rightarrow Fe_3O_4 \rightarrow FeO \rightarrow Fe$

$t < 570℃$,　　　　　　　$Fe_2O_3 \rightarrow Fe_3O_4 \rightarrow Fe$

同样，氧化铁的还原也应是逐级进行的：

$t > 570℃$：

$$3Fe_2O_3 + CO = 2Fe_3O_4 + CO_2 \quad \Delta G_1^\ominus = -52125 - 41T(J) \tag{1}$$

$$Fe_3O_4 + CO = 3FeO + CO_2 \quad \Delta G_2^\ominus = 40618 - 40T(J) \tag{2}$$

$$Fe + CO = Fe + CO_2 \quad \Delta G_3^\ominus = -17974 + 22T(J) \tag{3}$$

$t < 570℃$：

$$3Fe_2O_3 + CO = 2Fe_3O_4 + CO_2 \quad \Delta G_1^\ominus = -52125 - 41T(J) \tag{1}$$

$$\frac{1}{4}Fe_3O_4 + CO = \frac{3}{4}Fe + CO_2 \quad \Delta G_4^\ominus = -9823 + 8.57T(J) \tag{4}$$

上述各级氧化铁为 CO 还原的热力学关系式是半经验公式，这也可由前述的 CO 燃烧反应和氧化铁形成的反应的相应热力学数据组合求得。

上述各反应的平衡常数和气相平衡成分均可由下式表示：

$$K = \frac{\%CO_2}{\%CO}, \quad \%CO = \frac{100}{1+K}, \quad \%CO_2 = \frac{K \times 100}{1+K}$$

式中，K 为反应（1）、反应（2）、反应（3）、反应（4）各自的平衡常数。

利用各级反应的 $(\%CO)_平 = \frac{100}{1+K}$ 的关系，可绘出在标准压力下，不同温度下,%CO 还原氧化铁的平衡图（图4-15）。图4-15 中的平衡曲线反映了%CO 还原各级氧化铁的热力学关系。图4-15 中反应（2）、反应（3）、反应（4）的三条曲线位于图形中部，在570℃相交，形成叉形。在此温度，Fe、FeO 和 Fe_3O_4 三固相平衡共存，体系的自由度为零，具有一定的温度和气相组成。反应（1）的曲线与横轴十分接近，表明(%CO)_平很低，因而微量的 CO 即能使 Fe_2O_3 还原，所以，此反应实际是不可逆的。

图4-15 中四条曲线把图面划分为四个区域，分别是 Fe_2O_3、Fe_3O_4、FeO 和 Fe 稳定的存在区。气相中%CO 的浓度高于一定温度下某曲线所表示的%CO 的平衡浓度时，由该曲线所表示的还原反应才能实现。因此，利用这个图，可以确定一

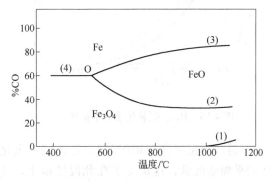

图 4-15　%CO 还原氧化铁的平衡图

定条件下（T、$\% \text{CO}$），任一氧化铁转变的方向和终态。

4.7.4　H_2 还原氧化铁的反应

H_2 还原氧化铁的反应及热力学式，可用与 $\% \text{CO}$ 还原氧化铁的相似方法得出：

$t > 570℃$：

$$3Fe_2O_3 + H_2 = 2Fe_3O_4 + H_2O(g) \qquad \Delta G_1^{\ominus} = -15549 - 74.45T(J) \qquad (1)$$

$$Fe_3O_4 + H_2 = 3FeO + H_2O(g) \qquad \Delta G_2^{\ominus} = 71938 - 73.6T(J) \qquad (2)$$

$$FeO + H_2 = Fe + H_2O(g) \qquad \Delta G_3^{\ominus} = -13167 - 7.73T(J) \qquad (3)$$

$t < 570℃$：

$$3Fe_2O_3 + H_2 = 2Fe_3O_4 + H_2O(g) \qquad \Delta G_1^{\ominus} = -15549 - 74.45T(J) \qquad (1)$$

$$\frac{1}{4}Fe_3O_4 + H_2 = \frac{3}{4}Fe + H_2O(g) \qquad \Delta G_4^{\ominus} = -35530 - 30.39T(J) \qquad (4)$$

上述反应中，除反应（2）外，均为放热反应。它们的平衡常数和气相平衡成分均可用下式表示：

$$K = \frac{\% H_2O}{\% H_2}, \quad \% H_2 = \frac{100}{1+K}, \quad \% H_2O = \frac{K \times 100}{1+K} \qquad (4\text{-}34)$$

利用上述关系可绘出图 4-16 所示的 H_2 还原氧化铁的平衡图。除反应（1）的曲线外，其余反应的曲线走向都是随温度的升高而向下的，并且 H_2 的平衡浓度随温度的变化率也比用 CO 作为还原剂时大，因为前者的 $\Delta H^{\ominus}$ 比后者的 $\Delta H^{\ominus}$ 大。

CO 和 H_2 还原 FeO 及还原 Fe_3O_4 的两组平衡曲线都在 810℃相交，这是由于在此温度时，气相中出现的反应 $H_2 + CO = H_2O(g) + CO$ 的平衡常数等于 1，两类还原反应的平衡常数相等，因而它们的气相平衡成分相等，即 CO 和 H_2 对 FeO 或 Fe_3O_4 有相同的还原能力（见图 4-17）。

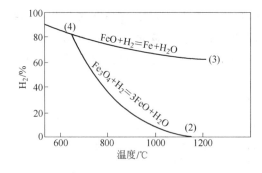

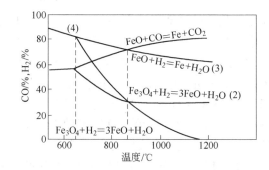

图 4-16　H_2 还原氧化铁的平衡图　　　　　图 4-17　CO 及 H_2 还原氧化铁的平衡图

但是，当温度高于 810℃时，还原同一氧化铁（FeO 或 Fe_3O_4）时，H_2 的平衡浓度比 CO 的平衡浓度低，这是由于在此温度以上，H_2 对 O_2 的亲和力比 CO 对 O_2 的亲和力大，所以 H_2 有较高的还原能力。当温度低于 810℃时，CO 比 H_2 的还原能力强，即 CO 和 O_2

的亲和力大于 H_2 和 O_2 的亲和力。

4.8 固体碳还原氧化物的还原反应

4.8.1 固体碳直接还原氧化物的热力学

作为固体还原剂的碳有煤、焦炭、无烟煤、石墨等。石墨是碳的最稳定形态，其他的是无定形态，它们的活度比石墨高。但由无定形碳转化成石墨时，每摩尔碳放出约 15kJ 的热，这个数值不大，而在热力学计算中是以石墨碳作为标准态的。

固体碳直接还原氧化物的反应可表示为：

$$MO(s) + C(s) === M(s) + CO \qquad \Delta H^{\ominus} > 0 \qquad (I)$$

当凝聚相是纯态时，反应的平衡常数为

$$K = p_{CO} = \frac{\% CO}{100} p \qquad (4-35)$$

式中　p_{CO}——平衡时 CO 的无量纲分压；

　　%CO——平衡时 CO 的百分组成；

　　p——体系的总压（无量纲总压）。

因此，气相组分的平衡浓度（%CO）和 T、p 有关。由式 4-35 可知：

$$\% CO = \frac{100K}{p} \qquad (4-36)$$

在一定的总压下，则有 $p_{CO(平)} = f(T)$ 的关系。$p_{CO(平)}$ 随温度的变化则与反应的 $\Delta H^{\ominus}$ 有关，因为由等压方程式：$\dfrac{\mathrm{d}\ln p_{CO}}{\mathrm{d}T} = \dfrac{\Delta H^{\ominus}}{RT^2} > 0$（反应是强吸热的，$|\Delta H^{\ominus}_{CO}| < |\Delta H^{\ominus}_{MO}|$），$p_{CO(平)}$ 随温度的升高而增大。氧化物愈稳定，$|\Delta H^{\ominus}|$ 就愈大，而 $p_{CO(平)}$ 随温度的变化也愈强烈。

反应（I）的等温方程为

$$\Delta G = RT(\ln p_{CO} - \ln p_{CO(平)}) \qquad (4-37)$$

式中　p_{CO}，$p_{CO(平)}$——气相的 CO 无量纲分压及反应的 CO 无量纲平衡分压。

当 $p_{CO} < p_{CO(平)}$ 时，$\Delta G < 0$，还原反应正向进行。

当 $p_{CO} > p_{CO(平)}$ 时，$\Delta G > 0$，还原反应逆向进行。

当 $p_{CO} = p_{CO(平)}$ 时，$\Delta G = 0$，还原反应处于平衡态。

利用 $p_{CO(平)} = \exp(-\Delta G^{\ominus}/RT)$ 可作出反映上述等温方程的平衡图，如图 4-18 所示。

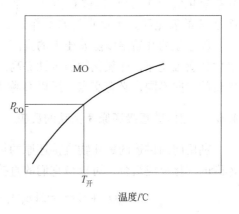

图 4-18　直接还原的 p_{CO}-T 平衡图

图 4-18 中曲线划分图面为有固体碳存在时 M 及 MO 稳定存在区。仅当气相的 p_{CO} 小于该温度的 $p_{CO(平)}$ 时，MO 才能为碳所还原，故曲线以下是 MO 的直接还原区。而 $p_{CO} = p_{CO(平)}$，即 $\Delta G^{\ominus} = 0$ 的温度称为固体碳还原 MO 的开始温度，用 $T_{开}$ 表示。

实际上，在有固体碳存在，较高温度时，反应（Ⅰ）可由以下两个反应的组合而得到：

$$C + CO_2 \Longrightarrow 2CO \qquad\qquad （Ⅱ）$$

$$MO + CO \Longrightarrow M + CO_2 \qquad\qquad （Ⅲ）$$

（Ⅱ）+（Ⅲ）即得反应（Ⅰ）。

这时用 CO 还原 MO(s)，生成的 CO_2 又与碳作用，而形成的 CO 又去还原 MO(s)，其总的结果，消耗的不是 CO，而是碳，CO 在这种条件里只不过是起了把 MO(s) 的氧转移给固体碳的作用。但是，在有固体碳存在时，CO 的还原能力提高了许多倍，这是因为在高温下，发生碳的气化反应，使体系中 CO 的浓度增大，所以还原能力增强了。

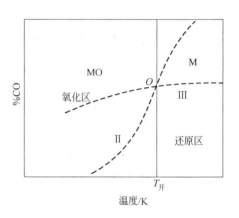

图 4-19　直接还原的 %CO-T 平衡图

可将反应（Ⅱ）及反应（Ⅲ）的平衡曲线绘于同一图中，如图 4-19 所示。两曲线在 O 点相交。自由度为零，它是体系的平衡点。曲线（Ⅱ）为碳的气化反应平衡线，曲线（Ⅲ）为 MO(s) 为 CO 间接还原的平衡线，两曲线的交点则为此反应在一定压力下同时达到平衡时气相组成（%CO）和温度、压力的值。在有固体碳存在时，体系的 CO 浓度由曲线（Ⅱ）确定。当温度高于 O 点时，体系的 %CO > 反应（Ⅲ）的 %CO$_{(平)}$，故 $\Delta G_{Ⅲ} = -RT\ln\left(\dfrac{p_{CO_2}}{p_{CO}}\right)_{平} + RT\ln\left(\dfrac{p_{CO_2}}{p_{CO}}\right) = -RT\ln\left(\dfrac{\%CO_2}{\%CO}\right)_{平} + RT\ln\left(\dfrac{\%CO_2}{\%CO}\right)$，$\Delta G_{Ⅲ} < 0$，所以 MO 被 CO 还原；相反，当温度低于 O 点时，体系的 %CO < 反应（Ⅲ）的 %CO$_{(平)}$，$\Delta G_{Ⅲ} > 0$ 还原的 M 被氧化成 MO。因此通过 O 点作一垂线将图面划分为两个区，右面是 MO 的还原区，左面是 M 的氧化区。而 O 点的温度称为 C 直接还原氧化物的开始温度。

此还原的开始温度随着压力的升高而增大（因为曲线（Ⅱ）的位置向下移动），并且氧化物愈难还原，即氧化物稳定性提高。但即使最稳定的氧化物亦能为 C 所还原，因为两曲线的走向不同，必有交点。所以 C 称为"万能还原剂"。

4.8.2　固体碳直接还原氧化铁的反应

利用前面讲述的氧化物直接还原的热力学原理，可由各级氧化铁的间接还原反应和固体碳的气化反应组合，可求得它们的直接还原反应及其 $\Delta G^{\ominus}$：

$$3Fe_2O_3 + C \Longrightarrow 2Fe_3O_4 + CO \qquad \Delta G_1^{\ominus} = 120000 - 218.46T \qquad (1)$$

$$Fe_3O_4 + C \Longrightarrow 3FeO + CO \qquad \Delta G_2^{\ominus} = 207510 - 217.62T \qquad (2)$$

$$FeO + C \Longrightarrow Fe + CO \qquad \Delta G_3^\ominus = 158970 - 160.25T \qquad (3)$$

$$\frac{1}{4}Fe_3O_4 + C \Longrightarrow \frac{3}{4}Fe + CO \qquad \Delta G_4^\ominus = 171100 - 174.5T \qquad (4)$$

因为 Fe_2O_3 在实际上已很易为 C 还原，故只研究反应（2）、反应（3）、反应（4）的平衡。利用前述的方法可绘出它们的平衡图（%CO-T）图，如图 4-20 所示。图中碳气化曲线的总压为 100kPa。它分别与两间接还原反应的曲线交于 a，b 两点。a 点的坐标为（%CO≈62，T≈992～1010K）是反应（3）的还原开始温度；b 点的坐标是（%CO≈42，T≈950K），是反应（2）的开始还原温度，但在 a 点的温度（1010K）以上，由于固体碳的存在，体系的%CO 高于各级氧化铁间接反应的%$CO_平$，将发生 $Fe_2O_3 \rightarrow Fe_3O_4 \rightarrow FeO \rightarrow Fe$ 的转变。在 ab 之间，由于体系的%CO 仅高于 Fe_3O_4 间接还原反应（2）的%$CO_平$，而低于 FeO 间接还原反应（3）的%$CO_平$，故将发生 $Fe_2O_3 \rightarrow Fe_3O_4 \rightarrow$ FeO 及 Fe$\rightarrow$FeO 的转变。在 b 点以下，体系的%CO 低于间接还原反应（3）及反应（2）的%$CO_平$，将发生 $Fe_2O_3 \rightarrow Fe_3O_4$ 及 Fe$\rightarrow$FeO$\rightarrow Fe_3O_4$ 的转变。所以当体系达到平衡时，a 点温度以上最终稳定相 Fe，在 ab 点间的温度内是 FeO，而在 b 点温度以下是 Fe_3O_4。因此，从此两温度点做垂线，可将图面划分为 Fe_3O_4，FeO 及 Fe 的稳定存在区。

体系的总压增加，碳气化反应曲线向右移动，因而各级氧化铁还原的开始温度升高，如图 4-21 所示。因此还原开始温度决定于总压，而与体系的%CO 无关。

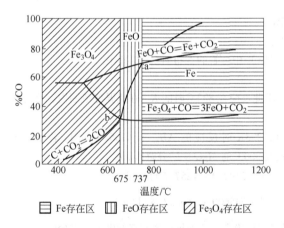

图 4-20 氧化物直接还原的平衡图　　　　图 4-21 总压对氧化铁还原开始温度的影响

以上仅是从氧化铁直接还原的热力学得到的结论。实际上，还有动力学的影响。例如，在高炉内，煤气的流速很大，煤气在炉内的停留时间只有几秒钟，因而上述碳的气化反应难达到平衡。实验指出，CO_2 与碳的反应在 800℃时需要较长时间才能达到平衡，而一般焦炭的气化反应在 800℃才比较显著进行，因此在高炉内固体碳还原氧化铁到铁的开始温度要比 710℃为高，一般在 800～850℃能显著进行，在 1100℃以上，才能够剧烈进行。另外，CO 的分解反应在低温下进行的较慢，因而煤气的 CO 在 710℃以下实际上是比较高的。

习　题

4-1　根据 $\Delta G^{\ominus} = - RT\ln K$，因为 K 是平衡常数，所以 $\Delta G^{\ominus}$ 就是化学反应达平衡时的标准吉布斯自由能变化，这样说对吗？

4-2　在 500℃，总压为 100kPa 时，N_2 和 H_2 以摩尔分数 1:3 的比例混合，反应达平衡后生成 NH_3 在平衡体系中占 1.20%。若要平衡体系中 NH_3 占 10.40%，总压应为多少？

4-3　在 457K，100kPa 时，二氧化氮按下式离解 5%，$2NO_2 = 2NO + O_2$，求此温度下此反应的 K_P 和 K_c。

4-4　由甲烷制氢的反应为：$CH_4(g) + H_2O(g) = CO + 3H_2$。已知 1000K 时 $K = 26.56$，总压为 405.2kPa，反应前体系存在甲烷和水蒸气，其摩尔比为 1:1，求甲烷的转化率（即 CH_4 物质的量变化占原物质的量的百分比）。

4-5　将含有 50% CO、25% CO_2、25% H_2 的混合气体通入 900℃ 的炉子中，总压为 202.6kPa。试计算平衡气相的组成（已知反应：$CO_2 + H_2 = H_2O(g) + CO$，$K_{1173K} = 1.22$）。

4-6　在 250℃ 和 101.3kPa 下，1mol PCl_5 部分离解为 PCl_2 和 Cl_2，达平衡时，通过实验测得 1L 混合气体重 2.695g。试计算（1）在此条件下 PCl_5 的离解度 α；（2）平衡常数 K；（3）此反应在该温度下的 $\Delta G_m^{\ominus}$。

4-7　求 1000K 时 Fe_3O_4 分解成 FeO 的分解压。已知此温度下反应：

$Fe_3O_4 + H_2 = 3FeO + H_2O(g)$ 的平衡气相中含 $H_2O(g)$ 60.3%

$$H_2 + \frac{1}{2}O_2 = H_2O(g), \quad K_{1000K} = 7.95 \times 10^9$$

4-8　已知 25℃ 时，Ag_2O 的分解压为 1.317×10^{-2}kPa。

（1）求此温度下 Ag_2O 的标准生成吉布斯自由能；

（2）求 1mol Ag_2O 在空气（总压 100kPa，含氧 21%）中分解的吉布斯自由能变化；

（3）Ag_2O 25℃ 时在空气中能否稳定存在？

4-9　反应 $2SO_2 + O_2 = 2SO_3$ 在 727℃ 时的 $K = 3.45$。求此反应在 827℃ 时的 K。在此温度范围内，反应热效应可视为常数：$\Delta H_m^{\ominus} = - 189100$J/mol。

4-10　641K 时反应 $MgCO_3 = MgO + CO_2$ 的 $K = 1$，298K 时反应的 $\Delta H_m^{\ominus} = 116520$J/mol。若 $\Delta c_p = -3.05$J/(mol·K)，求反应 $\lg K$ 与 T 的关系式及 300℃ 时 $MgCO_3$ 的分解压。

4-11　已知：$2Fe(s) + O_2 = 2FeO(s)$ 　　　　$\Delta G_1^{\ominus} = (- 519200 + 125T/K)$J/mol

$$\frac{3}{2}Fe(s) + O_2 = \frac{1}{2}Fe_3O_4(s) \qquad \Delta G_2^{\ominus} = (- 545600 + 156.5T/K)$J/mol$$

（1）当 Fe(s) 过量时，高温下 FeO 稳定还是 Fe_3O_4 稳定？两种氧化物共存的温度是多少？

（2）当 1000K 氧的分压为 1.103kPa 时，是 FeO 稳定还是 Fe_3O_4 稳定？

5 溶　　液

（1）了解溶液、溶质、溶剂的概念，理解溶液的分类方法，熟练掌握溶液浓度的表示方法及其溶液浓度的换算关系和溶液浓度计算。

（2）了解偏摩尔量的定义，理解偏摩尔量的集合公式。

（3）理解和掌握化学势的概念，并能运用它来判断化学反应及相变的方向和限度。

（4）理解溶液的饱和蒸气压的概念，掌握拉乌尔定律和亨利定律的内容和区别，并能运用它来进行有关的计算。

（5）了解稀溶液依数性的定义，熟练掌握沸点上升、凝固点下降的计算公式，并能运用它来进行有关的计算。

（6）理解并掌握分配定律的定义和计算公式，应用分配定律说明炼钢的脱氧过程的基本原理。

（7）明确理想溶液的定义，掌握形成理想溶液时热力学性质的变化规律。

（8）了解实际溶液对理想溶液的偏差，明确活度的概念，熟练掌握活度的标准状态的三种情况及活度标准态的选择与转换关系。

溶液可以分为电解质溶液和非电解质溶液两类。本章主要讨论溶液的一般热力学理论。即主要研究溶液或溶液中各组元的性质与组成之间的关系。从热力学来看，溶液的性质主要有偏摩尔量、蒸气压、化学势和活度等。

5.1　溶液浓度的表示方法及其换算

5.1.1　溶液的概念

自然界中绝对纯的物质是不存在的。我们所想象的纯物质只是反映一种理想的极限状态，这种状态人们可以努力去接近它，但却是不能达到的。在生活和生产上人们所遇到的都是某种程度上的不纯的物质，即是由多于一种物质所组成的体系。例如，空气是由氧、氮、水蒸气、二氧化碳及各种惰性气体等组成的。又如水中溶解有矿物质、空气、有机物等。

由两种或者两种以上的物质（称为组元）所组成的均匀体系称为溶液。溶液的特点是：它是由两种或者两种以上的物质组成；它是单相的均匀体系；它不是化合物也不是有机混合物，而是分子混合物。

按形成溶液时的聚集状态不同，可将溶液分为三类：

（1）气态溶液，即气体的混合物，如空气、冶金炉的废气等，它们都是均相溶液。

（2）液态溶液，由气体、液体和固体的物质溶解在液体中而形成的体系，如海水、钢水、炉渣等。

（3）固态溶液或称为固溶体。许多合金在一定的温度和组成范围内为固溶体，例如 Cu-Ni、Fe-Cr 等，又如一些氧化物也能形成固溶体，如 MgO-FeO 等。

组成溶液的物质常分成溶剂和溶质。浓度较小的溶液，称为稀溶液。习惯上，把溶液中含量较多的组元称为溶剂，而把含量较少的组元称为溶质。例如对大量的水和少量酒精所组成的溶液，水是溶剂，酒精是溶质。反之，对少量水和大量的酒精所组成的溶液，则酒精是溶剂，水是溶质。对固溶体或气体在液体中形成的溶液，如食盐、空气等溶于水，则无论液体多少，一般都称为溶剂，而其中的气体和固体则称为溶质。从热力学的观点来看，溶剂和溶质之间是没有什么原则性的区别，它们都是作为溶液中的一个组元而存在的。对二元溶液来说，溶剂常称为组元 1，溶质常称为组元 2。对多元溶液而言，溶剂为组元 1，溶质为组元 2、组元 3、…。

5.1.2　溶液浓度的表示方法及其相互转换关系式

5.1.2.1　质量百分浓度

质量百分浓度（$B\%$）是指在 100g 溶液中所含溶质的克数，用符号 w_B 表示，也就是溶质的质量与溶液的总质量之比，化成百分数。

$$B\% = \frac{W_{溶质}}{W_{溶质} + W_{溶剂}} \times 100\%$$

5.1.2.2　物质的量

物质的量（n_B）溶液中组分的质量与其摩尔质量之比，单位为 mol。

5.1.2.3　体积摩尔浓度

体积摩尔浓度（c_B）即 1L 溶液中所含溶质的物质的量，单位为 mol/L。

5.1.2.4　质量摩尔浓度

质量摩尔浓度（m_B）即 1kg 溶剂中所含溶质的物质的量。单位为 mol/kg。

5.1.2.5　物质的量分数

物质的量分数（x_B）是指在溶液中某组元的物质的量与溶液中所有组元的物质的量总和之比，表示为

$$x_B = \frac{n_B}{\Sigma n_B}$$

式中　n_B——溶液中组元 B 的物质的量；

　　　Σn_B——溶液中各组元的物质的量总和。

由物质的量分数的定义可知，溶液中所有的组元的物质的量分数之和等于 1，即

$$x_1 + x_2 + \cdots + x_i = 1 \qquad \Sigma x_B = 1$$

5.1.2.6　体积分数、压力分数

对于气态溶液常用体积分数表示或压力分数表示。

$$\frac{V_B}{\Sigma V_B} \times 100\% \qquad \frac{p_B}{\Sigma p_B} \times 100\%$$

【例 5-1】　0.5mol 的乙醇（C_2H_5OH）溶于 500g 水中所组成的溶液，其密度为 0.992g/cm³，试用体积摩尔浓度、质量摩尔浓度、摩尔分数和质量分数浓度来表示该溶液的组成。

解：总质量：　　　$500 + 46 \times 0.5 = 523$g

溶液的体积：　　$\dfrac{523}{0.992 \times 1000} = 0.527$L

$$c = \frac{0.5}{0.527} = 0.948\text{mol/L}$$

$$m = \frac{0.5}{500} \times 1000 = 1\text{mol/kg}$$

$$x_{乙醇} = \frac{0.5}{0.5 + \dfrac{500}{18}} = 0.018$$

$$x_水 = 1 - x_{乙醇} = 1 - 0.018 = 0.982$$

质量分数浓度乙醇占 $\dfrac{46 \times 0.5}{46 \times 0.5 + 500} = 4.4\%$

【例 5-2】　有甲醇的水溶液，已知甲醇的摩尔分数为 0.059，试用质量摩尔浓度来表示该溶液的浓度。

解：　　　　$x_水 = 1 - x_{甲醇} = 1 - 0.059 = 0.941$

于是水的质量　$W_水 = 18 \times 0.941 = 16.94$g

所以　　　$m_{甲醇} = \dfrac{n_{甲醇}}{W_{溶剂}} = \dfrac{0.059}{16.94} \times 1000 = 3.48\text{mol/kg}$

5.2　偏摩尔量

在多组元均相体系中，当 T、p 确定后，除质量之外，一般的容量性质并不等于各组元在纯态时的容量性质之和。例如，在20℃和100kPa时，1g乙醇的体积是1.267mL，1g水的体积是1.004mL。如果将1g乙醇与1g水混合，由实验可知，溶液的实际体积比按纯乙醇和纯水计算出来的体积2.271cm³小些，为2.188cm³。所以，乙醇和水混合形成溶液时，其体积不是按纯物质相加，即没有加和性。其他的容量性质如 U、H、S、A、G 等，在形成溶液时，一般都没有加和性。即在 T、p 一定的条件下，多组元体系的状态性质——体积却不能确定，还必须指明乙醇在水中的浓度，此时体系的状态方能确定，亦即

此时体系的体积才有加和性。例如含 20% 乙醇的乙醇和水的混合物 100mL 和另一含 20% 乙醇的乙醇和水的混合物 50mL 混合，则结果一定得到 150mL 的乙醇与水的混合物。所以说，要描述多组元均相体系的状态，除指明体系的温度和压力外，还必须指明体系中每种组元的物质的量。因此在讨论溶液中的某组元性质时，要引用偏摩尔量来代替纯物质时所用的摩尔量。

5.2.1　偏摩尔量的定义

设体系的某容量性质为 Y，则 Y 除与 T、p 有关外，还与组元 1，2，3，$\cdots$，i，$\cdots$的物质的量 n_1，n_2，n_3，$\cdots$，n_i，$\cdots$等有关，即：

$$Y = Y(T,p,n_1,n_2,\cdots,n_i,\cdots)$$

当体系发生微小变化时

$$dY = \left(\frac{\partial Y}{\partial T}\right)_{p,n_1,n_2,\cdots} dT + \left(\frac{\partial Y}{\partial p}\right)_{T,n_1,n_2,\cdots} dp + \left(\frac{\partial Y}{\partial n_1}\right)_{T,p,n_2,n_3,\cdots} dn_1 +$$

$$\left(\frac{\partial Y}{\partial n_2}\right)_{T,p,n_1,n_3,\cdots} dn_2 + \cdots + \left(\frac{\partial Y}{\partial n_i}\right)_{T,p,n_j} dn_i + \cdots \tag{5-1}$$

式中，j 表示除 i 之外的各组元。现以 Y_i 代表 Y 对 n_i 的偏导数，即

$$Y_1 = \left(\frac{\partial Y}{\partial n_1}\right)_{T,p,n_2,n_3,\cdots} ; \quad Y_2 = \left(\frac{\partial Y}{\partial n_2}\right)_{T,p,n_1,n_3,\cdots}$$

$$Y_i = \left(\frac{\partial Y}{\partial n_i}\right)_{T,p,n_j} \tag{5-2}$$

则在恒温恒压下，式 5-1 变成

$$dY = Y_1 dn_1 + Y_2 dn_2 + \cdots + Y_i dn_i + \cdots = \Sigma Y_i dn_i \tag{5-3}$$

Y_i 称为组元 i 的偏摩尔性质。例如 V_i 称为组元 i 的偏摩尔体积，G_i 称为组元 i 的偏摩尔吉布斯自由能。Y_i 的物理意义是：在恒温恒压下，在大量的溶液中加入 1mol 组元 i 所引起的溶液性质 Y 的变化。Y_i 也可以这样理解：在恒温恒压下，在溶液中加入微量组元 i（即 dn_i）使溶液性质 Y 发生 dY 的变化，则 dY 与 dn_i 的比值就是 Y_i。

若容量性质为 G，则偏摩尔吉布斯自由能：$G_i = \left(\frac{\partial G}{\partial n_i}\right)_{T,p,n_j}$。

5.2.2　偏摩尔量的集合公式

Y 是容量性质，其值与物质的量成正比，而 Y_i 则为强度性质，它与其他强度性质如 T、p、浓度等有关，而与体系的总量无关。因此，在恒温恒压和一定浓度下，使各组元按一定比例增加，则 Y 的量也由零变到 Y。因此可将式 5-3 进行积分

$$\int_0^Y dY = \int_0^n (Y_1 dn_1 + Y_2 dn_2 + \cdots) \tag{5-4}$$

从摩尔分数的定义可知：$n_1/n = x_1$，$n_2/n = x_2$，$\cdots$，n 为物质的量的总数。按上述条件积分时，摩尔分数为常数，与 n 无关，故微分后可得：$dn_1 = x_1 dn$，$dn_2 = x_2 dn$，$\cdots$，式 5-4 变为

$$\int_0^Y dY = \int_0^n (Y_1 x_1 dn + Y_2 x_2 dn + \cdots) \tag{5-5}$$

因 x_1，x_2，$\cdots$；Y_1，Y_2，$\cdots$在恒温恒压和浓度不变时为常数，与 n 无关，故式 5-5 积分可写成

$$Y = (Y_1 x_1 + Y_2 x_2 + \cdots)\int_0^n dn$$

$$Y = (Y_1 x_1 + Y_2 x_2 + \cdots)n = Y_1 n_1 + Y_2 n_2 + \cdots$$

$$Y = \sum_i Y_i dn_i \tag{5-6}$$

当物质的量的总数为 1mol 时，体系的容量性质 Y 以 Y_m 表示，得公式

$$Y_m = \sum_i Y_i dx_i \tag{5-7}$$

式 5-6 和式 5-7 称为偏摩尔量的集合公式。例如对溶液的体积，集合公式为

$$V = n_1 V_1 + n_2 V_2 + \cdots + n_i V_i + \cdots$$

$$V_m = x_1 V_1 + x_2 V_2 + \cdots + x_i V_i + \cdots$$

【例 5-3】 25℃和 100kPa 时，有一物质的量分数为 0.4 的甲醇水溶液。往大量的此混合物中加 1mol 水，混合物的体积增加 17.35cm³；如果往大量的此混合物中加 1mol 甲醇，混合物的体积增加 39.01cm³。试计算将 0.4mol 的甲醇和 0.6mol 水混合时，此混合物的体积为多少？此混合过程中体积的变化为多少？已知 25℃和 100kPa 时甲醇的密度为 0.7911g/cm³，水的密度为 0.9971g/cm³。

解：甲醇和水的偏摩尔体积分别为 $V_{甲醇} = 39.01\text{cm}^3$，$V_{水} = 17.35\text{cm}^3$。

所以将 0.4mol 甲醇和 0.6mol 水混合时体积 V 可用式 5-5 来计算，即

$$V = n_{甲醇} V_{甲醇} + n_{水} V_{水}$$

$$= 0.4 \times 39.01 + 0.6 \times 17.35 = 26.01\text{cm}^3$$

$$V_{理论} = V_{甲醇} + V_{水}$$

$$V_{水} = \frac{W_{水}}{\rho_{水}} = \frac{0.6 \times 18}{0.9971} = 10.83\text{cm}^3$$

$$V_{甲醇} = \frac{W_{甲醇}}{\rho_{甲醇}} = \frac{0.4 \times 32}{0.7911} = 16.18\text{cm}^3$$

$$V_{理论} = V_{甲醇} + V_{水} = 16.18 + 10.83 = 27.01\text{cm}^3$$

所以混合过程中体积的变化 $\Delta V = V_{理论} - V_{实际} = 27.01 - 26.01 = 1\text{cm}^3$

5.3 化学势

5.3.1 化学势

在组元的各种偏摩尔量中，以偏摩尔吉布斯自由能最为重要，它又称为化学势（μ），是判断自发和平衡的强度性质。

$$\mu_i = \left(\frac{\partial G}{\partial n_i}\right)_{T,p,n_j} \tag{5-8}$$

体系的吉布斯自由能为

$$G = G(T,p,n_1,n_2,\cdots,n_i,\cdots)$$

当体系发生微小变化时

$$\mathrm{d}G = \left(\frac{\partial G}{\partial T}\right)_{p,n_1,n_2,\cdots} \mathrm{d}T + \left(\frac{\partial G}{\partial p}\right)_{T,n_1,n_2,\cdots} \mathrm{d}p + \sum_i G_i \mathrm{d}n_i \tag{5-9}$$

在恒温恒压下

$$\mathrm{d}G = \sum_i \mu_i \mathrm{d}n_i \tag{5-10}$$

根据式 5-6 和式 5-7，对吉布斯自由能，集合公式为

$$G = \sum_i \mu_i n_i \qquad G_\mathrm{m} = \sum_i \mu_i x_i \tag{5-11}$$

体系中组元 i 的化学势 μ_i，是在恒温恒压下，由于加入微量 i 所引起体系吉布斯自由能的变化与所加入微量 i 的物质的量之比。或者说，在无限多的溶液中，保持温度、压力不变，加入 $1\,\mathrm{mol}\ i$ 所引起的吉布斯自由能变化。

5.3.2　化学势在多相平衡中的应用

多相体系达平衡时，各相的温度和压力都应相同，而且各相之间物质的转移也要达到平衡，即从宏观来看，各相之间没有物质的转移。下面推导多相平衡的条件。

设体系有 α 和 β 两相，每一相都由若干个组元组成。在恒温恒压下，设 α 相中的组元 i 有 $\mathrm{d}n_i^\alpha$ mol 转移到 β 相（图 5-1），即在 α 相中组分 i 都减少了 $\mathrm{d}n_i^\alpha$ mol，在 β 相中则增加 $\mathrm{d}n_i^\beta$ mol，则有

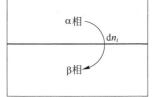

$$- \mathrm{d}n_i^\alpha = \mathrm{d}n_i^\beta$$

图 5-1　i 物质由 α 相转移到 β 相

因此根据式 5-10，整个体系的吉布斯自由能 $\mathrm{d}G$ 为

$$\mathrm{d}G = \sum_i \mu_i \mathrm{d}n_i = \mu_i^\alpha \mathrm{d}n_i^\alpha + \mu_i^\beta \mathrm{d}n_i^\beta$$

式中，μ_i^α 和 μ_i^β 分别为组元 i 在 α 相和 β 相的化学势。因为 $-\mathrm{d}n_i^\alpha = \mathrm{d}n_i^\beta$，所以上式有

$$\mathrm{d}G = -\mu_i^\alpha \mathrm{d}n_i^\beta + \mu_i^\beta \mathrm{d}n_i^\beta = (\mu_i^\beta - \mu_i^\alpha) \mathrm{d}n_i^\beta$$

根据热力学第二定律，在恒温恒压下，吉布斯自由能的变化存在下列关系：

$$\mathrm{d}G \leqslant 0$$

式中，"＜"用于自发过程，"＝"用于平衡。因已假定 i 由 α 相转移到 β 相，故 $\mathrm{d}n_i^\beta > 0$，上式变成

$$\mathrm{d}G = (\mu_i^\beta - \mu_i^\alpha) \mathrm{d}n_i^\beta \leqslant 0$$

故　　　　　　　　　　　　　　$$\mu_i^\beta - \mu_i^\alpha \leqslant 0 \tag{5-12}$$

当两相平衡时

$$\mu_i^\beta = \mu_i^\alpha \qquad (5-13)$$

当 i 从 α 相转移到 β 相过程自发时

$$\mu_i^\alpha > \mu_i^\beta \qquad (5-14a)$$

如果上述转移过程不能自发进行，而其逆方向（即从 β 相转移至 α 相）的变化能自发进行时

$$\mu_i^\alpha < \mu_i^\beta \qquad (5-14b)$$

5.3.3 化学势在化学平衡中的应用

$$2SO_2 + O_2 \longrightarrow 2SO_3$$

当上述反应有 dn mol O_2 消失时，一定有 $2dn$ mol SO_2 随之消失，同时有 $2dn$ mol SO_3 生成。当反应恒温恒压下进行时，上述过程的吉布斯自由能变化应为：

$$dG = \sum_i \mu_i dn_i = 2dn\mu_{(SO_3)} - 2dn\mu_{(SO_2)} - dn\mu_{(O_2)}$$

$$= \left[2\mu_{(SO_3)} - 2\mu_{(SO_2)} - \mu_{(O_2)} \right]dn$$

当反应达到平衡时，$dG = 0$，于是：

$$2\mu_{(SO_3)} - 2\mu_{(SO_2)} - \mu_{(O_2)} = 0$$

或
$$2\mu_{(SO_3)} = 2\mu_{(SO_2)} + \mu_{(O_2)}$$

上式即为此化学反应达到平衡的条件。

如果
$$2\mu_{(SO_3)} > 2\mu_{(SO_2)} + \mu_{(O_2)}$$

则反应逆向是自发进行的，反之，反应则正向是自发进行的。

对任意一化学反应来说，则有

$$\Sigma \nu_i \mu_i < 0 \qquad 反应正向是自发进行$$

$$\Sigma \nu_i \mu_i > 0 \qquad 反应逆向是自发进行$$

$$\Sigma \nu_i \mu_i = 0 \qquad 是化学平衡的条件$$

式中，ν_i 为物质 i 的化学计量系数，对产物，$\nu_i > 0$；对反应物，$\nu_i < 0$。

5.3.4 理想气体的化学势

5.3.4.1 纯组分理想气体的化学势

对纯物质体系来说，一物质的偏摩尔吉布斯自由能——化学势就等于该物质在纯态时的摩尔吉布斯自由能，即

$$G_i = G_m$$

对纯组元含量不变体系

$$dG_m = -S_m dT + V_m dp$$

在一定温度下，纯组分理想气体摩尔吉布斯自由能的微分可表示为：

$$\mathrm{d}G_{\mathrm{m}} = V_{\mathrm{m}}\mathrm{d}p$$

若在标准压力 $p^{\ominus}$ 下和任意压力 p 之间积分上式，可得

$$G_{\mathrm{m}} - G_{\mathrm{m}}^{\ominus} = RT\ln p/p^{\ominus}$$

或

$$G_{\mathrm{m}} = G_{\mathrm{m}}^{\ominus} + RT\ln p/p^{\ominus}$$

式中，G_{m} 是压力为 p 时的摩尔吉布斯，即此时的化学势 μ。$G_{\mathrm{m}}^{\ominus}$ 是标准压力 $p^{\ominus}=100\mathrm{kPa}$ 时的摩尔吉布斯自由能，可用 $\mu^{\ominus}$ 表示，于是上式可表示为：

$$\mu = \mu^{\ominus} + RT\ln p/p^{\ominus} \tag{5-15}$$

理想气体压力为 $p^{\ominus}$ 时的状态称为标准态，$\mu^{\ominus}$ 称为标准状态的化学势，它仅是温度的函数。

5.3.4.2   混合理想气体的化学势

对理想混合气体来说，组元 i 的性质与其以分压 p_i 单独存在时的性质相同，所以混合气体中某组元 i 的化学势表示法与该气体在纯态时的化学势表示法相同，即亦可用式 5-15 表示

$$\mu_i = \mu_i^{\ominus} + RT\ln p_i/p^{\ominus} \tag{5-16}$$

式中，p_i 是混合气体中组元 i 的分压，$\mu_i^{\ominus}$ 是 $p_i = p^{\ominus}$ 时组元 i 的化学势。亦即该气体单独存在并且 $p = 100\mathrm{kPa}$ 时的化学势，称为该组元 i 的标准化学势，它亦仅是温度 T 的函数。

5.4   溶液的饱和蒸气压

溶液的一些主要性质有溶液的蒸气压、溶液的沸点、溶液的凝固点，物质的相互溶解度等。溶液的蒸气压是其他性质的基础。

5.4.1   纯物质的饱和蒸气压

为了了解溶液蒸气压规律，需要介绍一下纯物质蒸气压概念。在一定温度下，液体和它的蒸气处于平衡状态时，蒸气具有的压力叫做该温度下液体的饱和蒸气压。液体的蒸气压实验及理论得知，当在一组元中加入另一组元后，不论是溶液或溶质的蒸气压均比同温下纯态时的蒸气压要低。这是由于溶液中组元的浓度比其在纯态时降低的缘故。

下面介绍稀溶液的基本理论即拉乌尔（Rault）定律和亨利（Herly）定律。这些理论可以使我们把溶液的性质与组成联系起来。

5.4.2   拉乌尔定律

纯物质的蒸气压主要由温度来决定，而液体中组元的蒸气压除与温度有关，还与溶液的浓度有关，这个结论得到了实验的证实。拉乌尔在研究稀溶液的性质时归纳了多次实验结果，于 1887 年发表了拉乌尔定律。

实验指出，在一定温度下，稀溶液中溶剂的蒸气压等于纯溶剂的蒸气压与其摩尔分数的乘积

$$p_A = p_A^* x_A \qquad (5\text{-}17)$$

式中　p_A——溶剂的蒸气压；

　　　p_A^*——纯溶剂的蒸气压；

　　　x_A——溶剂的摩尔分数。

此式称为拉乌尔定律。

如溶质是不挥发的，即其蒸气压极小，与溶剂相比可以忽略，则溶剂的蒸气压就等于溶液的蒸气压。在此条件下，拉乌尔定律也可以表述为：在一定温度下，当溶质不挥发时，稀溶液的蒸气压等于纯溶剂的蒸气压与摩尔分数的乘积。此公式也可以表示成另外的形式。设 x_B 代表溶质的摩尔分数，则 $x_A = 1 - x_B$，将它代入式5-17，得

$$p_A = p_A^*(1 - x_B)$$

即
$$x_B = \frac{p_A^* - p_A}{p_A^*} = \frac{\Delta p}{p_A^*} \qquad (5\text{-}18)$$

式中　Δp——溶液的蒸气压下降；

　　　$\Delta p / p_A^*$——溶液的相对蒸气压下降。

因此，式5-18为"在一定温度下，溶液的相对蒸气压下降等于溶质 B 的摩尔分数。"即为拉乌尔定律的另一表达式。

拉乌尔定律是根据稀溶液的实验总结出来的，所以对大多数溶液来说，只有在浓度很低时定律才适用。因为在很稀的溶液中，溶质的分子很少，溶剂分子的周围几乎都是溶剂分子，其处境与它在纯溶剂时的情况几乎相同。也就是说，溶剂的分子所受的作用力并未因少量溶质分子的存在而改变，它从溶液中逸出能力的大小也不变，只是由于溶质分子的存在使溶剂分子的浓度减小了，所以溶液中溶剂的蒸气压 p_A 就按纯溶剂的饱和蒸气压打了一个摩尔分数的折扣。

【例5-4】　已知25℃时水的饱和蒸气压为3.17kPa，求在该温度下250g水中含有甘油4.3g的溶液的蒸气压。已知甘油的分子量为92。

解：
$$n_{甘油} = \frac{4.3}{92} = 0.047\text{mol}$$

$$n_{水} = \frac{250}{18} = 13.9\text{mol}$$

$$x_{水} = \frac{13.9}{13.9 + 0.047} = 0.997$$

于是
$$p_{水} = p_{水}^* x_{水} = 3.17 \times 0.997 = 3.16\text{kPa}$$

【例5-5】　80℃时纯苯的饱和蒸气压为100.2kPa。今将某有机化合物2.47g溶于100g苯中，测得80℃的饱和蒸气压为98.98kPa。试求此化合物的分子量。

已知苯的分子量为78.1。

解：设所求化合物的分子量为 M_2，根据式5-18有

$$\frac{2.47/M_2}{2.47/M_2 + 100/78.1} = \frac{100.2 - 98.98}{100.2}$$

解之得 $\qquad\qquad\qquad M_2 = 154$

所以应用拉乌尔定律还可以测定某些物质的分子量。

5.4.3　亨利定律

在日常生活和冶金工业中，都能看到气体溶解于液体中的现象。不过一般，这种现象的溶解度总是很小的，可以看成稀溶液。例如空气中的氧可以溶解于水中，液态的金属中也可以溶解各种各样的气体，如氧、氢、氮和氧化硫等。例如氢气在 20℃ 和 100kPa 下，1kg 水中的溶解度只有 0.0016g，所以可以看成是稀溶液。在湿法冶金中，溶解于水中的氧可以产生氧化作用。当金属中溶解有各种气体时，对金属的性质会产生一定的影响，所以，研究气体在液体中的溶解规律，有着非常重要的实际意义。

亨利在 1803 年根据气体在液体中溶解度的实验总结出稀溶液的另一个重要定律叫亨利定律。

亨利定律指出，在一定温度下，气体在液体里的溶解度和该气体的平衡分压成正比。

即 $\qquad\qquad\qquad p_B = k_{H(x)} x_B \qquad\qquad\qquad (5\text{-}19)$

式中　　p_B——该气体的平衡分压；

　　　$k_{H(x)}$——亨利常数；

　　　x_B——气体溶质在溶液中的摩尔分数。

亨利定律虽然是研究气体溶解度问题时总结出来的，但对于稀溶液中的具有挥发性的固体或液体物质，其蒸气压规律也符合亨利定律。

亨利定律中的浓度除可用摩尔分数 x_B 表示外，还可用其他浓度单位表示。因为在稀溶液中，各种浓度单位都是互成比例的。例如在亨利定律中，浓度可用质量百分浓度 $[\%B]$ 表示：

$$p_B = k_{H(x)} x_B = k_{H(x)} \times \frac{\dfrac{[\%B]}{M_B}}{\dfrac{[\%B]}{M_B} + \dfrac{100 - [\%B]}{M_A}}$$

因为溶液很稀，所以上式可以近似处理为：

$$p_B = k_{H(x)} \times \frac{M_A}{100M_B} \times [\%B]$$

故 $\qquad\qquad\qquad p_{B(\%)} = k_{H(\%)} \times [\%B] \qquad\qquad (5\text{-}20a)$

式中　　$p_{B(\%)}$——极稀溶液内组分 B 浓度为 %B 的蒸气压。

$$k_{H(\%)} = k_{H(x)} \times \frac{M_A}{100M_B} \qquad\qquad (5\text{-}20b)$$

式中，M_A 为溶剂分子的摩尔质量，只要溶剂分子确定了，M_A 是常数。若浓度用 c_B、m_B 时

则 $\qquad\qquad\qquad p_B = k_{H(c)} c_B \qquad\qquad\qquad (5\text{-}21)$

$$p_B = k_{H(m)} m_B$$

拉乌尔定律和亨利定律是稀溶液中两个最基本的经验定律，它们都表示组元的分压与浓度间存在的比例关系。这两个定律在形式上有些相似，为了避免混淆，现把它们的区别归纳如下：

（1）拉乌尔定律适用于稀溶液的溶剂（还适用于理想液态混合物，见本章5.7节），而亨利定律则适用于溶质。

（2）拉乌尔定律中的比例常数 p_A^* 是纯溶剂的蒸气压，与溶质本性无关；而亨利定律的比例常数 k 则由实验确定，与溶剂、溶质的本性都有关。这从溶剂与溶质分子的相互作用可以得到解释。由于稀溶液的溶质浓度很小，对溶剂分子来说，它的周围几乎都是溶剂分子，其活动受溶质分子的影响很小，所以拉乌尔定律的比例常数单由溶剂的本性就能确定。而对稀溶液的溶质分子来说，它的周围几乎都被溶剂分子所包围，所以亨利定律的比例常数不能单由溶质的本性来确定，而必须由溶剂、溶质二者共同来确定。

（3）亨利定律中浓度可用各种单位，只要 k 值与此单位相适应就可以了，但拉乌尔定律中的浓度必须用摩尔分数 x。

【例 5-6】 求 20℃，100kPa 下，空气中的氮在 1L 水中溶解的体积（换算到标准状况）。已知亨利定律 $p_{N_2} = kx_{N_2}$，20℃时，$k = 8.4 \times 10^6 kPa$

解： 空气中含 N_2 78%，因此 $p_{N_2} = 78\% \times 101.3kPa = 79kPa$

根据式 5-21 有

$$x_{N_2} = \frac{p_{N_2}}{k} = \frac{79}{8.4 \times 10^6}$$

$$= 9.4 \times 10^{-6}$$

$$x_{N_2} = \frac{n_{N_2}}{n_{N_2} + \frac{1}{0.018}}$$

因 n_{N_2} 很小，与 $n_{H_2O} = 1/0.018$ 相比可忽略，故：

$$x_{N_2} = 0.018n_{N_2} = 9.4 \times 10^{-6}$$

$$n_{N_2} = 5.2 \times 10^{-4}mol$$

标准状况下 N_2 的体积为：

$$V_{N_2} = 5.2 \times 10^{-4} \times 22400cm^3 = 11.7mL$$

5.4.4 稀溶液各组元的化学势

凡是完全符合拉乌尔定律与亨利定律两定律的稀溶液称为理想稀溶液。一般来说，溶液愈稀就愈接近理想稀溶液。从理论上说，浓度极低，即无限稀的溶液就是理想稀溶液。本节所讲的稀溶液是指理想稀溶液。

由于稀溶液中溶剂和溶质分别服从不同的定律，故溶剂和溶质的化学势与浓度的关系也不同。

5.4.4.1　溶剂的化学势

溶剂的化学势为

$$\mu_A = \mu_A^\ominus(T,p) + RT\ln x_A \tag{5-22}$$

式中，$\mu_A^\ominus(T,p)$ 称为溶剂的标准化学势，即纯溶剂（$x_A = 1$）的化学势。对一定的溶剂 $\mu_A^\ominus(T,p)$ 为温度和压力的函数，但实际上压力的影响很小，主要受温度的影响。

5.4.4.2　溶质的化学势

溶质的化学势

$$\mu_B = \mu_B^\ominus(T,p) + RT\ln c_B \tag{5-23}$$

式中，c_B 为溶质的浓度。它可以用不同的单位，如 x、%（质量）和 m 等。当用不同的单位时，标准化学势 $\mu_B^\ominus$ 的值不同。对一定的溶质和溶剂，$\mu_B^\ominus$ 是温度和压力的函数，但压力的影响很小，主要受温度的影响。

5.5　稀溶液的依数性

将一不挥发性溶质溶于某一溶剂时，会发生下列现象：溶液的蒸气压比纯溶剂的蒸气压下降。溶液的沸点比纯溶剂的沸点升高，溶液的凝固点比纯溶剂的凝固点下降。对稀溶液来说，蒸气压下降、沸点升高，凝固点下降的数值仅仅与溶液中溶质的质点数有关，而与溶质的特性无关，因此将上述性质称为稀溶液的依数性。

5.5.1　沸点的升高

沸点是溶液的蒸气压等于外压时的温度。如果在溶剂中加入不挥发性溶质，则根据拉乌尔定律，溶液的蒸气压要下降。因此在同样外压下，只有加热到更高的温度，溶液才能沸腾。所以溶液的沸点总是比纯溶剂的沸点要高。溶液的浓度愈大，沸点升高愈多。

在图 5-2 中，曲线 Ⅰ 为纯溶剂的蒸气压曲线，曲线 Ⅱ 为溶液的蒸气压曲线。在同一温度下，溶液的蒸气压比纯溶剂的低，故曲线 Ⅱ 在曲线 Ⅰ 之下。设外压为 p^*，则溶剂的沸点为 T_b^*，溶液的沸点为 T_b。

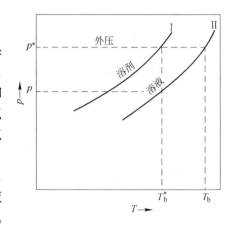

图 5-2　稀溶液的沸点升高

则　　　　　　　　　　$$T_b - T_b^* = \Delta T_b$$

式中，ΔT_b 就是沸点的升高。从图 5-2 可以看出，在纯溶剂的沸点为 T_b^* 时，溶液的蒸气压为 p。

沸点上升 ΔT_b 与溶液浓度的定量关系式为：

$$\Delta T_b = K_b m \tag{5-24}$$

$$K_b = \frac{R T_b^{*2} M_A}{\Delta H_v} \tag{5-25}$$

式中 M_A——溶剂的摩尔质量，kg/mol；

K_b——沸点上升常数，$K \cdot mol^{-1} \cdot kg$。

K_b 只决定于溶剂的本性，与溶质的本性无关。以水作溶剂时，经计算可得：$K_b = 0.518K \cdot mol^{-1} \cdot kg$。

式 5-24 称为稀溶液的沸点升高公式。该式表明，含有不挥发性溶质的稀溶液，其沸点升高与溶质的浓度 m 成正比。也就是说，溶液的沸点升高值只决定于溶剂的性质和溶质的浓度，而与溶质的种类无关。例如在水中加入相同浓度的蔗糖（$C_{12}H_{22}O_{11}$）或甘油（$CH_2OH \cdot CHOH \cdot CH_2OH$）形成稀溶液，其沸点升高值是一样的。

【例 5-7】 有 68.4g 糖溶解在 1000g 水中，此溶液的沸点是多少？已知糖的分子量为 342。

解：
$$m = \frac{n}{W_水} = \frac{\frac{W}{M_糖}}{W_水} = \frac{\frac{68.4}{342}}{1kg} = 0.2mol/kg$$

$$\Delta T_b = K_b m = 0.518 \times 0.2 = 0.104K$$

即该溶液的沸点为 $100 + 0.104 = 100.104℃$。

【例 5-8】 某物质 1.09g 溶于 20g 水中，测得该溶液的沸点为 100.156℃，试计算该物质的分子量。

解：
$$\Delta T_b = K_b m \quad \Delta T_b = 100.156 - 100 = 0.156K$$

$$m = \frac{\Delta T_b}{K_b} = \frac{0.156}{0.518} = 0.3012mol/kg$$

设该物质的摩尔质量为 M，则有

$$0.3012 = \frac{\frac{10.9}{M}}{20} \times 1000$$

解之得 $M \approx 181g/mol$

所以该物质的分子量为 181。

5.5.2 凝固点的下降

溶液冷却时开始析出晶体的温度称为它的凝固点。对水溶液来说，凝固点也称冰点。溶液的凝固过程是液固两相的平衡过程，溶液的冰点也是液固两相平衡时的温度。

在图 5-3 中，曲线 OA 为液体纯溶剂的蒸气压曲线，OC 为固体纯溶剂的蒸气压曲线，而 BC 为溶液中溶剂的蒸气压曲线。OA 与 OC 的交点温度 T_f^* 是纯溶剂的凝固点。在此温度下，固体和液体纯溶剂的蒸气压相等，其值为 p_1^*。BC 和 OC 的交点温度 T_f 为溶液的凝固点。p_1' 是在这个温度下溶液中溶剂的蒸气压，也就是固体纯溶剂的蒸气压。p_1 是溶液中溶剂在 T_f^* 时的蒸气压。从图5-3可以看出，溶液的凝固点 T_f 比纯溶剂的凝固点 T_f^* 低。$\Delta T_f = T_f^* - T_f$ 称为溶液的凝固点下降值。

溶液的凝固点下降与溶液浓度的定量关系式为，则得

$$\Delta T_f = K_f m \qquad (5-26)$$

$$K_f = \frac{R T_f^{*2} M_1}{\Delta H_{熔}} \qquad (5-27)$$

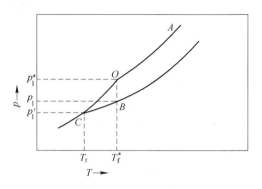

图5-3 稀溶液的凝固点下降

式中，K_f 称为凝固点下降常数，其值只决定于溶剂的本性，而与溶质的本性无关。对水溶液，经计算，$K_f = 1.86 \text{K} \cdot \text{mol}^{-1} \cdot \text{kg}$。

式5-26称为稀溶液的凝固点下降公式。此式说明，稀溶液的凝固点下降与溶质的浓度 m 成正比。

一些物质的冰点下降常数列于表5-1中。

表5-1 一些物质的冰点下降常数

溶 剂	冰点/℃	$K_f / \text{K} \cdot \text{mol}^{-1} \cdot \text{kg}$	溶 剂	冰点/℃	$K_f / \text{K} \cdot \text{mol}^{-1} \cdot \text{kg}$
醋 酸	16.7	3.9	环乙烷	6.5	20.0
苯	5.5	5.12	萘	80.2	6.9
三溴甲烷	7.8	14.4	苯 酚	42	7.27
樟 脑	178.4	37.7	水	0.00	1.86

【例5-9】 将 0.567g 尿素溶于 500g 水中，测得冰点为 $-0.0351℃$，求尿素的相对分子质量。

解：
$$\Delta T_f = K_f m$$

$$m = \frac{\Delta T_f}{K_f} = \frac{0.0351}{1.86} = 0.0189 \text{mol/kg}$$

设尿素的摩尔质量为 M

则
$$m = \frac{W/M}{W_水} \times 1000$$

$$M = \frac{W \times 1000}{W_水 \, m} = \frac{0.567 \times 1000}{500 \times 0.0189} = 60 \text{g/mol}$$

所以尿素的相对分子量为60。

【例5-10】 原有 0.5000kg 纯苯，溶于 0.0049kg 苯甲酸（C_6H_5COOH），测得凝固点下降 $\Delta T_f = 0.2048 \text{K}$。试求苯甲酸在苯中的分子式。（$K_f = 5.12 \text{K} \cdot \text{mol}^{-1} \cdot \text{kg}$）

解：根据
$$\Delta T_f = K_f m$$

$$m = \frac{\Delta T_f}{K_f} = \frac{0.2048}{5.12} = 0.04 \text{mol/kg}$$

$$m = \frac{W_B/M_B}{W_\text{苯}} \times 1000$$

$$M_B = \frac{W_B \times 1000}{W_\text{苯}\, m} = \frac{0.0049 \times 1000}{0.5000 \times 0.04} = 245\,\text{g/mol}$$

即在苯溶液中苯甲酸的摩尔质量为 245g/mol。

设苯甲酸在苯中的分子式为 $(C_6H_5COOH)_x$，单分子苯甲酸的摩尔质量为 122g/mol。

所以

$$x = \frac{245}{122} \approx 2$$

即苯甲酸在苯中的分子式为 $(C_6H_5COOH)_2$。

5.6 分配定律

　　两种液体的混合可出现以下几种不同的相互溶解的情况。第一种是两种液体可以按任意比例互溶，形成一均匀溶液，如水和乙醇溶液。第二种是两种液体的相互溶解甚微，可以认为是互不相溶，如水和水银。第三种是部分溶解，如水和酚的互溶。在一定温度下，将少量酚加入水中，开始时可以相互溶解，形成一均匀溶液，若继续加酚，将出现两个液层，下面液层主要是在酚中溶解有水的溶液，上面液层主要是在水中溶解有酚的溶液，若再继续加酚到一定量，该两种液相又可形成均匀的单相溶液。以上这三种情况不是绝对不变的。例如温度升高可使部分互溶变成完全互溶（只要温度足够高）。下面讨论两液体部分互溶和完全不互溶的一些情况，此种情况在火法冶金及湿法冶金上是常见的。

　　实际情况比较复杂，并不像上面所举的例子那样只是两种液体相互溶解的问题，而常常是在两平衡相中还溶解有第三种物质。此两平衡液相中的溶剂可以是上述第二种情况，也可以是上述的第三种情况。我们最关心的是第三种物质在这两平衡液相中的分配问题，因为这是工业提取分离稀有金属及有色金属萃取法的基础，也是炼钢过程造渣去除杂质的原理。

5.6.1 分配定律

　　我们做如下试验，在一容器中放入 H_2O 和 CCl_4，它们会形成两个液相层，如图 5-4 所示。水层（α 相）中稍溶解有 CCl_4，CCl_4 层（β 相）中稍溶解有水。若在其中加入第三种物质 I_2，则有一部分 I_2 溶解在水层，一部分 I_2 溶解在 CCl_4 层。

　　实验发现 I_2 在两液层中的溶解度是不同的，而且更为重要的是只要 I_2 在两液相中浓度仍为稀溶液，那么在此稀溶液的浓度范围内无论加入 I_2 是多少，当两相达到平衡后，I_2 在两平衡液相中的浓度比值在指定温度下是定值。即

$$K = \frac{c_{I_2}^\alpha}{c_{I_2}^\beta}$$

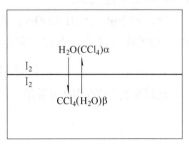

K 在一定温度下为一常数，称为分配常数。将上式写成一般式为：

$$K = \frac{c_i^\alpha}{c_i^\beta} \tag{5-28}$$

式中　　c_i^α ——i 物质在 α 相中的溶解度；

　　　　c_i^β ——i 物质在 β 相中的溶解度。

图 5-4　分配定律示意图

此公式称为分配定律。

分配定律用文字说明就是：在一定温度下，如果一种物质溶解在两个不相溶的液相里成为稀溶液，则平衡时该物质在此两相中的浓度之比为一常数。

溶液愈稀，K 值愈能保持恒定。例如从表 5-2 中可看出 I_2 在 H_2O 和 CCl_4 两相中的分配情况。

表 5-2　I_2 在 H_2O 和 CCl_4 之间的分配（25℃）

$c_{I_2}^{H_2O}/mol \cdot L^{-1}$	$c_{I_2}^{CCl_4}/mol \cdot L^{-1}$	$K = c_{I_2}^{H_2O}/c_{I_2}^{CCl_4}$	$c_{I_2}^{H_2O}/mol \cdot L^{-1}$	$c_{I_2}^{CCl_4}/mol \cdot L^{-1}$	$K = c_{I_2}^{H_2O}/c_{I_2}^{CCl_4}$
0.000322	0.02745	0.0117	0.001150	0.10100	0.0114
0.000503	0.04290	0.0117	0.001340	0.11960	0.0112
0.000763	0.06540	0.0117			

利用热力学理论可推导出分配定律。根据式 5-16，对稀溶液，溶质 i 在液相 α 中的化学势为：

$$\mu_i^\alpha = \mu_i^{\ominus\alpha} + RT\ln c_i^\alpha$$

溶质 i 在液相 β 中的化学势为：

$$\mu_i^\beta = \mu_i^{\ominus\beta} + RT\ln c_i^\beta$$

根据相平衡条件，α 和 β 两相平衡时：

$$\mu_i^\alpha = \mu_i^\beta$$

$$\mu_i^{\ominus\alpha} + RT\ln c_i^\alpha = \mu_i^{\ominus\beta} + RT\ln c_i^\beta$$

$$\ln \frac{c_i^\alpha}{c_i^\beta} = \frac{\mu_i^{\ominus\beta} - \mu_i^{\ominus\alpha}}{RT}$$

$\mu_i^{\ominus\beta} - \mu_i^{\ominus\alpha}$ 是温度的函数，与浓度无关。因此：

$$K = \frac{c_i^\alpha}{c_i^\beta}$$

应用分配定律时，应当注意，它只适用于稀溶液，而且溶质在两相中要具有相同的化学式。所谓化学式不同，一般是指溶质分子在其中一个相要离解或缔合。在这种情况下，就不能直接引用式 5-28。

例如苯甲酸（C_6H_5COOH）在水中以 C_6H_5COOH 的形式存在，而在苯中却以缔合分子 $(C_6H_5COOH)_2$ 的形式存在。苯甲酸在水和苯两相之间的分配存在下列平衡：

$$(C_6H_5COOH)_{2(苯)} = 2C_6H_5COOH_{(水)}$$

此时平衡浓度间的关系是：

$$\frac{c_{i(水)}^2}{c_{i(苯)}^2} = K$$

或

$$\frac{c_{i(水)}}{\sqrt{c_{i(苯)}}} = K'$$

式中，$c_{i(水)}$ 和 $c_{i(苯)}$ 分别是苯甲酸在水和苯中的浓度。

5.6.2 萃取

萃取是利用物质在两液相中的分配而使该物质在某一相的浓度增大，从而得到富集的过程。这种过程也称为液-液萃取，它在分离和提纯金属方面已得到日益广泛的应用。

一般被萃取的相往往是水溶液，其中含有被萃取的溶质。另一相是萃取剂，往往是有机物，两相经混合澄清分层后，有机相富集了被萃取的溶质，从而达到了使溶质分离的目的。

设原液相体积为 V_1 cm^3，含有溶质的克数为 g_0 克，每一次加入 V_2 cm^3 的萃取剂，连续萃取 n 次，多级进行。假定萃取的物质在两相中没有缔合、离解和其他化学变化，根据分配定律有下式

$$K = \frac{物质在原溶液中的浓度}{物质在萃取剂中的浓度} = \frac{c_i^\alpha}{c_i^\beta}$$

经一次萃取后，在原溶液中剩余的溶质的克数为 g_1，则有

$$K = \frac{g_1/V}{(g_0 - g_1)/V_2}$$

$$g_1 = g_0 \left(\frac{KV_1}{KV_1 + V_2} \right)$$

如果第二次再用 V_2 cm^3 的溶液经过二次萃取后，在原溶液中剩余的克数为 g_2，则有

$$g_2 = g_0 \left(\frac{KV_1}{KV_1 + V_2} \right)^2$$

依此类推，经过 n 次萃取后，留在原溶液中的溶质的克数 g_n，则有

$$g_n = g_0 \left(\frac{KV_1}{KV_1 + V_2} \right)^n$$

则被萃取出来的溶质的量为

$$g_{萃取出} = g_0 - g_n = g_0 \left[1 - \left(\frac{KV_1}{KV_1 + V_2} \right)^n \right] \tag{5-29}$$

可以看出，萃取次数 n 越多，g_n 值越小，即在溶液中被保留的物质越少，萃取出来的物质总量就越多。

分配定律在冶金中很重要，因为很多冶金过程中会得到互不相溶而按比重分开的熔体。例如，炼铁时得到的铁液和炉渣是互不相溶的，而硫则能溶解在铁液和炉渣中，并服从分配定律，即

$$\frac{(S)_渣}{[S]_铁} = K$$

【例 5-11】 在 1L 水中含钴 100mg，现取 1L 磷酸三丁酯作萃取剂，如果：

（1）1L 磷酸三丁酯作一次萃取；（2）每次加 500mL，作两次萃取。问各抽出钴若干毫克？（已知 $K = \dfrac{c_水}{c_酯} = 0.694$）

解：（1）设一次抽出钴的质量为 x，则：

$$x = g_0 \left[1 - \left(\frac{KV_1}{KV_1 + V_2} \right)^n \right]$$

$$= 100 \left[1 - \left(\frac{0.694 \times 1000}{0.694 \times 1000 + 1000} \right) \right]$$

解之得　　　　　　　　　$x = 59\text{mg}$

（2）设二次抽出钴的质量为 y，则：

$$y = g_0 \left[1 - \left(\frac{KV_1}{KV_1 + V_2} \right)^2 \right]$$

$$= 100 \left[1 - \left(\frac{0.694 \times 1000}{0.694 \times 1000 + 500} \right)^2 \right]$$

解之得　　　　　　　　　$y = 66\text{mg}$

5.7　理想液态混合物

5.7.1　理想液态混合物的定义

溶液中任一组元在全部浓度范围内都服从拉乌尔定律的溶液称为理想（亦称完全）溶液。

理想液态混合物和理想气体一样，是一个理想化的概念。在理想液态混合物中，所有分子都具有同一的力场，即不同成分的分子间相互作用力与同一成分分子间相互作用力相同。因此，真正的理想液态混合物是很少的。只有各组元的物理化学性质都十分相似的物质所组成的溶液才能看做是理想液态混合物。同位素化合物的混合物（$H_2O\text{-}D_2O$），异构体的混合物和紧邻同系物的混合物（$CH_3OH\text{-}C_2H_5OH$）等可以作为理想液态混合物的例子。有些溶液，如钢铁冶金遇到的 Fe-Mn、FeO-MnO 等熔体也可以近似地当做理想液态混合物来处理。虽然大多数溶液都不能严格符合理想液态混合物的定义，但因为理想液态混合物所服从的规律比较简单，故可以作为比较的标准，而且利用活度理论，对理论溶液公式作一些修正，就可以用于实际溶液，所以理想液态混合物的概念在理论和实际上都是有用的。

从微观来看，要满足理想液态混合物的定义，各组元的分子体积应当非常接近，不同组元的分子（异名质点）间相互作用力与同一组元分子（同名质点）间的相互作用力基本相等，形成溶液时也没有离解、缔合、溶剂化等作用发生。例如对 A、B 二元理想液态混合物，A-A、B-B、A-B 分子之间的相互作用力差不多相同。某一 A 分子，无论它的周围是 A 分子还是 B 分子，它所受的作用力都是相同的，因此它挥发逸出溶液的机会也都是相同的，不过由于溶液中 A 分子的浓度（x_A）低于纯液体 A（$x_A = 1$），故同一时期内，溶液中 A 分子逸出数应少于纯液体 A，而且在一定温度下应与（x_A）成正比。又知 A 的蒸气压与 A 分子逸出的速率成正比，因此 p_A 与 x_A 成正比。同样的讨论也适用于 B 分子。这就是说，A 和 B 在任何浓度下都服从拉乌尔定律。

对 A-B 二元溶液：

$$p_A = p_A^* x_A, \quad p_B = p_B^* x_B$$

设总压为 p，则

$$p = p_A + p_B = p_A^* x_A + p_B^* x_B$$

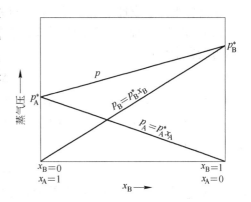

图 5-5　理想液态混合物蒸气压与组成的关系

将此三式作图（图 5-5）可见，理想液态混合物各组元的蒸气压和蒸气压总压 p 都与组成 x 是直线关系。

【例 5-12】　已知 1000K 时锌的饱和蒸气压为 11.7kPa 而镉饱和蒸气压为 64.8kPa，今以含 Zn 60% 和 Cd 40% 的合金在 1000K 下蒸馏，问蒸气的组成如何？设此溶液为理想液态混合物。

解：　$n_{Zn} = \dfrac{60}{65.38} = 0.918\text{mol}, \quad n_{Cd} = \dfrac{40}{112.4} = 0.356\text{mol}$

故溶液的组成为

$$x_{Zn} = \frac{n_{Zn}}{n_{Zn} + n_{Cd}} = \frac{0.918}{0.918 + 0.356} = 0.721$$

$$x_{Cd} = \frac{n_{Cd}}{n_{Zn} + n_{Cd}} = \frac{0.356}{0.918 + 0.356} = 0.279$$

因该溶液是理想液态混合物，所以服从拉乌尔定律，于是：

$$p_{Zn} = p_{Zn}^* x_{Zn} = 11.7 \times 0.721 = 8.44\text{kPa}$$

$$p_{Cd} = p_{Cd}^* x_{Cd} = 64.8 \times 0.279 = 18.08\text{kPa}$$

据道尔顿分压定律，得气相组成为：

$$x_{Zn}^g = \frac{p_{Zn}}{p_{Zn} + p_{Cd}} = \frac{8.44}{8.44 + 18.08} = 0.32$$

$$x_{Cd}^g = \frac{p_{Cd}}{p_{Zn} + p_{Cd}} = \frac{18.08}{8.44 + 18.08} = 0.68$$

5.7.2　形成理想液态混合物时热力学性质的变化

由于理想液态混合物中各组元都服从拉乌尔定律，那么每一组元的化学势就可以仿照稀溶液中溶剂的推导方法，可得到类似的公式：

$$\mu_i = \mu_i^\ominus (T,p) + RT\ln x_i \tag{5-30}$$

此式虽然形式上和稀溶液中溶剂的化学性质相同，但这里的浓度不受限制，x_i 可以为 0 到 1 的任何值。

在由各组元形成理想液态混合物的过程中，各热力学函数的变化如下：

（1）体积的变化。由于理想液态混合物各组元的摩尔体积相差不大，而且混合时相互吸引力没有变化：

$$\Delta V_m = 0$$

式中，ΔV_m 表示纯组元形成 1mol 溶液的体积变化。

（2）焓变化。由于形成理想液态混合物时，各组元分子间相互作用力不变，故混合时，没有热效应：

$$\Delta H_m = 0$$

式中，ΔH_m 是由各组元混合而成的 1mol 溶液时的混合热。

（3）吉布斯自由能变化。设溶液为 1mol，由 A、B 两组元组成，则混合前体系的吉布斯自由能：

$$x_A\mu_A^\ominus + x_B\mu_B^\ominus$$

根据式 5-18，混合后体系的吉布斯自由能为：

$$x_A\mu_A + x_B\mu_B$$

故混合后吉布斯自由能的变化为：

$$\Delta G_m = x_A(\mu_A - \mu_A^\ominus) + x_B(\mu_B - \mu_B^\ominus)$$

但对理想液态混合物

$$\mu_i - \mu_i^\ominus = RT\ln x_i$$

所以

$$\Delta G_m = RT(x_A\ln x_A + x_B\ln x_B)$$

一般来说，对多元理想液态混合物：

$$\Delta G_m = RT\Sigma x_i\ln x_i \tag{5-31}$$

式 5-31 表明，当恒温恒压下形成理想液态混合物时，吉布斯自由能的变化小于零（因 $x_i < 1$），故过程是自发的，即 $\Delta G_m < 0$。

（4）熵变化。

因

$$\Delta G_m = \Delta H_m - T\Delta S_m$$
$$\Delta H_m = 0$$

所以结合式 5-31 得

$$\Delta S_m = -R\Sigma x_i\ln x_i \tag{5-32}$$

由于 $x_i < 1$，故 $\Delta S_m > 0$，混合过程熵是增大的，这与混合过程混乱度增大的原理是相符合的。

5.8　活度和标准状态

5.8.1　实际溶液对理想液态混合物的偏差

前面我们曾从分子间相互作用力的微观特点分析了稀溶液和理想液态混合物。然而，实际溶液中由于溶质的浓度大，溶剂分子周围的溶质分子对它的影响不可忽略，故造成溶液中溶剂的性质与它在纯态时不一样，使溶剂的蒸气压与其摩尔分数不成正比关系，即实际溶液中溶剂的蒸气压不符合拉乌尔定律。同理，溶质分子周围的溶剂分子对它的影响也不可忽略，也造成了实际溶液中溶质的蒸气压不符合亨利定律。总之，实际溶液中组元的蒸气压与浓度的关系对拉乌尔定律与亨利定律产生了偏差。

5.8.1.1 正偏差

在一定的温度下，测定某些溶液在不同浓度时组元的蒸气压值，发现它们都高于按拉乌尔定律计算得出的蒸气压值，如图5-6所示。图5-6中虚线为拉乌尔定律计算的理论蒸气压线，实线为实测线。即实测线高于计算值，称为实际溶液对拉乌尔定律或理想液态混合物产生正偏差。

$$p_A > p_A^* x_A, \quad p_B > p_B^* x_B$$

蒸气压高于理论值，这就表明两类分子间的相互作用力小（若以 A 分子为讨论对象），A-B < A-A，使得 B 分子的加入形成溶液减小了周围分子对 A 分子的作用，致使 A 分子的活动能力加强了，因而使它较容易从液相中逸出，产生正偏差。若某组元形成溶液时，其缔合分子分解，就属于这种情况。由于同名质点的相互作用力大于异名质点，而相互作用力大有聚集的倾向，因此正偏差的极端情况是液相分层（例如 Pb-Zn 和 Fe-Pb 系）。正偏差金属二元系的例子还有 Al-Zn、Al-Sn 等。一般来说，若形成溶液产生正偏差时，则体积增大并有吸热现象。$\Delta V_m > 0$，$\Delta H_m > 0$。

5.8.1.2 负偏差

在一定的温度下，测定某些溶液在不同浓度时组元的蒸气压值，发现它们都低于按拉乌尔定律计算得出的蒸气压数值，即 $p_i < p_i^* x_i$，如图5-7所示。这种情况叫实际溶液对拉乌尔定律或理想液态混合物产生负偏差。

$$p_A < p_A^* x_A, \quad p_B < p_B^* x_B$$

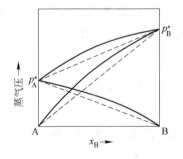
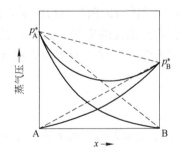

图5-6 正偏差的蒸气压与组成的关系　　　图5-7 负偏差蒸气压与组成的关系

蒸气压低于理论值，这表明两类分子间的相互作用力大（若以 A 分子为讨论对象），A-B > A-A，使得 B 分子的加入增强了周围分子对 A 分子作用，致使 A 分子活动能力减弱了，因而较难从液相逸出。使得实际蒸气压比拉乌尔定律计算数值小，产生负偏差。两组元有生成化合物倾向时属于这种情况。对于二元金属体系，产生负偏差例子有 Mg-Pb、Fe-Al、Fe-Ti 等。$\Delta V_{m} < 0$，$\Delta H_{m} < 0$。

5.8.2 活度

以 Sn-Cd 体系为例说明活度及活度系数的意义。

当温度为 682℃时，在 Sn-Cd 体系中，Cd 的蒸气压与组成的关系如图 5-8 所示。图 5-8 中的虚线表示拉乌尔定律理论蒸气压与组成的关系。从图 5-8 中可见 Cd 的蒸气压对拉乌尔定律产生正偏差。在此温度下纯 Cd 的蒸气压 $p_{Cd}^{*} = 33.3$kPa。实验测得，当 $x_{Cd} = 0.42$ 时，$p_{Cd} = 24.0$kPa，而此值大于拉乌尔定律所计算的数值。它可由图 5-8 中看出，也可由计算得知。

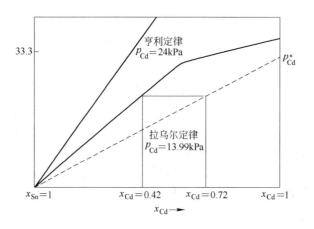

图 5-8 Sn-Cd 合金熔体中 Cd 的 p-x 图

假设此溶液服从拉乌尔定律，当 $x_{Cd} = 0.42$ 时，Cd 的蒸气压为：

$$p_{Cd} = p_{Cd}^{*} x_{Cd} = 33.3 \times 0.42 = 13.99 \text{kPa}$$

而实测为 24.0kPa，很显然 $p_{Cd(实)} > p_{Cd(计算)}$，这说明实际上 Sn-Cd 体系不服从拉乌尔定律。但实际溶液的蒸气压与浓度的关系要用拉乌尔定律这种简单的形式来计算，就必须采取校正溶液浓度的方法，而保留实测的蒸气压数值，使校正后的浓度（称为活度 a_{B}）与实际蒸气压 p_{B} 的关系仍然符合拉乌尔定律的形式。

即 $$p_{B} = p_{B}^{*} a_{B}$$

或 $$p_{Cd} = p_{Cd}^{*} a_{Cd}$$

那么当 $x_{Cd} = 0.42$，实测蒸气压 $p_{Cd} = 24.0$kPa 时，Cd 的活度值为多大呢?

$$a_{B} = \frac{p_{B}}{p_{B}^{*}} \tag{5-33}$$

$$a_{Cd} = \frac{p_{Cd}}{p_{Cd}^{*}} = \frac{24.0}{33.3} = 0.72$$

显然 $$a_{B} = r_{B} x_{B} \tag{5-34}$$

a_B 称为组元 B 的活度，r_B 称为组元 B 的活度系数，r_B 和 a_B 都是无量纲的量。从式 5-33 和式 5-34 可以看出，活度实际上是经过校正的浓度，因此可以把它理解为"有效浓度"。所谓有效浓度，是实际溶液对拉乌尔定律（或亨利定律）有效。

上面讨论的 Sn-Cd 体系中，$x_{Cd} = 0.42$，$p_{Cd} = 24.0\text{kPa}$，$p_{Cd}^* = 33.3\text{kPa}$

则
$$a_{Cd} = \frac{p_{Cd}}{p_{Cd}^*} = \frac{24.0}{33.3} = 0.72, \quad r_{Cd} = \frac{a_{Cd}}{x_{Cd}} = \frac{0.72}{0.42} = 1.71 > 1$$

r_B 值的大小表示实际溶液与理想液态混合物偏差方向和程度。

当 $r_B > 1$，则 $a_B > x_B$，该体系对拉乌尔定律产生正偏差。

当 $r_B < 1$，则 $a_B < x_B$，该体系对拉乌尔定律产生负偏差。

当 $r_B = 1$，则 $a_B = x_B$，该体系为理想液态混合物。

上面讨论的 Sn-Cd 体系对拉乌尔定律产生正偏差。

5.8.3 活度的标准状态

某组元的标准状态就是规定该组元的活度为 1 时状态。由于溶剂和溶质的浓度校正时根据的定律不同（拉乌尔定律或亨利定律）。所以在原则上可以有不同的选择。但在选择时应当考虑到，对于理想液态混合物或理想稀溶液，浓度应和活度相等，否则有浓度的概念就不准确，应用起来也不方便。常用的标准状态有下列三种情况：

（1）以拉乌尔定律为基础，纯物质为标准状态。这是用纯物质的蒸气压（p_B^*）来计算活度。

对理想液态混合物
$$x_B = \frac{p_B}{p_B^*}$$

对实际溶液
$$a_{B(R)} = \frac{p_B}{p_B^*}$$

当 $a_{B(R)} = 1$ 时 $p_B = p_B^*$，这实际上就是规定纯物质 B 作为 B 的标准状态，因为 $p_B = p_B^*$ 时，是纯物质 B 的蒸气压，求其他浓度 B 的活度时，就是用各浓度 B 的蒸气压去除以 p_B^*，这样就可以纯物质作为标准状态求出其他浓度 B 时的活度及活度系数。

【例 5-13】 下列数据为 1000K 时 Mg-Cu 系中镁的饱和蒸气压与组成的关系。以纯液态镁为标准状态，求活度和活度系数。

x_{Mg}	1.000	0.936	0.765	0.581	0.330	0.224
p_{Mg}/Pa	1501	1381	1100	575.5	119.0	40.02

解： 以纯液态镁为标准状态，则

$$a_{Mg(R)} = \frac{p_{Mg}}{p_{Mg}^*}, \quad r_{Mg(R)} = \frac{a_{Mg}}{x_{Mg}}$$

这里 $p_{Mg}^* = 1501\text{Pa}$（因 $x_{Mg} = 1.000$）

在 $x_{Mg} = 0.936$ 时，$a_{Mg(R)} = \frac{p_{Mg}}{p_{Mg}^*} = \frac{1381}{1501} = 0.920$，$r_{Mg(R)} = \frac{a_{Mg}}{x_{Mg}} = \frac{0.920}{0.93} = 0.983$，其余数据经计算后如下：

x_{Mg}	1. 000	0. 936	0. 765	0. 581	0. 330	0. 224
$a_{Mg(R)}$	1	0. 920	0. 733	0. 383	0. 0793	0. 0267
$r_{Mg(R)}$	1	0. 983	0. 958	0. 659	0. 240	0. 119

从这些计算结果可知：

$r_{Mg} < 1$，所以此体系对拉乌尔定律产生负偏差。

（2）以亨利定律为基础，假想纯物质为标准状态。这是以虚设的纯物质的蒸气压（$k_{H(x)}$）来计算活度。

对无限稀释溶液中的溶质 B，亨利定律为：

$$a_{B(H)} = \frac{p_B}{k_{H(x)}} \qquad (5\text{-}35)$$

那么应当规定什么情况下的活度等于 1 呢？从这个式子可知，当 $p_B = k_{H(x)}$ 时 $a_B = 1$。从图 5-9 可以看出，在 $x_B = 1$ 时，纯 B 的饱和蒸气压与 $k_{H(x)}$ 并不相等，只有在 $x_B \to 0$ 时，B 的蒸气压与 $k_{H(x)}x_B$ 才重合。即只有在很稀的溶液中才与实线相重合。现将与实际溶液相切的线延至纯 B（$x_B = 1$）的纵坐标上，并令此交点的状态为标准状态。在此状态下，B 的蒸气压等于 $k_{H(x)}$，因此活度等于 1。这个标准状态可以认为是纯 B 而又服从亨利定律的假想状态。为什么说是假想的呢？这是因为真实的纯 B，其蒸气压是 p_B^* 而不是 $k_{H(x)}$（见图 5-9）。

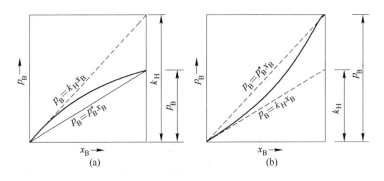

图 5-9   溶液中组分 B 的蒸气压与其浓度的关系

(a) 正偏差；(b) 负偏差

活度与浓度的关系为 $a_{B(H)} = f_B x_B$。

当 $x_B \to 0$ 时，即对理想稀溶液，因符合亨利定律，所以 $a_{B(H)} = x_B$，$f_B = 1$。B 的浓度越大，$a_{B(H)}$ 与 x_B 的偏差越大。

（3）以亨利定律为基础，质量 1% 的溶液浓度为标准状态。这是以质量 1% 浓度溶液的蒸气压来计算活度。

亨利定律为： $p_B = k_{H(\%)} f_B [\% B]$

例如含溶质 B 0.5% 的溶液，$[\% B] = 0.5$。

溶液对亨利定律有偏差时，应以活度代替浓度，因此有下列关系：

$$a_{B(\%)} = \frac{p_B}{k_{H(\%)}} \qquad (5\text{-}36)$$

$$a_{B(\%)} = f_B [\%B]$$

式中，f_B 为 B 的活度系数。对于以亨利定律为基础所选择的标准状态，通常活度系数用 f_B，以拉乌尔定律为基准的标准状态时，活度系数用 r_B 表示。

与上述类似，当 $p_B = k_{H(\%)}$ 时 $a_B = 1$。从图 5-10 可以看出应选什么状态作标准状态。图中实线是蒸气压曲线，虚线是亨利定律的直线。由式 5-20a 和式 5-20b 可知：

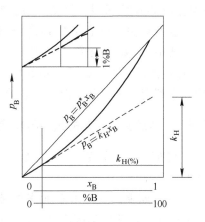

图 5-10　亨利定律的常数 $k_{H(x)}$ 及 $k_{H(\%)}$

$$p_{B(\%)} = k_{H(\%)} \times [\%B]$$

$$k_{H(\%)} = k_{H(x)} \times \frac{M_A}{100 M_B}$$

当 $[\%B] = 1$ 时，$k_{H(\%)} = p_{B(\%)}$，即 $k_{H(\%)}$ 是溶液中组分 B 的浓度为 1% 的蒸气压。但此 1% 浓度的蒸气压可以是真实的或假想的。如果此 1% B 浓度的蒸气压服从亨利定律即与亨利定律直线重合，那么标准状态就是真实的 1% 溶液了。如果此 1% B 浓度的蒸气压与亨利定律直线不重合，那么此时的标准状态就是假想的 1% B 溶液了。

当溶液很稀，成为理想液态混合物时，$a_{B(\%)} = [\%B]$，$f_B = 1$。

例如 Sn-Cd 体系，见图 5-8 和表 5-2。若以 1% 而服从亨利定律的假想状态为标准状态，则：

$$k_{H(\%)} = p_{Cd(1\%)} = 0.8 \text{kPa}$$

则 40% 的 Cd，即 $x_{Cd} = 0.42$，$p_{Cd} = 24.0 \text{kPa}$ 时，其活度和活度系数为：

$$a_{B(\%)} = \frac{p_{Cd}}{k_{H(\%)}} = \frac{24.0}{0.8} = 30.0$$

$$f_{Cd} = \frac{a_{Cd}}{[\%Cd]} = \frac{30.0}{40} = 0.75$$

对其他的组成同样也可以求出相应的活度及活度系数（见表 5-3）。

表 5-3　Sn-Cd 体系中的活度及活度系数

% Cd	1	20	40	60	80
$a_{Cd(\%)}$	1.00	18.3	30.0	38.3	40.8
$f_{Cd(\%)}$	1.00	0.91	0.75	0.64	0.51

通过计算可知，$f_{Cd} < 1$，故体系对亨利定律产生负偏差。

从以上所讨论的三种标准状态，可归纳得到活度与蒸气压的关系为：

$$a_B = \frac{p_B}{p_B^{标}}$$

γ_B^0 是极稀溶液内 B 以纯物质标准状态的活度系数 $a_{B(H)} = \gamma_B^0 x_B$，按活度系数的定义

$a_{B(H)} = p_B / p_B^* = k_{H(x)} x_B / p_B^* = (k_{H(x)} / p_B^*) x_B = \gamma_B^0 x_B$，故 γ_B^0 $= k_{H(x)} / p_B^*$。所以 γ_B^0 表示极稀溶液对理想液态混合物的偏差。γ_B^0 可由极稀溶液的 $a_{B(H)} = \gamma_B^0 x_B$ 直线外推到 $x_B = 1$ 纵轴上的截距求得，见图 5-11，它的数值与溶液的种类和温度有关，可表示为 $\ln\gamma_B^0 = A/T + B$ 的温度函数式。式中 A、B 为常数。假想纯物质的标准态和重量 1% 浓度溶液标准态的活度系数均用 f_B 表示，因为它们均以亨利定律为基础，但有不同的数值。

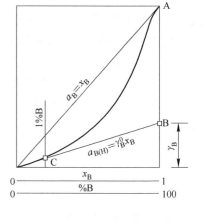

图 5-11　活度的标准状态

5.8.4　活度标准状态的选择与转换

在处理冶金反应的平衡常数时，需要注意到组分浓度的某些特点。

（1）如果铁液中溶解元素的浓度不高，作为溶剂的铁液应以纯物质为标准态，这时可视 $[\% Fe] = 100$，或 $x_{Fe} = 1$，而 $a_{Fe} = x_{Fe} = 1$，$\gamma_{Fe} = 1$。因此在平衡常数中可以不包括 Fe 的活度。

（2）形成饱和溶液的组分 B 以纯物质为标准态时，其 $a_B = 1$，因为饱和溶液组分 B 的蒸气压与纯物质的蒸气压的化学势相等，$\mu_B^\ominus + RT\ln p_{[B]}/p^\ominus = \mu_B^\ominus + RT\ln p_B/p^\ominus$，故 $p_{[B]} = p_B^*$，由拉乌尔定律有 $a_{[B]} = p_{[B]}/p_B^* = p_B^*/p_B^* = 1$。

（3）如果溶液属于极稀溶液，则可以用浓度代替活度。

（4）熔渣的主要成分（化合物是氧化物），其浓度往往比较高，应选纯物质为标准态。

活度标准态之间的转换，有下列几种转换关系式。

（1）纯物质标准态的活度与假想纯物质标准态的活度之间的转换：

$$\frac{a_{B(R)}}{a_{B(H)}} = \frac{p_B/p_B^*}{p_B/k_{H(x)}} = \frac{k_{H(x)}}{p_B^*} = \gamma_B^0$$

故　　　　　　　　　　　　$a_{B(R)} = \gamma_B^0 a_{B(H)}$　　　　　　　　　　　（5-37）

（2）纯物质标准态的活度与质量 1% 浓度标准态的活度之间的转换：

$$\frac{a_{B(R)}}{a_{B(\%)}} = \frac{p_B/p_B^*}{p_B/k_{H(\%)}} = \frac{k_{H(\%)}}{p_B^*}$$

由亨利定律式 5-27 知　　　　　$k_{H(\%)} = k_{H(x)} \times \frac{M_A}{100 M_B}$

故　　　　$\dfrac{a_{B(R)}}{a_{B(\%)}} = \dfrac{k_{H(x)} \times \dfrac{M_A}{100 M_B}}{p_B^*} = \dfrac{M_A}{100 M_B}\gamma_B^0$　　　　　（5-38）

式中，M_A 为溶剂的摩尔质量。对于铁溶液 $M_A = 55.85$，故

$$a_{B(R)} = \left(\frac{55.85}{100 M_B}\gamma_B^0\right) a_{B(\%)}　　　　　（5-39）$$

（3）假想纯物质标准态的活度与质量 1% 浓度溶液标准态的活度之间的转换：

$$\frac{a_{B(H)}}{a_{B(\%)}} = \frac{p_B/k_{H(x)}}{p_B/k_{H(\%)}} = \frac{k_{H(\%)}}{k_{H(x)}} = \frac{M_A}{100M_B} \tag{5-40}$$

（4）不同标准态的活度系数之间的关系式：

$$\frac{a_{B(R)}}{a_{B(H)}} = \frac{\gamma_B x_B}{f_B x_B} = \frac{\gamma_B}{f_B} = \gamma_B^0$$

故 $$\gamma_B = \gamma_B^0 f_B$$

注意，上式中 f_B 是假想纯物质的标准态的活度系数，如采用质量 1% 浓度溶液标准态，则上式仅能近似存在。因为 γ_B^0 不仅是极稀溶液内组分 B 以纯物质为标准态的活度系数，而且也是不同标准态活度及活度系数之间的转换系数。

【例 5-14】 表 5-4 为 Fe-Cu 系在 1823K 时铜以纯物质为标准态的活度。试计算铜以假想纯物质为标准态的活度。

表 5-4　Fe-Cu 系中 Cu 的活度

x_{Cu}	1.00	0.792	0.626	0.467	0.217	0.061	0.023	0.015
$a_{Cu(R)}$	1.00	0.888	0.870	0.820	0.730	0.424	0.1823	0.119

解： 由式 5-36 可得 $a_{Cu(R)} = \gamma_{Cu}^0 a_{Cu(H)}$，$\gamma_{Cu}^0$ 可由已知数据求得：当 $x_{Cu} \to 0$ 时，即在极稀溶液内，$a_{Cu(H)} = \gamma_{Cu}^0 x_{Cu}$，故 $\gamma_{Cu}^0 = a_{Cu(H)}/x_{Cu}$。这时 γ_{Cu}^0 是与浓度无关的常数。根据表 5-5 数据可知，当 $x_{Cu} < 0.023$ 时，

$$\gamma_{Cu} = \gamma_{Cu}^0 = a_{Cu(R)}/x_{Cu} = 0.1823/0.023 = 7.930$$

故 $$a_{Cu(H)} = a_{Cu(R)}/\gamma_{Cu}^0 = a_{Cu(R)}/7.930$$

利用上式计算的 $a_{Cu(H)}$ 值见表 Fe-Cu 系中 Cu 的活度（表 5-5）。

表 5-5　Fe-Cu 系中 Cu 的活度 $a_{Cu(H)}$

x_{Cu}	1.00	0.792	0.626	0.467	0.217	0.061	0.023	0.015
γ_{Cu}	1.00	1.127	1.390	1.756	3.364	6.951	7.930	7.930
$a_{Cu(H)}$	0.126	0.112	0.110	0.103	0.092	0.053	0.023	0.015

习　题

5-1　每升溶液中含有 192.6g KNO_3 的溶液，密度为 1.1432kg/dm³。试计算以下浓度：

（1）体积摩尔浓度；（2）质量摩尔浓度；（3）摩尔分数；（4）质量百分浓度。

5-2　20℃ 60%（质量）甲醇水溶液的密度是 0.8946g/cm³。在此溶液中水的偏摩尔体积为 16.80cm³/mol。求甲醇的偏摩尔体积。

5-3　下列各式哪个表示了偏摩尔量？

（1）$\left(\frac{\partial U}{\partial n_i}\right)_{T,p,n_j}$；　　（2）$\left(\frac{\partial A}{\partial n_i}\right)_{T,V,n_j}$；　　（3）$\left(\frac{\partial H}{\partial n_i}\right)_{S,p,n_j}$；

（4）$\left(\frac{\partial \mu_i}{\partial n_i}\right)_{T,p,n_j}$；　　（5）$\left(\frac{\partial S}{\partial n_i}\right)_{T,V,n_j}$；　　（6）$\left(\frac{\partial V}{\partial n_i}\right)_{T,p,n_j}$。

5-4　拉乌尔定律和亨利定律有什么区别？对于理想液态混合物，它们之间有什么关系？

5-5　不挥发的溶质溶于溶剂中形成溶液之后将会引起什么现象发生?

　　　(1) 熔点升高; (2) 沸点降低; (3) 蒸气压降低; (4) 总是放出热量。

5-6　为使汞的蒸气压从 $p_{Hg}^* = 94.62kPa$ 降到 93.30kPa,需在 50g Hg 中溶解多少锡? 假设此合金遵守拉乌尔定律。

5-7　理想液态混合物的通性是哪一个?

　　　(1) $\Delta V_{混} = 0$,$\Delta H_{混} > 0$,$\Delta S_{混} > 0$,$\Delta G_{混} = 0$

　　　(2) $\Delta V_{混} = 0$,$\Delta H_{混} = 0$,$\Delta S_{混} > 0$,$\Delta G_{混} < 0$

　　　(3) $\Delta V_{混} > 0$,$\Delta H_{混} > 0$,$\Delta S_{混} > 0$,$\Delta G_{混} < 0$

　　　(4) $\Delta V_{混} = 0$,$\Delta H_{混} = 0$,$\Delta S_{混} = 0$,$\Delta G_{混} = 0$

5-8　已知 Cd 的熔点为 320.9℃,熔化热为 5015J/mol,某 Cd-Pb 熔体含 Pb 1% (质量),求其凝固点。设在固态时 Pb 完全不溶于 Cd 中。

5-9　某不挥发性溶质溶于水中,20℃时使水的蒸气压从 2.334kPa 下降到 2.322kPa,求溶液的沸点和冰点。已知水的 $K_f = 1.86K \cdot mol^{-1} \cdot kg$,水的蒸发热为 2255J/g。

5-10　尼古丁的实验式 C_5H_7N,今有 1.28g 尼古丁溶于 24.00g 水中,所得溶液在 10025kPa 下的沸点是 373.32K,求尼古丁的分子式。已知 $K_{H_2O,b} = 0.518K \cdot mol^{-1} \cdot kg$。

5-11　在 100mL 水中含有某有机酸 5g,接连三次用 20mL 的乙醚进行萃取,问留在水中的有机酸若干? 已知该有机酸在水和乙醚中的分配系数为 0.4。

5-12　50℃时,CCl_4 和 $SiCl_4$ 的饱和蒸气压分别为 42.34kPa 和 80.03kPa。设 CCl_4 和 $SiCl_4$ 的混合溶液是理想的。求 (1) 外压 53.28kPa,沸点为 50℃的液体组成; (2) 蒸馏此溶液时开始冷凝物中 $SiCl_4$ 的摩尔分数。

5-13　某温度时液体 A 的饱和蒸气压是液体 B 的 21 倍,A、B 两液体形成理想液态混合物。若气相中 A 和 B 的摩尔分数相等,问液相中 A 和 B 的摩尔分数为多少?

5-14　活度就是有效浓度,所以活度的数值总是小于浓度的数值,或者说,活度系数总是小于 1 的数,这种说法对吗? 为什么?

5-15　什么是标准态? 主要的标准态有几种? 为什么溶质和溶剂要采用不同类型的标准态?

5-16　293K 时,6.31g 的某种不挥发性物质溶解在 500g 水中,此时溶液的蒸气压测得 23.09kPa,而在同一温度下纯水的蒸气压为 23.15kPa,试计算此溶质的分子量为多少?

5-17　钢液中碳氧平衡的反应式如下:

$$[C] + [O] =\!=\!= CO(g) \qquad \Delta G^{\ominus} = -35600 - 31.45T$$

　　　[C]、[O] 的浓度用质量百分比浓度表示。

　　　求 1600℃时 (1) 平衡常数; (2) 含碳 0.02% 的钢液中氧的平衡含量。

5-18　μ_i、$\mu_i^{\ominus}$、ΔG、$\Delta G^{\ominus}$、K 和 x_i(平衡) 等物理量中,哪些与选取的标准态有关,哪些无关?

5-19　1540℃,钢中含碳量 [C] 在 0.216% 以下时,可按理想稀溶液处理。现测得此浓度下,反应:

$$CO_2 + [C] =\!=\!= 2CO$$

　　　平衡时 $p_{CO}^2/p_{CO_2} = 9421kPa$。

　　　(1) 求平衡常数; (2) 已知在 [C] = 0.425% 时,$p_{CO}^2/p_{CO_2} = 19348kPa$,求 a_C 和 f_C; (3) 石墨在钢液中达到饱和后,测得 $p_{CO}^2/p_{CO_2} = 1.55 \times 10^6 kPa$。若以石墨作标准状态,求 (2) 中钢液的 a_C。

6 相 平 衡

（1）了解相、独立组元数和自由度的概念，熟练掌握相律公式及其应用。

（2）掌握单组分系统水的相图，明确三相点和冰点的区别。

（3）明确冷却曲线的定义，掌握热分析法绘制相图的方法，掌握简单共晶的二元系相图的分析和应用，熟练掌握杠杆规则，并利用杠杆规则计算各相的相对量。

（4）掌握生成稳定化合物的二元系相图和生成不稳定化合物的二元系相图的阅读和应用。

（5）掌握二组分固-液系统相图的基本类型及相图的分析和应用，明确偏析的概念，掌握区域熔炼原理和钢铁冶金的主要二元系相图类型。

（6）明确浓度三角形表示三组元的方法，掌握等含量规则、定比例规则、直线规则和重心规则，掌握三组分固-液系统相图的基本类型及相图的分析和应用。

6.1　引言

本章的内容分为两个方面，首先介绍各种平衡体系所共同遵守的规律——相律；然后介绍各种典型的相图。所谓相图，就是表达多相体系的状态如何随着温度、压力、浓度等强度性质而变化的几何图形。在讨论这些问题之前，先介绍几个基本概念。

6.1.1　基本概念

6.1.1.1　相

体系中物理性质和化学性质完全均一的部分，称为"相"。在多相体系中，相与相之间有着明显的界面，越过界面时，物理或化学性质发生突变。体系中所包含的相的总数，称为"相数"，以符号"φ"表示。对体系中的气体来说，由于在通常条件下，不论有多少种气体混合在一起，均能无限混合，所以体系中气体只可能有一个气相。对体系中的液体来说，由于不同液体相互溶解的程度不同，一个体系中可以有一个相或两个相，一般不会超过三个液相（特殊情况下可能超过）。对于体系的固体来说，如果固体之间形成固溶体（即固体溶液），这是不同种固体达到了分子程度的均匀混合，一种固溶体是一个固相，如果体系中不同种固体物质没有形成固溶体，则不论这些固体研磨得多么细，体系中含多少种固体物质，就有多少个固相。

6.1.1.2　物种数和独立组元

体系中所含的化学物质数称为体系的"物种数"，用符号 S 表示。应注意，不同聚集态的同一种化学物质不能算两个物种，例如水和水汽其物种数 $S=1$ 而不是 2。

足以表示体系中各相组成所需要的最少独立物种称为体系的"组元数"，用符号 K 表示。应注意，组元数和物种数是两个不同的概念，有时二者是不同的，而在多相平衡中，重要的是组元数这一概念。

如果体系中没有化学反应发生，则在平衡体系中就没有化学平衡存在，这时一般说来

$$组元数 = 物种数$$

即

$$K = S$$

如果体系中有化学变化平衡存在，例如由 PCl_5、PCl_3 及 Cl_2 三种物质构成的体系，由于有下列化学平衡

$$PCl_5(g) \Longrightarrow PCl_3(g) + Cl_2(g)$$

则虽然体系中的物种数为 3，但是组元数却为 2。因为只要任意确定两种物质，则第三种物质就必然存在，而且其组成可由平衡常数所确定，并不在起始时是否放入此种物质。

在这种情况下

$$组元数 = 物种数 - 独立化学平衡数$$

即

$$K = S - R$$

式中，R 即为体系中的"独立化学平衡数"。要注意"独立"二字，例如体系中含 $C(s)$、$CO(g)$、$CO_2(g)$、$H_2O(g)$、$H_2(g)$ 等五种物质，在它们之间已有三个化学平衡式：

$$C(s) + H_2O(g) \Longrightarrow CO(g) + H_2(g) \tag{1}$$

$$C(s) + CO_2(g) \Longrightarrow 2CO(g) \tag{2}$$

$$CO(g) + H_2O(g) \Longrightarrow CO_2(g) + H_2(g) \tag{3}$$

但这三个反应并不是相互独立的，只要有任意两个化学平衡存在，则第三个化学平衡必然成立，故其独立化学平衡数不是 3 而是 2。

如果在某些特殊情况下，还有一些特殊的限制条件，则体系的组元数又将不同，例如在上述 PCl_5 的分解反应中，假如指定 PCl_3 与 Cl_2 的物质的量之比为 1∶1，或一开始只有 PCl_5 存在，则平衡时 PCl_3 与 Cl_2 的比例一定为 1∶1。这时就存在一浓度关系的限制条件。因此体系的组元数既不是 3 也不是 2 而是 1。如果这种浓度限制条件数用符号 R' 表示，则任意一体系的组元数和物种数应有下列关系

$$组元数 = 物种数 - 独立化学平衡数 - 独立浓度关系数$$

即

$$K = S - R - R'$$

应注意物质之间的浓度关系数只有在同一相中方能应用，不同相之间不存在此种限制条件。例如 $CaCO_3$ 的分解，虽然分解产物的物质的量相同，即 $n_{(CaO)} = n_{(CO_2)}$，但由于其一是气相，另一是固相，故不存在浓度限制条件，因而其组元数仍是 2。

6.1.1.3 自由度

在不引起旧相消失和新相形成的前提下，可以在一定范围内独立变动的强度性质称为体系的自由度，用符号 f 表示。例如水以单一液相存在时，要使该液相不消失，同时不形成冰和水蒸气，温度 T 和压力 p 都可以在一定范围内独立变动，此时 $f=2$。当液态水与其水蒸气平衡共存时，要使这两个相均不消失，又不形成固相冰，体系的压力 p 必须是所处温度 T 时的水的饱和蒸气压。因压力与温度具有函数关系，所以两者之中只有一个可以独立变动，因此 $f=1$。又如，当一杯不饱和盐水单相存在时，要保持没有新相形成，旧相也不消失，可在一定范围内变动的强度性质为温度 T，压力 p 及盐的浓度 c，因此 $f=3$。但当固体盐与饱和盐水溶液两相共存时，f 不再是 3，因为指定温度、压力之后，饱和盐水的浓度为定值。一方面不可能配制出浓度大于饱和值的溶液；另一方面，若使浓度小于饱和值必定会造成固体盐消失的后果。因此，此时只有温度 T 和压力 p 可独立变动，所以 $f=2$。

6.1.2 相律公式

相律就是在平衡体系中，联系体系内相数、组元数、自由度数及影响物质性质的外界因素（如温度、压力、重力场、磁场、表面能等）之间关系的规律。在不考虑重力场、电场等因素，只考虑温度和压力因素的影响时，平衡体系中相数、组元数和自由度之间的关系可以有下列形式

$$f = K - \varphi + 2 \tag{6-1}$$

式中，f 表示体系的自由度数；K 表示组元数；φ 表示相数；2 即为温度和压力两变量。由上式可以看出，体系每增加一个组元数，则自由度数亦就要增加一个；如果体系增加一个相数，则自由度数要减少一个。

在式 6-1 中的 2 是指外界条件只有温度和压力可影响体系的平衡状态而言。如果指定了温度或指定了压力，则式 6-1 应改写为

$$f = K - \varphi + 1 \tag{6-2}$$

如果温度、压力均已指定，则

$$f = K - \varphi \tag{6-3}$$

如果除了温度、压力以外，还需要考虑其他外界因素（如电场、磁场等），假设共有 n 个因素要考虑，则相律可写成更普遍的形式为

$$f = K - \varphi + n \tag{6-4}$$

【例 6-1】 试用相律计算下列体系的组元数及自由度数。高炉反应是将铁矿石在一定的炉压下还原成金属铁，参加反应的物质有：Fe_3O_4、FeO、Fe、CO、CO_2。

解：因为该体系是在一定炉压下进行，所以相律的公式为：
$$f = K - \varphi + 1$$
$S=5$，这 5 种物质将存在两个独立的化学反应数，即化学平衡中独立反应数 $R=2$；而浓度限制条件数 $R'=0$。故组元数为：
$$K = S - R - R' = 5 - 2 - 0 = 3$$

又因为该平衡体系中共有 4 个相，即 $\varphi = 4$，所以自由度为：

$$f = 3 - 4 + 1 = 0$$

【例6-2】 求体系 $ZnO(s)$、$C($石墨$)$、$CO(g)$、$Zn(g)$ 的自由度。设 CO 和 Zn 均由下列反应产生：

$$ZnO(s) + C(\text{石墨}) \Longrightarrow CO + Zn(g)$$

解：$S = 4$，$R = 1$，由于 CO 和 Zn 均由此反应产生，故气相中 CO 和 Zn 的浓度必相等 $R' = 1$。所以组元数和自由度数分别为：

$$K = S - R - R' = 4 - 1 - 1 = 2$$

$$f = K - \varphi + 2 = 2 - 3 + 2 = 1$$

自由度等于 1，这就是说，只有一个变量是独立的，例如确定了温度，则平衡体系的总压、气相分压和组成都是固定的。

6.2 单元系相图

在多相平衡中，相的状态随温度、压力、组成的变化而改变，表示相的状态与这些变量之间关系的几何图形叫状态图或相图。

仅由一个组元组成的体系称为单元系。现以水为例讨论单元系相图。

在一般温度和压力下，水有三种聚集状态：水蒸气、水和冰。通过实验可以测出两相达平衡时的压力和温度，然后以压力为纵坐标，温度为横坐标，用所得数据作图，得到水的相图（图 6-1）。

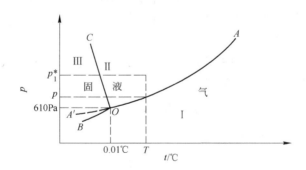

图 6-1　水的相图

对单元系，体系的状态只由温度、压力两个变量决定。当温度、压力一定时，可在图上找到相应的一点。反之，图上的任意一点也对应着体系的某一状态。由图能够看出体系的状态随着温度、压力所发生的变化。

曲线 OA 是水和水蒸气的平衡曲线，即水在不同温度下的饱和蒸气压曲线，线上任意一点表示液气两相平衡共存。此线向上可延伸到水的临界点（$t = 374℃$，$p = 2.23 \times 10^7 Pa$）。在临界点，液体的密度与气体的密度相等，液态和气态的界面消失，在临界温度以上，无论加多大压力都不能使气体液化。由于增加压力可使蒸气凝结为液体，故 OA 线以上的区域 II 为液相区，曲线以下的区域 I 为蒸气区。

曲线 OB 是冰和水蒸气的平衡曲线，即冰的升华曲线，理论上的这条线可延伸到绝对零度附近。OB 线以上的区域Ⅲ是固相区，以下是蒸气区。

　　曲线 OC 为冰和水的平衡曲线，即熔点曲线。线上任何一点均表示固-液两相平衡共存。此曲线的斜率表明，增大压力则熔点降低。OC 线不能无限向上延长，大约从 $2 \times 10^8 Pa$ 开始，相图变得比较复杂，有不同结构的冰生成。

　　固-液两相平衡的 OC 线，其斜率可由克莱贝龙方程式确定：

$$\frac{\mathrm{d}p}{\mathrm{d}T} = \frac{\Delta H_{熔}}{T \Delta V}$$

　　$\Delta H_{熔}$ 为固体的熔化热，是正值。$\Delta V = V_1 - V_s$。对于水，在0℃附近时，液体密度比固体密度大，即 $V_s > V_1$，$\Delta V < 0$，因此 $\frac{\mathrm{d}p}{\mathrm{d}T} < 0$，即压力增加时，熔点下降。图 6-1 中的 OC 线向左倾斜。多数体系的情形与水相反，$\Delta V > 0$，$\frac{\mathrm{d}p}{\mathrm{d}T} > 0$，$OC$ 线向右倾斜。

　　在 OA、OB、OC 三条曲线上均为两相平衡共存，T、p 两个变量中如有一个确定，另一个则随之确定。例如 Q 点，体系的温度为 T，则压力一定等于 p，否则将有一相消失。由相线也可以看出上述规律，因此 $f = 1$，说明 T 和 p 中只有一个变量是独立的，另一个是跟着变。

　　O 点是三条曲线的交点，在该点，固、液、气三相平衡共存，称作三相点。水的三相点为 $t = 0.01℃$、$p = 610Pa$。由相律知，$f = K - \varphi + 2 = 1 - 3 + 2 = 0$。因此三相点的 T、p 均有确定值，故也称作无变量点。应该指出，三相点与通常所说的熔点（凝固点）并不相等。在这里，三相点是单元系的三相平衡点，熔点则是 100kPa 下固、液平衡共存的温度。对冰-水平衡体系，因其中水已被空气中的 CO_2、O_2、N_2 等所饱和，故已经不是单元系。气相中除水蒸气外还包含其他组元，总压力为标准压力。空气溶于水使原单元系的固液相平衡温度降低 0.0024℃。又由于压力从 610Pa 增大到 100kPa，所以温度再降低 0.0075℃。这两种效应使凝固点的温度变成 0℃。

　　图 6-1 的三条曲线把整个图划分为固、液、气三个单相区。由相律可知，$f = 2$。在某一区域可以在有限的范围内同时改变温度和压力而无新相出现，所以叫双变量区。

　　水冷到 0℃ 以下常常仍不结冰，这就是过冷现象。虚线 OA' 是过冷水的饱和蒸气压曲线。OA' 在 OB 以上，即在同温度下，过冷水的蒸气压高于冰的蒸气压，故冷水处于不稳定状态。这种状态称为亚稳状态。

6.3　生成简单共晶的二元系

　　在冶金上经常遇到的金属、炉渣、硅酸盐和熔盐等体系，在高温下，其蒸气压一般都很小，除了某些特殊情况下，都可以不考虑气相。如前所述，这种体系称为凝聚系。对凝聚系，可不考虑压力的影响，因此这种二元系相图都是温度-组成图。

　　以 Cd-Bi 系为例，首先说明相图是怎样得来的。

6.3.1　热分析法绘制相图

　　研究相图的方法有若干种，其中最基本的方法是热分析法。所谓的热分析法就是把预先配制好的试样加热到完全熔化状态，然后冷却，在冷却过程观察体系的变化，间隔一定时间记录温度，作出温度随时间的变化曲线——冷却曲线（步冷曲线）。根据冷却曲线确定体系的相变温度，再绘制成相图。现取 Cd-Bi 的几个不同组成的试样来进行讨论：

Ⅰ	纯 Cd	Ⅴ	60% Bi
Ⅱ	20% Bi	Ⅵ	80% Bi
Ⅲ	40% Bi	Ⅶ	纯 Bi
Ⅳ	45% Bi		（以上均为摩尔分数）

　　把以上各试样混合均匀后，分别加热使其成为熔融的液相，然后缓慢冷却，每隔一定时间记录一次温度。以时间为横坐标，温度为纵坐标，作出冷却曲线，如图 6-2(a)所示。液体 Cd 冷却时，温度先是均匀下降（A 点以上），当温度下降到 321℃时液相中开始析出固体 Cd。由于固体析出所放出的凝固热抵消了体系向环境散失的热，因此体系温度不变，在冷却曲线上出现水平线段。当液体 Cd 完全凝固后，固体 Cd 的温度又均匀下降。321℃（A 点的温度）就是液体 Cd 的凝固点，也就是固体 Cd 的熔点。

　　纯 Bi 的冷却线与纯 Cd 类似，液体 Bi 在 271℃出现水平线段，Bi 的熔点为 271℃。

　　图 6-2(a)中左起第二条线是 20% Bi 的冷却曲线，开始的一段也是均匀下降的，冷却到 B 点时曲线的斜率变小，发生转折。这是因为液体冷却到 B 点的温度时开始析出固体 Cd，同时放出一些凝固热，这些凝固热部分地补偿了体系向环境放出的热，所以冷却速度变缓，熔体的凝固点与组成有关，随着固体 Cd 的析出，液相中 Cd 的含量减少，Bi 的含量相对增加，熔体的凝固点不断下降，当冷却到 C 点的温度（144℃）时，液相中 Bi 也达到饱和并开始析出固体 Bi，此时 Cd 与 Bi 按比例同时析出，熔体的组成保持不变。由于此时体系所放出的凝固热完全补偿了液体向环境散失的热量，所以冷却曲线上出现一段水平线段，当液体完全凝固后，温度又继续下降。40% Bi 的冷却曲线与 20% Bi 的类似，冷却到 D 点开始析出 Cd，曲线发生转折，冷却到 F 点时，Cd、Bi 同时析出，温度不变，仍为 144℃。待液体完全凝固后，温度才继续下降。

　　60% Bi 和 80% Bi 冷却曲线与 20% Bi 和 40% Bi 两条曲线类似，各与一个转折点和一段水平线段。不过在转折点析出的不是纯 Cd 而是纯 Bi，在 M 点和 P 点 Bi 与 Cd 同时析出，温度仍为 144℃。

　　最后，45% Bi 的冷却曲线没有转折点，只有水平线段。该组成的液体冷却到 144℃

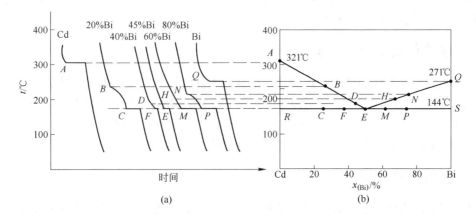

图 6-2　Cd-Bi 系的冷却曲线与相图

时，Bi 与 Cd 同时析出，液相组成和温度保持不变。当液相完全凝固后，温度继续下降。

6.3.2 Cd-Bi 系相图

图 6-2(b)是 Cd-Bi 系相图。横坐标表示组成，分成 100 等分，自左至右 Bi 的含量从 0% 增加的 100%，而 Cd 的含量则从 100% 减至 0%。纵坐标表示温度。图中任何一点表示体系一定的温度和组成，即表示体系处于某一状态。

把上述 7 个试样的组成在横坐标上取值，各试样的相变温度在纵坐标上取值，于是在图中得到 A、B、D、E、H、N、Q 和 C、F、M、P 等交点，把这些交点连接起来就得到了一张完整的相图。

图中 A、Q 两点的温度是纯 Cd 和纯 Bi 的熔点，B 点表示 20% Bi 的熔体开始析出纯 Cd 的温度，N 点表示 80% Bi 的熔体开始析出纯 Bi 的温度，所以 AE 线和 QE 线分别表示从熔体内开始析出固体 Cd 或固体 Bi 的温度与组成的关系，即表示体系的熔点与组成之间的关系，因此 AEQ 线称为熔点曲线，在此线以上的区域，体系全部变为液相，故 AEQ 线也叫液相线。当体系含 Bi 为 45% 时，熔点最低，为 144℃，因此把 E 点叫做低共熔点。由于达到 E 点的温度时，纯 Bi 与纯 Cd 同时析出，所以 E 点也叫共晶点，冷却到 E 点温度以下，体系就完全变为固态。在此体系中，除了纯 Cd 和纯 Bi 以外，其他任何组成的熔体的结晶终了温度都等于共晶温度，通过 E 点的横坐标平行线 RES 是各组成的熔体结晶终了温度的连线。

整个相图可分为 4 个区域，液相线以上称为液相区，在液相区内只有一个液相。RES 线以下为固相区，在固相区内有固体 Bi 和固体 Cd 两相平衡共存区，AER 区内是熔体与固相 Cd 平衡共存，QES 区是熔体与固体 Bi 平衡共存。RES 线上除两端点外有三相平衡共存（固相 Cd + 固相 Bi + 组成为 E 的熔体）。

通过讨论熔体在冷却过程所发生的变化，可以进一步理解这个相图的意义。设体系最初处于 P 点的状态（图 6-3），熔体含 Bi 20%（摩尔分数）。在 P 点只有一个液相，冷却到 Q 点时体系仍然是均匀的液相，只是温度比 P 点低一些，体系自由度 $f = 2 - 1 + 1 = 2$。温度、组成两个量都确定后，体系的状态才能确定。温度再下降，冷却到 L_1 点时，开始析出固体 Cd，此时固体 Cd 与组成 L_1 的液相平衡共存，$f = 2 - 2 + 1 = 1$，体系的自由度等于 1。如有一个变量确定，体系的状态便可确定。温度继续下降，Cd 不断析出，熔体中 Cd 的含量减少，Bi 的含量不断增加，所以液相的组成沿着箭头方向移动。

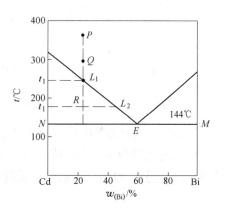

图 6-3 Cd-Bi 系相图

温度降到 t_2 时，液相组成变为 L_2，此时体系仍是两相平衡共存（固相 Cd + 组成为 L_2 的液相），自由度 $f = 1$，一定的温度就有一定的液相组成。温度降到 144℃ 时（NEM 线），熔体中 Bi 也达到饱和，液相组成变为 E，此时 Cd 与 Bi 同时析出，体系有三个相平衡共存，$f = 2 - 3 + 1 = 0$，这时液相组成和温度都保持不变。这也是热分析实验中冷却曲线在 144℃ 出现一段水平线段的原因，144℃ 是结晶终了温度，由此可见，除纯 Cd、纯 Bi 和低共熔混合物（即 45% Bi 的混合物）以外，其他组成熔体的结晶都是在一定温度范围内进行的。温度低于 NEM 线，液相完全凝固，体系中只有固相 Cd 和 Bi 平衡共存，$f = 2 - 2 + 1 = 1$。

工业上制铝是采用熔盐电解法进行的，所用电解度为 Al_2O_3 和冰晶石 Na_3AlF_6。Na_3AlF_6-Al_2O_3 系相图如图 6-4 所示。

6.3.3　杠杆规则

利用相图可以判断处于平衡的体系共有几个相以及各相的组成如何。例如图 6-5 中的 R 点，体系含有固、液两相，R 点的组成为体系的总组成。在讨论相图时，常把相图中一定温度下，具有一定总组成的点称为物系点，如 R 点就是物系点，而把一定温度下表示相组成的点称为物相点，如图 6-5 中的 t_2、L_2 就是物相点，它们也分别称为固相点和液相点。当体系只有一相时，物系点与物相点重合，当体系出现两相时，体系的总组成与各相的组成往往不相等，因此物系点与物相点一般不重合。因为整个平衡体系处在一定温度下，故物系点和物相点都位于同一水平线上（如 t_2L_2 线上）。当总组成在 t_2、L_2 之间变化时，两相各自的组成虽然始终不变，然而，此二相的相对量却在变化。两相的相对量可由杠杆规则确定。

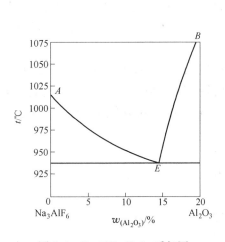

图 6-4　Na_3AlF_6-Al_2O_3 系相图

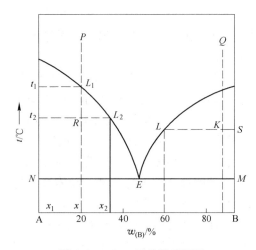

图 6-5　A-B 二元共晶系相图

图 6-5 为生成简单的共晶的 A-B 二元系相图，其横坐标用质量分数表示组成。设在 R 点，体系的质量为 W，总组成 x，t_2、L_2 两相的质量分别为 W_1 与 W_2，两相中 B 的质量百分组成分别是 x_1 和 x_2。体系的总质量应等于两相质量之和：

$$W = W_1 + W_2$$

体系中 B 的总质量也应等于两相 B 的质量之和：

$$xW = x_1 W_1 + x_2 W_2$$

整理后得：

$$W_1 \times \overline{t_2 R} = W_2 \times \overline{L_2 R}$$

$$\frac{W_1}{W_2} = \frac{\overline{L_2 R}}{\overline{t_2 R}} \quad 或 \quad \frac{固相量}{液相量} = \frac{\overline{L_2 R}}{\overline{t_2 R}}$$

$\overline{t_2L_2}$ 线好像一支杠杆，支点在 R，上式与力学的杠杆原理类似，故称为杠杆规则。利用杠杆规则可以计算平衡共存两相的相对数量及百分含量。

【例6-3】　见图6-5，如有150g含 B 为90%的 A-B 熔体自 Q 点冷却到 K 点时，固、液相的质量各为多少克？

解：设固、液相质量分别为 W_1 与 W_2，由图查得，冷却到 K 点的温度时，液相含 B 60%，固相含 B 100%，根据杠杆规则：

$$\frac{W_1}{W_2} = \frac{\overline{LK}}{\overline{KS}}$$

所以

$$\frac{W_1}{W_2} = \frac{90\% - 60\%}{100\% - 90\%} = \frac{3}{1}$$

而

$$W_1 + W_2 = 150\text{g}$$

解上述两式得：

固相质量 $\qquad\qquad W_1 = 112.5\text{g}$

液相质量 $\qquad\qquad W_2 = 37.5\text{g}$

6.4　生成化合物的二元系

二元系的两个组元之间能生成化合物，化合物有稳定的和不稳定两种。前者在熔点以前不发生分解，后者在未达熔点以前就分解。两种化合物的性质不同，所以相图的图形也不同。

6.4.1　生成稳定化合物的二元系

NaF-MgF$_2$ 二元系属于这种类型，图 6-6 是 NaF-MgF$_2$ 系相图。它与 Cd-Bi 二元系的不同点是此图有两个共晶点，并且在两个共晶点之间有一个最高点 M。这是因为 NaF 与 MgF$_2$ 以 1：1 的比例生成了化合物（NaF·MgF$_2$），此化合物有一定的组成和一定的熔点（M 点）。由于此化合物一直到熔点以前都不分解，所以叫稳定化合物。稳定化合物在熔化时生成液相的组成与固相相同，因此也叫同分熔点化合物。向此化合物中加入 NaF 或 MgF$_2$ 都会使熔点降低，所以得出从 M 点起向左右两侧逐渐降低的液相线。

如以 MN 线为界，将此相图分成两部分，则可将其看成是由两个简单共晶的相图合并而成。左半部也可看做是 NaF-NaF·MgF$_2$ 的二元系，E_1 是 NaF 与化合物的共晶点。右半部可以看做是 NaF·MgF$_2$ 与 MgF$_2$ 的二元系，E_2 是 MgF$_2$ 与化合物的共晶点。对于这两个简单共晶的二元系相图可按前节所述的方法去分析。

有些二元系的两个组元之间能生成多种稳

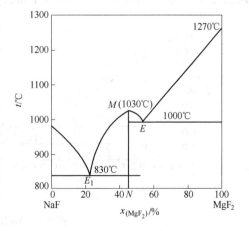

图 6-6　NaF-MgF$_2$ 系相图

定化合物。例如某些盐类与 H_2O 可能形成几种化合物，这时相图中就有若干个最高点。读这种图时可以把它分成若干个简单的相图来理解。图 6-7 是 H_2O-H_2SO_4 系相图。该体系能生成三种稳定的二元化合物：$H_2SO_4 \cdot 4H_2O$、$H_2SO_4 \cdot 2H_2O$，所以图中有三个最高点。整个相图可以分成四个简单相图。

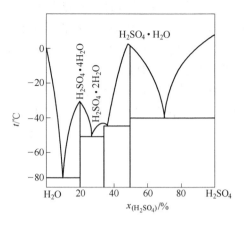

图 6-7　H_2O-H_2SO_4 系相图

6.4.2　生成不稳定化合物的二元系

所谓不稳定化合物就是温度还未达到熔点就分解的化合物。它没有熔点，只有分解温度，在相图上也没有像稳定化合物那样的最高点。Au-Bi 系相图属于这种类型。该体系形成一个不稳定的化合物 Au_2Bi，其组成如图 6-8(a) 中 C 点所示。化合物被加热到图 6-8（a）中 Q 点的温度就分解为另一固相和液相，即

$$Au_2Bi(s) === Au(s) + 液相（组成为 P）$$

PQR 线的温度就是此化合物的分解温度。分解后所得的固相 Au 和液相与原化合物 Au_2Bi 的组成不同，所以不稳定化合物也叫异分熔点化合物。在 PQR 线上，体系出现了化合物，固相 Au 和熔体三相平衡。各相组成分别以 Q、R、P 表示，自由度 $f = 2 - 3 + 1 = 0$。也就是说，处于 PQR 直线上各点的物系，其温度以及各相组成都是固定的。

现在讨论体系在冷却过程中的变化。设体系开始时在 S 点，其组成与化合物相同。S 点是均匀的熔体，冷却到 S_1 点时开始析出固体 Au。继续冷却，Au 不断析出，液相组成沿 S_1P 线按箭头所指方向变化。当冷却到 Q 点时，固体 Au 与组成为 P 的液相发生下列反应：

$$熔体 + Au(s) === Au_2Bi(s)$$

这是一个液相与一个固相的反应。新生成的固相（化合物）包围在原有的固相 Au 外面，因此该反应称为包晶反应，也叫转熔反应。P 点称为包晶点或转熔点。组成在 P、R 两点之间的任何熔体冷却到 PQR 线上都发生包晶反应。PQR 线称为包晶线（转熔线）。在

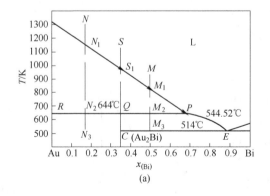

(a)

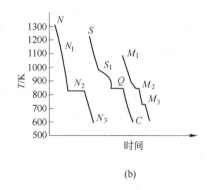

(b)

图 6-8　Au-Bi 系相图及步冷曲线

(a) Au-Bi 系相图；(b) Au-Bi 系步冷曲线

PQR 线上（R 点除外），由于有三个相平衡共存，故自由度等于零。在步冷曲线图 6-8 （b）上，温度降到转熔点时出现水平段。M 点熔体的冷却过程与 S 点有些不同。熔体冷却到 M_1 点时开始析出固相 Au。随着温度的下降，Au 不断析出，液相组成沿 M_1P 线变化。冷却到 M_2 点时液相组变为 P，发生包晶反应。因为物系的 Bi 含量高于化合物中的 Bi 含量（M_2 点位于 Q 的右侧），所以在包晶反应之后，固相 Au 将完全消失，而含 Bi 较高的液相必有剩余。温度降至低于 M_2 点之后，体系只有化合物与液相平衡共存。此后体系所发生的变化与简单的二元共晶系类似，冷却到 M_3 时发生共晶变化。

若体系从 N 点冷却时，则因总组成中 Au 的含量超过化合物的含 Au 量，所以冷到 N_3 点时应是化合物与固相 Au 平衡共存。E 点是共晶点，在 E 点的温度下化合物与固体 Bi 同时析出，体系为三相平衡共存，$f = 0$。

6.5 有固溶体生成的固-液系统

6.5.1 固态部分互溶的二元系

两组元在液态完全互溶，在固态部分互溶时就形成了这种类型的相图。这类相图又分为具有最低共熔和转变温度的两个类型。

6.5.1.1 固态部分互溶的共晶类型

这一类型的相图和简单二元共晶系相图相似，如图 6-9 所示，Ag-Cu 二元系属于此类型。将其与图 6-11 比较，二者的区别在于 Ag-Cu 系相图多出 ACG 和 BDF 两条线。Cd-Bi 熔体冷却时析出的是固态纯 Cd 或纯 Bi，所以表示固相组成的曲线与纵轴（温度轴）重合。而 Ag-Cu 熔体冷却时析出的不是纯固体，而是固体溶液，又称固溶体。一种是以 Ag 为主，其中溶有少量 Cu 的 α 固溶体，另一种是 Cu 多 Ag 少的 β 固溶体。它们的组成和所有熔体一样是可以在一定范围内变化的，α 和 β 是此类相图的两个单相区，在各自的区域内温度和组成都是可变的，因而是双变量

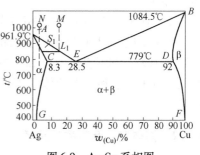

图 6-9 Ag-Cu 系相图

体系，$f = 2 - 1 + 1 = 2$。AE 和 BE 线是熔体开始结晶曲线或液相线，AC 和 BD 则是结晶终了曲线或固相线。在 AEC 和 BED 区内为固、液两相平衡共存，但所存在的固相不是纯组元而是一定条件下饱和的固溶体 α 和 β，在 AEC 内 L-α、在 BED 内 L-β 两相平衡共存，液、固两相的平衡组成可从两区的液相线和固相线读出。CG 和 DF 分别为 Cu 溶解在 Ag 中及 Ag 溶解在 Cu 中的溶解度曲线，线上任何一点表示 Cu 在 Ag 内及 Ag 在 Cu 内的饱和固溶体组成。E 点为共晶点，CED 线为共晶线，当温度降到共晶温度时，同时析出组成相当于 C 和 D 的 α 和 β 两种固溶体，体系三相平衡共存：

$$L(E) \rightleftharpoons \alpha(C) + \beta(D)$$

在 CED 共晶线上 $f = 0$，为无变量体系，当外压一定时，温度和三个相的组成均有确定值。温度再降低时，若两固相能始终保持平衡，则两固相的组成将分别沿 CG 和 DF 变化。

6.5.1.2　具有转变温度的固态部分互溶类型

图 6-10 为具有转变温度的固态部分互溶的二元
相图。在固溶体 α 和 β 之间不存在低共熔点，而有
一个转熔点 P。在没有生成固溶体的体系中，当向纯
物质内加入第二种组元时，总是引起熔点降低，但
在有固溶体生成的体系中却可能有相反的情形。由
图 6-10 可见，向 B 中加入 A 可使熔体的熔点有所下
降，而向 A 中加入 B 时熔体的熔点反而上升，与 α
固溶体平衡的液相线 MP 和与 β 固溶体平衡的液相线
NP 相交于 P 点，P 点高于 M 而低于 N，所以 P 不是
最低点，当然也就不是共晶点。在 P 点仍有三相平

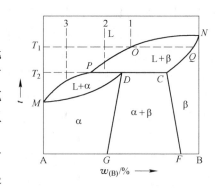

图 6-10　具有转变温度的
固态部分互溶的二元系

衡共存，即温度降到 P 点时有 α 固溶体（D）、β 固溶体（C）及熔体（P）平衡共存。不
难看出，P 点不在 D、C 两点之间，而在一侧，故与共晶点的情况不同，称 P 点为转熔点
或包晶点，所发生的转熔反应（包晶反应）：

$$L(P) + \beta(C) \Longrightarrow \alpha(D)$$

$f = 2 - 3 + 1 = 0$，此体系为不变体系。只有在消失一相之后体系的温度才能继续下降。
至于哪一相消失，则取决于各相的相对量，也就是取决于各相点间的相对位置，由杠杆规
则来判断。

设 1 体系冷却到 T_1 时液相 O 与 β 固溶体 Q 平衡，继续降温液相沿 OP、固相沿 QC 变
化，到 T_2 时发生 L + β ═ α 的包晶反应，由于 P 点的 L 相不足，C 点的 β 相过剩，故反应
结果 P 消失，剩下组成为 D 和 C 的 α 与 β 固溶体，温度再下降，α 和 β 分别沿 DG、CF
变化。对于 2 点和 3 点的体系可进行类似的分析。属于这一类型的体系还有 Hg-Cd、Ag-
Pt 等。

6.5.2　固态完全互溶的二元系

两个组元在液态和固态下能以任意比例互溶而不生成化合物。在相图中没有低共熔点
也没有最高点，液相线和固相线都是连续的平滑曲线，这种体系即为形成连续固溶体的体
系。形成连续固溶体一般应具备以下条件：

（1）两个组元的晶体结构相同；

（2）晶格参数的大小接近；

（3）原子结构相似，原子半径很接近，元
素电负性差别小；

（4）熔点相差不太远。

位于同族或邻近族的元素容易满足以上条
件，形成连续固溶体。连续固溶体也称完全固溶
体或无限固溶体。

图 6-11 的 Ag-Au 系相图属于连续固溶体类

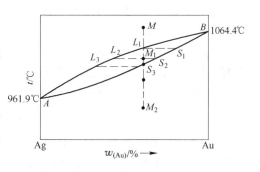

图 6-11　Ag-Au 系相图

型。相图中曲线 $AL_3L_2L_1B$ 为液相线，液相线以上为熔体。$AS_3S_2S_1B$ 为固相线，固相线以下为固溶体。两曲线中间区表示液相与固相平衡共存。组成为 M 点的熔体冷却时，到 L_1 点开始析出组成为 S_1 的固溶体。由于析出的固溶体含 Au 较多，所以液相中 Ag 含量相对增加。温度继续下降时，液相组成沿液相线变化，固相组成沿固相线变化。冷却到 M_1 点时，组成为 L_2 的液相与组成为 S_2 的固溶体平衡共存。冷却到 S_3 点的温度时，组成为 L_3 的液相消失，体系完全变为固相。

　　上述冷却过程是在极其缓慢的条件下进行的，固相和液相始终处于相互平衡的状态。实际上在晶体析出时，由于内部扩散进行得很慢，固相内部均匀化的速率低于结晶速率，所以造成了只有固溶体表面与液相平衡，固相内部来不及变化的情况，这就使析出固溶体表面的组成不同。如最先析出的固溶体具有 S_1 的组成，其中含有较多的高熔点组元 Au，以后析出的固溶体含 Au 量则逐渐减少。最先析出的部分在晶体的中央，后析出的则依次排布在外层，晶体内部和外部的 Au 含量不同。合金凝固后，其内部所产生的组成不均匀现象，称为偏析。偏析对合金质量可能造成不利影响，工业上用长时间加热的方法（扩散退火）可使体系趋向平衡并促进固相内部组成的均匀化。

　　图 6-12 是 W-Mo 系相图，工业上经常需要耐高温的特殊材料，钨的熔点很高但难以加工，所以加入钼制成钨钼合金以利于加工。与此同时必须注意合金的熔点要符合使用要求，由图 6-12 可以查得钨钼体系任何组成下的开始熔化温度。此合金的熔点随着钼含量的增加而降低，但是当 Mo 含量高达 50% 时，其开始熔化温度仍接近 3000℃。此外，工业上和实验室中常用的康铜合金（60% Cu、40% Ni）也属于完全互溶的固溶体。图 6-13 是 Cu-Ni 系相图。

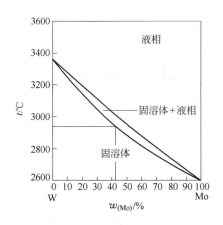

图 6-12　W-Mo 系相图

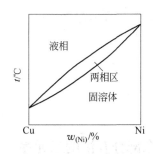

图 6-13　Cu-Ni 系相图

　　连续固溶体相图除上述这种形式外还有另外两种类型：具有最低熔点的连续固溶体类型，图 6-14 的 Cu-Au 系属于这种类型。这类相图可以看做由两个简单的连续固溶体二元系相图"联结"而成，在固溶体的最低熔点，固相与液相的组成相同，这与上述的具有恒沸混合物的沸点-组成图很相似。

　　区域熔炼是制备高纯金属的方法之一。其基本原理是利用同温度下杂质在固、液两相组成不同这个条件进行浓缩或提纯。此法对于生成完全互溶或部分互溶固溶体的体系都可应用。也就是说，对于图 6-9 或图 6-11 类型的体系都可用这个方法进行提纯。

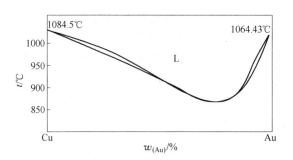

图 6-14　具有最低熔点的连续固溶体

　　将图 6-9 或图 6-11 的一角放大，可得图 6-15，设该体系为 A-B 二元系。在图 6-15 所示的范围内，B 的浓度较 A 小得多，可视为杂质。现设某金属中 B 的原始浓度为 c_0，将金属加热熔化，再冷却，温度降到液相线上的 L_1 点时，析出组成为 S_1 的固溶体。S_1 中杂质 B 较原金属少。若把第一次析出的 S_1 固溶体再一次熔化，冷却，则第二次析出的固溶体 S_2 中的杂质就更少。如此重复多次，最后可得高纯金属 A。实际做法是把金属制成棒状，放在管式炉中，管外绕上可移动的加热环如图 6-15 所示。开始时加热环位于管的左端，加热此区域使金属熔化，然后由左向右缓慢移动加热环，当加热环离开左端后，左端开始凝固，析出的固溶体中杂质 B 的含量比原来的少。把加热环均匀地移动到最右端以后，再使其返回左端，然后又继续加热使之向右均匀缓慢地移动，此时左端析出的固相中含杂质 B 更少。如此重复多次，最后就把杂质从左端"赶"到右端，在左端得到高纯金属。这就是区域提纯的基本原理。采用这种方法可使金属中杂质含量减少到亿分之一，甚至亿万分之一。

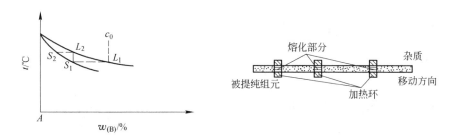

图 6-15　区域熔炼原理

6.6　液态部分互溶的二元系

　　水-苯胺二元系属于这种类型。图 6-16 为该体系恒压下的相图。

　　20℃，向水中加入少量苯胺，溶解后形成均匀溶液，体系只有一个液相。再加少量苯胺，只要浓度不超过 3.1%（质量分数），体系就只有一相。3.1% 是苯胺在水中的饱和浓度（图中 A 点）。苯胺超过 3.1% 时，则出现两个液层。上层是含苯胺 3.1% 的水溶液，下层是含水 5% 的苯胺溶液。继续加入苯胺，两液层各自的组成

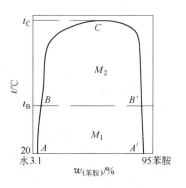

图 6-16　水-苯胺系相图

也不变，只是下层的量越来越多。当整个体系中苯胺含量大于95%，水含量小于5%时，上层消失，只剩下含少量水的苯胺溶液。这个事实说明，20℃时，水中最多可溶解3.1%苯胺，苯胺中最多可溶解5%的水。以温度为纵轴，组成为横轴，可以作出苯胺和水在20℃时相互溶解的两点 A 和 A'。改变温度进行同样的实验，则可得两个点（如 B 和 B'）。温度愈高，这两点靠得愈近，即相互溶解度愈来愈大，当温度超过 t_C 时，水和苯胺将完全互溶。把这些点联结起来，即得到水和苯胺的相互溶解度曲线，或称分层曲线。t_C 的温度称为临界溶解温度。高于临界溶解温度，体系只有一个相，自由度 $f = 2 - 1 + 1 = 2$，即体系的状态需由温度和组成两个变量来确定。若物系点位于曲线以内，则体系由两个液相平衡共存，自由度 $f = 2 - 2 + 1 = 1$，温度、组成两个量当中如有一个确定，则另一个量就可随之确定。例如当温度为20℃，两液相的苯胺分别等于3.1%和95%，当温度为 t_B 时，两相的组成分别为 B 和 B'。反过来也同样，如某一相的组成确定后，则温度和另一相组成也就随之确定。

6.7　钢铁冶金的主要二元渣系相图

6.7.1　CaO-SiO$_2$ 系相图

图 6-17 为 CaO-SiO$_2$ 系相图。

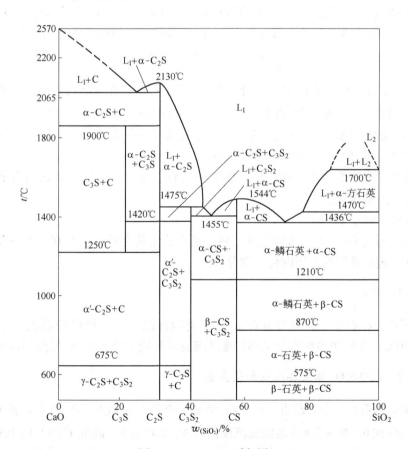

图 6-17　CaO-SiO$_2$ 系相图

6.7.1.1　体系的四种化合物

A　CaO·SiO$_2$（CS）

此化合物的分子式也可写成 CaSiO$_3$，名为偏硅酸钙或硅石灰，是稳定的化合物，熔点 1544℃。1125℃时发生晶型转变：α 和 β 是偏硅酸钙的两种晶型。

$$\alpha\text{-CaO-SiO}_2 \xrightleftharpoons{1125℃} \beta\text{-CaO-SiO}_2$$

B　3CaO·2SiO$_2$（C$_3$S$_2$）

分子式可写成 Ca$_3$Si$_2$O$_7$，名为二偏硅酸三钙，在自然界中以硅钙石存在，是不稳定化合物，在 1464℃时分解。

C　2CaO·SiO$_2$（C$_2$S）

分子式可写成 Ca$_2$SiO$_4$，名为正硅酸钙或硅酸二钙。在 CaO-SiO$_2$ 体系中，它属于最稳定的化合物。熔点 2130℃。有 α、α′、β 和 γ 四种晶型。该化合物加热时的晶型转变顺序为：

$$\gamma \xrightarrow{725℃} \alpha' \xrightarrow{1450℃} \alpha$$

冷却时的晶型转变顺序与此不同。由于 α′-C$_2$S 与 γ-C$_2$S 在结构上有很大差异，所以在冷却时 α′-C$_2$S 往往出现过冷现象，在 670℃首先转变成结构与 α′-C$_2$S 相近的 β-C$_2$S。温度降至 525℃后，再由 β-C$_2$S 转变为 γ-C$_2$S。因此冷却时 C$_2$S 的晶型转变顺序为：

$$\alpha \xrightarrow{1450℃} \alpha' \xrightarrow{670℃} \beta \xrightarrow{525℃} \gamma$$

由此可见，β-C$_2$S 是亚稳状态（介安状态）不是真正的稳定状态。由于 β-C$_2$S 和 γ-C$_2$S 的密度不同（分别为 3.20 和 2.94g/cm^3），所以 β-C$_2$S 在冷却变成 γ-C$_2$S 时，体积要增大约 9%，使 C$_2$S 晶体发生粉化现象。采用急冷方法可使 β-C$_2$S 来不及转变为 γ-C$_2$S，仍以 β 晶型存在，此法可避免粉化现象的产生。

因为相图是在平衡状态下作出的，故图中没有表示 β-C$_2$S 的区域而只有表示 α-C$_2$S、α′-C$_2$S 和 γ-C$_2$S 的区域。

D　3CaO·SiO$_2$（C$_3$S）

分子式可写成 Ca$_3$SiO$_5$，名为硅酸三钙，是不稳定化合物，只有在 1250～2150℃范围内稳定存在。超出该温度范围时化合物分解。

6.7.1.2　SiO$_2$

有 β-石英、α-石英、α-鳞石英及 α-方石英四种晶型。晶型转变温度分别为 575℃、870℃、1470℃。在相图中所有的晶型转变线都是用注明温度的横轴平行线表示的。

6.7.1.3　CaO-SiO$_2$ 体系共晶点和包晶点

CaO-SiO$_2$ 体系有三个共晶点：E_1、E_2 和 E_3。有两个包晶点：P_1 和 P_2。此外在相图的左部，含 CaO 在 0.6%～2.8% 的组成范围内（A、B 两点），温度 1705℃以上时，液相有分层现象。温度升高时，两液相的饱和浓度相互接近。有资料表明，当温度达到 2100℃，

CaO 含量为 10% 左右时两液相区消失，成为单一液相。

6.7.1.4 应用举例

造渣是冶炼过程的重要环节，为保证冶炼的正常进行，要求炉渣具有较低的熔点，以便使金属和脉石互相分离。由图 6-17 可见，当 CaO 含量为 50% 时熔点较低。所以在高炉炼铁生产中把渣碱度（CaO%/SiO$_2$%）选在 0.9 ~ 1.2 之间，在这个组成范围内，高炉渣中 CaO 与 SiO$_2$ 可能生成 CS 和 C$_3$S$_2$。

CaO-SiO$_2$ 体系内的四种化合物各具有不同的特性，在工业生产中要根据需要控制化合物的生成。例如，β-C$_2$S 变成 γ-C$_2$S 时体积增大，在为钢铁提供的原料烧结过程中，应尽量避免生成正硅酸钙，因为体积膨胀会使已经烧好的烧结矿石在冷却中粉碎。与此相反，在电炉炼钢时要求炉渣中产生较多的正硅酸钙，因为它能增大钢渣的界面张力，减少钢中夹杂物，有助于提高钢质量。

6.7.2 Al$_2$O$_3$-SiO$_2$ 系相图

图 6-18 是 Al$_2$O$_3$-SiO$_2$ 体系的相图，Al$_2$O$_3$ 是两性氧化物，能在酸性氧化物存在时显示碱性，故能与强酸性氧化物 SiO$_2$ 生成稳定的化合物：3Al$_2$O$_3$·2SiO$_2$（A$_3$S$_2$），称莫来石。形成的 A$_3$S$_2$ 还可溶解微量 Al$_2$O$_3$（Al$_2$O$_3$ 含量可扩大到 78%），形成莫来石固溶体，其熔点为 1850℃，并能分别与 Al$_2$O$_3$ 及 SiO$_2$ 形成共晶体。

6.7.3 CaO-Al$_2$O$_3$ 系相图

图 6-19 是 CaO-Al$_2$O$_3$ 体系的相图。Al$_2$O$_3$ 在此显示酸性，与碱性氧化物 CaO 生成一系列复杂化合物。图 6-19 中有 5 个化合物，CA$_6$ 和 C$_3$A 是不稳定化合物，而 C$_{12}$A$_7$、CA、CA$_2$ 则是稳定化合物。除 C$_{12}$A$_7$ 外，这些化合物均有较高的熔点或分解温度。C$_{12}$A$_7$ 的熔点为 1455℃，如本体系的成分在 CaO = 45% ~ 52% 范围内，能在 1450 ~ 1550℃ 温度下出现液相区。所以配制炉外合成渣常选择这个成分范围。

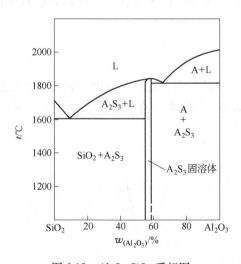

图 6-18 Al$_2$O$_3$-SiO$_2$ 系相图

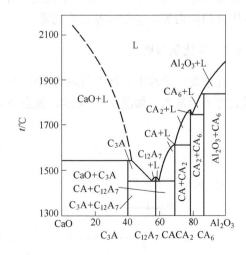

图 6-19 CaO-Al$_2$O$_3$ 系相图

6.8   三元系相图的组成表示法

对于凝聚体系，相律为 $f = K - \varphi + 1$，因为三元系有三个独立组元，故 $f = 3 - \varphi + 1 = 4 - \varphi$。当 $\varphi = 1$ 时，$f = 3$；而 $f = 0$ 时，$\varphi = 4$。若保持压力不变，则三元系最多可能有四相平衡共存，自由度最多等于 3。描述三元系必须有三个独立变量，绘制三元系相图需要三个坐标，相图要用空间图形表示。三元系相图的三个变量是温度以及两个组元的浓度，第三组元的含量可通过计算得到。下面先讨论三元系的组成表示法。

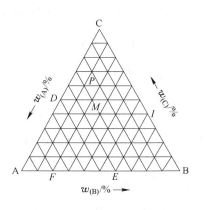

图 6-20   浓度三角形

三元系的组成是用等边三角形，又称浓度三角形（图 6-20）来表示的。首先画一个等边三角形，每边全长为 100%，等分 10 格，每格为 10%，三角形的三个顶点分别代表三个纯组元 A、B、C，如顶点 A 表示 A 的组成为 100%。三条边分别代表三个二元系的组成，如 BC 边代表 B-C 二元系的组成，BC 边上的 I 点含 C = 40%，B = 60%，含 A = 0%。三角形内的所有各点都表示三元系的不同组成。利用平行线法可读出三角形内一点所表示的三元系组成。以 M 点为例，过 M 点作 A 点对边 BC 的平行线交 AC 边于 D 点，则 CD 就是 A 的含量为 40%。再过 M 点作 B 点对边 AC 的平行线交 AB 边于 F 点，则 AF 就是 B 的含量为 20%。同理作 C 点对边 AB 的平行线交 BC 边于 I 点，则 BI 表示 C 的含量为 40%。三者之和等于 100%（用初等几何可证明此关系）。反之，若已知三元系的任一组成，则在浓度三角形内可找到对应的一点。三角形内的物系点离某顶点愈近，所含该顶点的组元愈多。

浓度三角形内存在着下列几个规则。这些规则都可以用初等几何证明。

6.8.1   等含量规则

如图 6-21 所示，在平行于 BC 的直线 MN 上的各点，例如 x_1、x_2、x_3，其 A 组元的百分含量相等，都等于 NC。即位于浓度三角形内某一边平行线上的各点，所含此边对应顶点组元的量相等。这就是等含量规则。

6.8.2   定比例规则

在浓度三角形中，顶点与对边上任意一点连线上的所有各点，所含其余两顶点组元的量之比等于常数。如图 6-22 所示，顶点 A 与对边 BC 上任意一点 N 的连线为 AN，在 AN

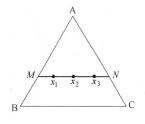

图 6-21   等含量规则

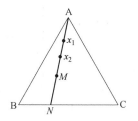

图 6-22   定比例规则

上的 x_1、x_2、M 点的体系中 $\dfrac{B\%}{C\%} = \dfrac{NC}{BN} =$ 常数。

由此可以推论：当 M 点的物系析出组元 A 时，因熔体中 A 减少，所以组成离顶点 A 要远些。又因为析出纯 A 时并未改变原有的 B、C 含量之比，因此熔体的组成将沿着 AM 的延长线移动，直至完全析出时达 N 点。

6.8.3　直线规则

如果由组成 D、E 的两体系混合而成一个总体系（图 6-23），则总体系的组成点一定在直线 DE 上，而且两体系的质量比可由杠杆规则确定：

$$D \text{ 的质量}：E \text{ 的质量} = \overline{FE}：\overline{DF}$$

这个规则称为直线规则。

6.8.4　重心规则

如果组成总体系的是 D、E、F 三体系如图 6-24 所示，则可按直线规则先求出 D 和 E 所构成的体系 G 点，然后再连结 G 与 F，求出 G 和 F 所构成的总体系 K 点的组成。这样求得的组成，一定在三角形 DEF 之内。K 点相当于 D、E、F 三个体系的力学重心。对于 D、E、F 三体系质量相等的特殊情况，K 点就是三角形 DEF 的几何重心。

图 6-23　直线规则

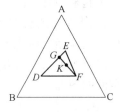

图 6-24　重心规则

6.9　三元系相图的几种基本类型

6.9.1　简单共晶体三元系相图

此相图是三元系相图中最简单的一种。在这种类型的三元系中，每两个组元之间都属于简单二元共晶系，三元系内不形成化合物。Bi-Sn-Pb 系属于这种类型。如图 6-25 所示，T_{Pb}、T_{Bi}、T_{Sn} 分别代表纯 Pb、纯 Bi、纯 Sn 的熔点。三棱柱的三个侧面：$PbSnT_{Sn}T_{Pb}$、$SnBiT_{Bi}T_{Sn}$ 以及 $BiPbT_{Pb}T_{Bi}$ 分别代表三个简单共晶的二元系，即 Pb-Sn、Sn-Bi、Bi-Pb 系。它们的共晶点分别为 e_1、e_2、e_3。三棱柱的上方是三个曲面：$T_{Sn}e_1ee_2$、$T_{Bi}e_2ee_3$ 和 $T_{Pb}e_1ee_3$，在曲面以上，体系全部为液相。当熔体冷却到曲面时，开始结晶，析出一个固相，因此这些曲面称为液相面。在液相面上，液相与固相平衡共存，自由度 $f = 3 - 2 + 1 = 2$。这些液相面可以看成是由于第三组元的加入，使二元系的液相线扩展为面的结果。

液相面彼此相交，形成三条交线 e_1e、e_2e 和 e_3e。在这些交线上同时析出两个固相，所以称为二元共晶线。这可以看成是由于第三组元的加入使二元共晶点延伸的结果。在线上有两个固相与一个液相平衡共存 $\varphi = 3$，$f = 3 - 3 + 1 = 1$。例如在 L_3 点析出的纯 Sn 与纯 Bi 两个固相与组成为 L_3 的液相平衡共存。

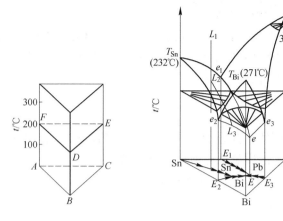

图 6-25　Bi-Sn-Pb 系相图

e 点是三元共晶点，是三条二元共晶线的交点。在三元共晶点上有三个固相（Sn、Pb 和 Bi）一个液相（组成为 e 点所示）平衡共存，共 4 相，所以 $f = 3 - 4 + 1 = 0$，即 e 点为该体系的无变量点。e 点的温度也是体系最低的熔点，冷却到此点以下，液相消失，体系完全凝固为固相，所以 e 点又称为最低共熔点。

立体图使用起来多有不便，实际中普遍采用平面投影图代替立体图。所谓投影图（图 6-26），就是把立体图中所有的点、线、面都垂直投射到底面三角形内所得的图，利用这种投影图就可使立体相图简化为平面的相图。立体图中的点、线、面的平面投影图内均能找到与其一一对应的关系。只要能够很好地掌握二者之间的关系，即可由平面图正确而迅速地想象出空间的图像。

在图 6-26 中，E 是三元共晶点 e 的投影，二元共晶点的投影分别为 E_1、E_2、E_3，二元共晶线的投影为 E_1E、E_2E、E_3E。这三条线的箭头指向 E 点，表示 E_1、E_2、E_3 的温度高于 E 点。箭头所指的方向是温度降低的方向。区域 PbE_1EE_3 是液相面 $T_{Pb}e_1ee_3$ 的投影，组成位于此区域内的熔体冷却时首先析出纯 Pb，故 PbE_1EE_3 区称为 Pb 的初晶区。同理，SnE_1EE_2 是液相面 $T_{Sn}e_1ee_2$ 的投影，为 Sn 的初晶区。BiE_2EE_3 则为 Bi 的初晶区。

在图 6-26 中标有温度数字的曲线称为等温线，同一等温线上各点的初晶温度相等。等温线就是平行于底面（垂直于纵轴）的等温横截面与液相面的交线在底面上的投影。等温线的温度越低，表明体系的熔点越低。在接近于纯组元处，熔点较高，所以等温线的温度也高。

现在讨论一下熔体的冷却过程。见图 6-26，熔体开始时处于 L_1 状态，冷却到液相面上的 L_2 点时，开始析出固体 Sn。由于熔体中 Sn 的含量减少，Pb、Bi 的含量则相对增加，随着温度的降低，液相组成在液相面上背离 T_{Sn} 点变化（沿箭头方向）。当液相组成变化到 e_2e 线上的点 L_3 时，Bi 和 Sn 同时析出。温度继续下降，液相组

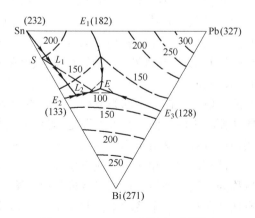

图 6-26　Bi-Sn-Pb 系的平面投影图

成沿 e_2e 线变化，达 e 点为止。温度再下降，体系为三个固相平衡共存。

上述这一冷却过程可以在投影图上表示出来。见图 6-26，体系开始位于 L_1 点，因 L_1 在 Sn 的初晶区内，所以熔体冷却到液相面时首先析出 Sn。由于 Sn 的析出，熔体中 Pb、Bi 的浓度增加，但 Pb%/Bi% 不变，所以液相组成一定是沿着 Sn 与 L_1 点的连接线，并按背离 Sn 点的方面而变化，即由 L_1 向 L_3 方向变化。在 SnL_1 的延长线与 E_2E 的交点处，L_3 中又有 Bi 同时析出，此后液相组成沿 L_3E 变化直到 E 点。

冷却过程中固相的平衡组成可以根据直线规则求得。当熔体冷却，组成达到 L_3 点后 Bi 和 Sn 的固体同时析出。如果把这两种固体看作一个体系，则根据直线规则，这个固相体系的组成点、液相组成点与总组成点（L_1）三点必然在一条直线上。例如，当液相达到 L_4 点（图 6-26）时，固相平衡组成应在 L_4 点与 L_1 连线的延长线与 SnBi 边的交点 S 上，因为此时固相中没有 Pb 存在，固相平衡组成一定在 SnBi 边上。此时

$$固相质量：液相质量 = \overline{L_1L_4}：\overline{SL_1}$$

综上所述不难看出，在液相面以上体系只有一液相，在液相面与通过三元共晶点的等温面之间可能是一固相与液相平衡共存，也可能是两固相与液相平衡共存。在三元共晶点以下为三个固相平衡共存。

金属形成合金后，其熔点显著降低，所以合金的熔点往往比纯金属低得多。这点在工业上有重要应用。例如含 Bi 50%、Pb 25%、Sn 12.5%、Cd 12.5% 的伍德合金它在 70℃ 熔化，这个温度比易熔的 Sn 的熔点（232℃）还低许多，它比 Bi-Sn-Pb 三元系的共晶温度也低，这是因为向三元系中又加入了 Cd，从而进一步降低了合金熔点的缘故。这种低熔合金可用来做保险丝和锅炉的安全阀。

6.9.2　具有稳定二元化合物的三元系相图

图 6-27 是 A-B-C 三元系的平面投影图。此类相图中具有一个稳定的二元化合物 A_mB_n，此化合物的组成用 AB 边上的 D 表示。化合物的初晶区 $E_1E_2E_6E_5$ 以 A_mB_n 标明，图中有两个三元共晶点 E_5 和 E_6。

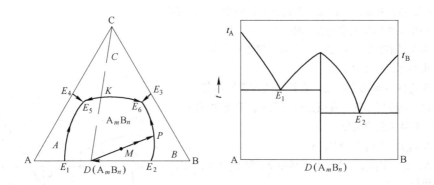

图 6-27　具有一个二元稳定化合物的三元系相图

对照图 6-27 可以看出，两者有着密切的联系。上面的三元系相图的 AB 边就是 A-B 二元系相图的垂直投影。从 D 点开始，向 A_mB_n 中加入第三组元 C 时，体系的组成将沿直线 DC

移动（图为 A、B 的相对量不变）。A_mB_n-C 是一个新的二元系，K 点则是此二元系的二元共晶点，因此可把 A-B-C 这个三元系相图看成是由两个简单的三元系相图 A-D-C 和 B-D-C 组合而成的，而且此二图都属于生成简单共晶的类型。E_5、E_6 分别为两个三元系的三元共晶点。

因为 K 是 D-C 二元系的二元共晶点，所以从 K 到 E_5 和 E_6 都是温度降低的方向。在 E_5E_6 曲线上 K 点温度最高。KDE_2E_6 和 KDE_1E_5 区均为 A_mB_n 的初晶区，所以整个 $E_1E_5KE_6E_2$ 区为化合物的初晶区。

现在分析一下冷却过程。设有组成为 M 的溶液，因 M 点位于三角形 BDC 内，所以当凝固过程结束时最后得到的固相应由此三角形的三个顶点组成，而且凝固过程结束于三固相初晶区的会合点 E_6。从 M 点开始冷却，首先析出化合物 D（因 M 位于化合物初晶区内），继续冷却，化合物不断析出，液相组成沿着 D、M 点连线的延长线 MP 变化，达 P 点时 B 与化合物同时析出，液相组成沿 E_2E_6 变化，达 E_6 点，C 也开始析出，体系为四相平衡共存，$f=0$。

6.9.3　具有一个三元稳定化合物的三元系相图

图 6-28 属于这类相图。体系内生成一个三元稳定化合物 $A_mB_nC_p$，其组成用 D 点表示。因为是三元化合物，所以它的组成位于 △ABC 内，而不是在三角形的边上。因为它是稳定化合物，所以有自己的熔点，在相图中，像二元稳定化合物一样，也有它自己的最高点。从 D 点连结三条直线：AD、BD 和 CD，则 △ABC 被分割成三个小三角形：△ADB、△BDC 和 △CDA，可以将每个小三角形看作是一个简单共晶三元系。它们各有自己的三元共晶点。初晶区的确定和冷却过程的分析方法与前类似，不再详述。

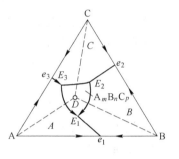

图 6-28　具有一个三元稳定化合物的三元系相图

习　题

6-1　下面说法是否有错误？错在什么地方？试用相律加以说明。

（1）一个平衡体系最多只有三相（气、液、固）。

（2）多元系的相数一定多，单元系的相数一定少。

（3）水的冰点自由度为零。

（4）无论体系有几个组元，当其从液相缓慢冷却析出固相时，其温度不变，直至完全凝固后，温度才下降。

6-2　计算下列体系的自由度。

（1）$N_2(g)$、$H_2(g)$、$NH_3(g)$；

（2）$N_2(g)$、$H_2(g)$、$NH_3(g)$ 其中 N_2 和 H_2 均由 NH_3 分解而得。

6-3　利用 H_2O-NH_4Cl 系相图（图 6-29）回答下列问题。

（1）将一小块 $-5℃$ 的冰投入 $-5℃$ 的 15% 的 NH_4Cl 的溶液中，这块冰将起什么变化？

（2）在 12℃ 将 NH_4Cl 晶体投入 25% 的 NH_4Cl 的溶液

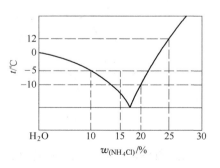

图 6-29　H_2O-NH_4Cl 系相图

中，NH_4Cl 晶体会溶解吗？

（3）100g 25% 的 NH_4Cl 溶液冷却到 $-10℃$，加入多少水（保持温度不变）方能使析出的 NH_4Cl 重新溶解？

6-4 什么是二元共晶点？什么是二元包晶点？如何从相图中识别它们？

6-5 根据 Ag-Cu 系相图（图 6-30）回答：

（1）当冷却 100g 70% Cu 的溶液到 850℃时有多少固溶体析出？

（2）如 100g 合金含 70% Cu，850℃平衡时，在熔体和固溶体间铜如何分配？

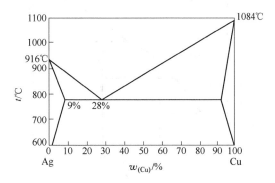

图 6-30 Ag-Cu 系相图

6-6 指出图 6-31 与图 6-32 中的二元系相图中所有的单相区、两相区和三相线。

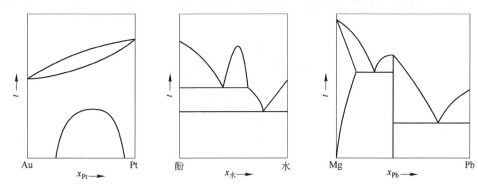

图 6-31 Au-Pt、酚-水和 Mg-Pb 二元系相图

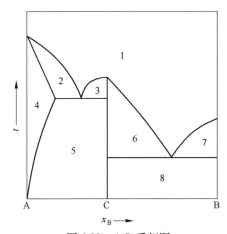

图 6-32 A-B 系相图

6-7 图 6-33 为 A-B 二元相图，其中 A 代表 H$_2$O，B 代表难挥发组元。

(1) 说明此各不变系所存在的相；

(2) P 点代表体系某一状态，用冷却办法能得到纯 M_1 吗？要得到最大量的纯 M_1 应冷却到什么温度？

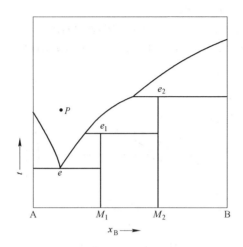

图 6-33   A-B 系相图

6-8 说明图 6-34 中 M_1 点和 M_2 点熔体的冷却过程。

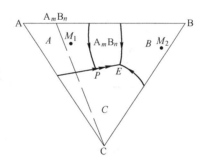

图 6-34   A-B-C 系相图

第 2 篇

冶金反应动力学

冶金反应过程的动力学

+‑+

【本章学习要求】

（1）了解化学反应速率的定义，理解反应速率的实验测定方法。

（2）明确基元反应和质量作用定律及反应级数的概念，熟练掌握一级和二级反应的速率方程、半衰期及其应用。

（3）熟练掌握反应级数的测定方法及其有关的计算。

（4）了解多相反应的基本步骤，理解吸附化学反应的速率，掌握分子扩散、扩散系数和有效边界层的概念。

（5）掌握双膜理论，理解温度对反应速率常数及扩散系数的影响，明确气-固反应的动力学模型。掌握速率限制环节的确定方法。

（6）了解硫在渣、钢中的存在形式及其硫对钢质量的影响，掌握脱硫反应的分子方程式和离子方程式，明确脱硫反应的传质动力学及其在不同条件下的限制环节。

（7）了解固体氧化物直接还原反应机理，明确固体氧化物直接还原的速率式，掌握熔渣中氧化物直接还原的热力学条件。

（8）了解元素反应速率式，掌握锰、硅和磷的氧化速率式及其在不同条件下的限制环节。

（9）了解氧对钢质量的影响，掌握脱氧的原理和分类，熟悉常用脱氧剂的特性，明确钢液脱氧过程的动力学条件。

（10）了解脱碳反应动力学条件，掌握脱碳速率方程和 CO 气泡新相产生的条件、长大及排除方法。

+‑+

7.1 反应速率及测定方法

7.1.1 化学反应速率的表示方法

化学反应速率常用单位体积、单位时间内的反应进度来表示。时间单位根据速率的快慢可以用秒、分、时，甚至日、年等表示。

$$aA + bB \Longrightarrow gG + dD$$

反应速率用反应进度（ξ）的概念来表示，即反应速率就是反应进度随时间的变化率：

$$v = \frac{d\xi}{dt}$$

这样表示的反应速率与前面的表示法的关系为：

$$v = \frac{d\xi}{dt} = \frac{V}{g}\frac{dc_G}{dt} = \frac{V}{d}\frac{dc_D}{dt} = -\frac{V}{a}\frac{dc_A}{dt} = -\frac{V}{b}\frac{dc_B}{dt}$$

式中，$\frac{dc}{dt}$ 前乘上体积 V 是为了使物质的浓度变化变成物质的量变化。

7.1.2　反应速率的实验测定方法

　　化学反应速率的实验测定方法有化学法和物理法。化学方法是用化学分析直接测定反应过程中不同时间里反应物或产物的浓度。这种方法的缺点是：为了防止分析操作时反应继续进行，应采取必要的措施，如移去催化剂、加入阻化剂、冲稀或除去反应物等。物理法是利用反应物和产物的某种物理性质如气体压力、体积、旋光度、折射率、颜色、介电常数、电导和电势等的差别以及它与浓度的关系来计算反应速率。物理法的优点是节省时间，可以连续在反应容器内直接测定，消除了取样误差，易于采用自动化和连续记录装置。其缺点是：浓度是间接测定的，当有少量副产品或杂质存在时，有可能引起很大误差。

7.2　反应速率与浓度的关系

7.2.1　基元反应

　　一般来说，一个化学反应方程式只表示反应的初态、末态，也就是说，只是表明反应的原始物是什么，产物是什么以及反应的计量系数。至于反应的历程，即反应机理怎样，由原始物变成产物的过程中，要经过什么步骤，这从反应式是看不出来的。事实上，化学反应一般由若干个简单步骤组成。每一个简单步骤称为一个基元反应（或称单元反应）。反应由哪些基元反应组成，这就是研究反应机理的中心内容。

　　例如反应：　　　　　　　　　$H_2 + Cl_2 \Longrightarrow 2HCl$

是由下列几个步骤构成的：

$$Cl_2 \longrightarrow 2Cl \cdot \tag{1}$$

$$Cl \cdot + H_2 \longrightarrow HCl + H \cdot \tag{2}$$

$$H \cdot + Cl_2 \longrightarrow HCl + Cl \cdot \tag{3}$$

$$Cl \cdot + Cl \cdot \Longrightarrow Cl_2 \tag{4}$$

以上（1）至（4）都是基元反应。

　　化学动力学把基元反应中相互作用物质的分子总数称为该基元反应的分子数。只有一个分子参加的反应称为单分子反应。例如放射性元素的蜕变 $Ra \rightarrow Rn + \alpha$ 或某些气体的离解，如 $Br_2 = 2Br$。有两个分子参加的反应称为双分子反应，例如：$NO + O_3 = NO_2 + O_2$，经研究知道，反应是由 NO 和 O_3 两个分子碰撞而进行的。反应的分子数只有单分子反应、双分子反应和三分子反应三种。三分子反应是很少的，更多分子数的反应还没有发现过。

7.2.2　质量作用定律

基元反应速率与反应物浓度的关系可以用质量作用定律来表示。质量作用定律是：在一定温度下，基元反应速率与各反应物浓度适当方次的乘积成正比。反应物浓度的方次等于反应式中该反应物的系数。例如，反应式为：

$$aA + bB = gG + dD$$

$$v = -\frac{dc_A}{dt} = kc_A^a c_B^b \tag{7-1}$$

式中，k 是比例系数，不随浓度而变，称为反应速率常数或反应比速。它的物理意义是反应物浓度都是 1 浓度单位时的反应速率。k 值的大小取决于参加反应物质的本性、溶剂性质和温度等。另外，k 值与浓度和时间所采用的单位及按哪一个反应物来表示反应速率都有关系。通常浓度的单位是 mol/L，时间的单位是 s 或 min。

7.2.3　反应级数

如上所述，由于反应机理在很多情况下还不知道，因而不能按质量作用定律直接写出其速率方程。速率方程中的浓度方次只能由实验确定，其结果与式 7-1 类似：

$$v = -\frac{dc_A}{dt} = kc_A^\alpha c_B^\beta \cdots \tag{7-2}$$

$$n = \alpha + \beta + \cdots$$

式中，n 为反应级数。α、β 由实验确定。反应级数就是反应速率方程式中各物质浓度方次之和。例如实验指出，NO_2 分解反应的速率与 NO_2 浓度的平方成正比，则反应：

$$2NO_2 = 2NO + O_2$$

是二级反应，遵从下面的速率方程：

$$-\frac{dc_{NO_2}}{dt} = kc_{NO_2}^2$$

又如反应：$\qquad H_2 + Cl_2 = 2HCl$

由实验知道遵从速率方程：$\qquad \frac{dc_{HCl}}{dt} = kc_{H_2} c_{Cl_2}^{\frac{1}{2}}$

因此该反应是 1.5 级反应。

7.2.4　一级反应

设反应 A→B + C 为一级反应，以 c 表示 A 的浓度，则

$$-\frac{dc}{dt} = kc$$

$$\frac{dc}{dt} = -kc$$

积分得
$$\ln c = -kt + B \tag{7-3}$$

式中，B 为积分常数，其值可确定如下：

设反应开始时（$t=0$），反应物浓度为 c_0，代入式 7-3 得 $B = \ln c_0$ 从而可得：

$$\ln c = -kt + \ln c_0$$

或

$$k = \frac{1}{t}\ln\frac{c_0}{c} \tag{7-4}$$

设 x 为时间 t 内反应物变化的浓度，则 $c = c_0 - x$，式 7-4 变成：

$$k = \frac{1}{t}\ln\frac{c_0}{c_0 - x} \tag{7-5}$$

反应进行到原始物耗去一半，即 $x = \dfrac{c_0}{2}$ 时，所需时间称为半衰期，以符号 $t_{\frac{1}{2}}$ 表示。

以 $t = t_{\frac{1}{2}}$ 和 $x = \dfrac{c_0}{2}$ 代入式 7-5 得半衰期为：

$$t_{\frac{1}{2}} = \frac{\ln 2}{k} \tag{7-6}$$

由此式可以看出，一级反应的半衰期只决定于 k，与原始物的初始浓度 c_0 无关，这是一级反应的特征之一。另一特征是 $\ln c$ 与时间 t 成直线关系（见式 7-3 和图 7-1）。根据这些特征就可以判断反应是不是一级的。

一级反应的例子有镭的放射蜕变、碘蒸气的理解、五氧化二氮的分解等。

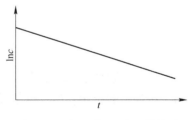

图 7-1　一级反应 $\ln c$ 与 t 的关系

【例 7-1】　已知 25℃ 时，有过量盐酸存在下，乙酸甲酯的水解反应对乙酸甲酯为一级反应：

$$CH_3COOCH_3 + H_2O \xrightarrow{H^+} CH_3OH + CH_3COOH$$

$k = 5.6 \times 10^{-5}\,s^{-1}$。求反应的半衰期以及反应 100min 后乙酸甲酯的水解度（已水解部分与原始浓度之比）。

解：因这个反应是一级反应，根据式 7-6：

$$t_{\frac{1}{2}} = \frac{\ln 2}{k} = \frac{0.693}{5.6 \times 10^{-5}} = 1.24 \times 10^4\,s$$

根据式 7-5　　　$\ln\dfrac{c_0}{c_0 - x} = kt = 5.6 \times 10^{-5} \times 100 \times 60 = 0.336$

$$\frac{c_0}{c_0 - x} = 1.4$$

$$水解度 = \frac{x}{c_0} = 1 - \frac{c_0 - x}{c_0} = 1 - \frac{1}{1.4} = 0.29$$

7.2.5 二级反应

反应速率和一个物质浓度的平方或两个物质浓度的乘积成正比，这样的反应叫二级反应。

设二级反应为

$$2A \longrightarrow B + C$$

则

$$-\frac{\mathrm{d}c}{\mathrm{d}t} = kc^2$$

积分得

$$\frac{1}{c} = kt + B \tag{7-7}$$

$t = 0$ 时，$c = c_0$，故 $B = \dfrac{1}{c_0}$，代入式 7-7，

得

$$\frac{1}{c} - \frac{1}{c_0} = kt \tag{7-8}$$

因 $c = c_0 - x$，故式 7-8 又可变为

$$\frac{x}{c_0(c_0 - x)} = kt \tag{7-9}$$

当 $x = \dfrac{c_0}{2}$ 时，$t = t_{\frac{1}{2}}$，

因此

$$t_{\frac{1}{2}} = \frac{1}{kc_0} \tag{7-10}$$

此式说明，二级反应的半衰期与原始物的最初浓度有关，原始物的最初浓度愈大，则反应掉一半所需的时间愈短。另外，从式 7-6 还可以看出，以 $\dfrac{1}{c}$ 对 t 作图时得一直线（图 7-2）。这就是二级反应的两个特点。

7.2.6 零级反应

设反应 $A \rightarrow B + C$ 为零级反应则有：

$$-\frac{\mathrm{d}c}{\mathrm{d}t} = k$$

$$c = -kt + B$$

利用 $t = 0$ 时，$c = c_0$ 则 $B = c_0$ 有下式：

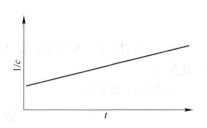

图 7-2 二级反应 $1/c$ 与 t 的关系

$$c_0 - c = kt \tag{7-11}$$

零级反应半衰期表达式：

$$t_{\frac{1}{2}} = \frac{c_0}{2k} \tag{7-12}$$

可见零级反应特征是：浓度 c 与时间 t 成直线关系；半衰期 $t_{\frac{1}{2}}$ 与 c_0 成正比，而与 k 成反比。

7.3　反应级数的测定

7.3.1　积分法

将几组实验数据分别代入一级、二级和零级反应式中，计算出 k 值。如果某公式的 k 值不变，则该公式的级数就是反应级数。如果不论哪一公式计算所得的 k 值都不是常数，那么这个反应一定不是用整数级数表示的复杂反应，而是分数级的反应。

7.3.2　作图法

用实验数据按 $\ln c$ 对 t 作图，如为直线，反应是一级。如按 $\frac{1}{c}$ 对 t 作图为直线，则反应为二级，依此类推。此法和积分法都不能确定分数级反应的级数。

7.3.3　半衰期法

设反应的速率公式为

$$-\frac{\mathrm{d}c}{\mathrm{d}t} = kc^n$$

若 $n \neq 1$，将上式积分，得

$$\frac{1}{n-1}\left(\frac{1}{c^{n-1}} - \frac{1}{c_0^{n-1}}\right) = kt$$

当 $c = \dfrac{c_0}{2}$ 时，$t = t_{\frac{1}{2}}$，所以半衰期为

$$t_{\frac{1}{2}} = \frac{2^{n-1}}{k(n-1)} \cdot \frac{1}{c_0^{n-1}} \tag{7-13}$$

两边取对数，整理可得

$$n = 1 + \frac{\lg(t'_{1/2}/t''_{1/2})}{\lg(c''_0/c'_0)} \tag{7-14}$$

利用此式就可以求得反应级数。对于一级反应，半衰期与最初浓度无关，其级数也服从此公式。

将式 7-13 取对数

$$\lg t_{1/2} = \lg B + (1-n)\lg c_0 \tag{7-15}$$

式中，$B = (2^{n-1} - 1)/k(n-1)$ 为一常数，与 c_0 无关。

如实验求得同一反应在一系列不同 c_0 下的半衰期 $t_{\frac{1}{2}}$ ，则以 $\lg t_{\frac{1}{2}}$ 对 $\lg c_0$ 作图应得一直线。从此直线的斜率（等于 $1 - n$ ）就可以求出反应级数 n ，再由直线的截距找出 $\lg B$ 之值，即可求得速率常数 k 。

7.3.4 微分法

设反应的速率公式为

$$-\frac{dc}{dt} = kc^n \tag{7-16}$$

在两个不同浓度下，速率公式是

$$-\frac{dc_1}{dt} = kc_1^n, \quad -\frac{dc_2}{dt} = kc_2^n$$

取对数后，得

$$\lg\left(-\frac{dc_1}{dt}\right) = \lg k + n\lg c_1$$

$$\lg\left(-\frac{dc_2}{dt}\right) = \lg k + n\lg c_2$$

两式相减，整理后得

$$n = \frac{\lg\left(-\dfrac{dc_1}{dt}\right) - \lg\left(-\dfrac{dc_2}{dt}\right)}{\lg c_1 - \lg c_2} \tag{7-17}$$

求反应级数时，先将不同时间的浓度实验数据作图（图 7-3）。选 c_1 和 c_2 两个浓度，根据曲线在此两点上的斜率求得 $-\dfrac{dc_1}{dt}$ 和 $-\dfrac{dc_2}{dt}$ ，代入式 7-17，即可求的反应级数 n 。

另外，式 7-16 取对数后，得到

$$\lg\left(-\frac{dc}{dt}\right) = \lg k + n\lg c \tag{7-18}$$

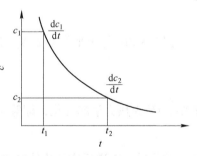

图 7-3 微分法确定反应级数

可见 $\lg\left(-\dfrac{dc}{dt}\right)$ 与 $\lg c$ 作图可得一直线，直线的斜率就是反应级数 n 。

7.3.5 反应速率与温度的关系

7.3.5.1 阿累尼乌斯公式

温度对反应速率的影响，从速率角度看，表现在对反应速率常数 k 的影响上，可由著名的阿累尼乌斯公式表示：

$$\frac{d\ln k}{dT} = \frac{E}{RT^2} \tag{7-19}$$

E 为反应的活化能（J/mol），一般可认为不随温度而改变。将此式积分，得

$$\ln k = -\frac{E}{RT} + B \tag{7-20}$$

据式 7-20 可知，$\ln k$（或 $\lg k$）对 $1/T$ 作图，可得一直线，其斜率为 $-E/R$（或 $-E/2.303R$），由此可求出活化能。大量实验证明，阿累尼乌斯公式与实验数据符合得很好。

式 7-19 又可写成指数的形式（令 $B = \ln A$）：

$$k = A\mathrm{e}^{-\frac{E}{RT}} \tag{7-21}$$

这是阿累尼乌斯公式的另一个形式。A 称为频率因子，其单位与 k 相同。如果已知某反应的活化能，则由一个温度的速率常数就可以按式 7-20 算出另一温度的速率常数。

7.3.5.2　活化能

活化能不仅是一个经验常数，而且在反应速率理论中具有一定的物理意义，是一个重要的物理量。

对一可逆反应，如 k_1 和 k_2 分别表示正逆反应的速率常数，以 E_1 和 E_2 分别表示正逆反应的活化能，则有以下关系：

$$\frac{\mathrm{d}\ln k_1}{\mathrm{d}T} = \frac{E_1}{RT^2}, \qquad \frac{\mathrm{d}\ln k_2}{\mathrm{d}T} = \frac{E_2}{RT^2}$$

两式相减，得到

$$\frac{\mathrm{d}\ln k_1/k_2}{\mathrm{d}T} = \frac{E_1 - E_2}{RT^2}$$

但是 k_1/k_2 等于平衡常数 K_c，按范特霍夫公式：

$$\frac{\mathrm{d}\ln K_c}{\mathrm{d}T} = \frac{\Delta U}{RT^2}$$

式中，ΔU 为热力学能变化，即等于恒容热效应。将两式加以比较，得

$$E_1 - E_2 = \Delta U \tag{7-22}$$

就是说，正逆反应活化能之差等于反应的恒容热效应。

阿累尼乌斯对其方程式以及正逆反应活化能与热效应的关系作过理论解释。化学反应的发生是旧键的破坏和新键的形成。破坏旧键须克服反应物分子中原子之间引力；形成新键由于要求新分子的原子间距离靠近到一定程度，所以要克服原子间排斥力；两者都要求反应的分子有比较高的能量。一般分子互相碰撞时，由于能量不够高，不能克服这种引力和排斥力，是不能发生反应的。只有其中少数能量特别高的分子碰撞后，才能发生反应，这种分子叫活化分子。正逆反应活化能之差就是反应的热力学能变化 ΔU（见图 7-4）。

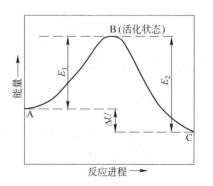

图 7-4　反应进程中体系能量的变化

7.4　物质移动的速率

7.4.1　多相反应的基本步骤

对于冶金反应，很多都是多相反应。例如固体燃料的燃烧，金属的氧化，矿石在溶剂中的溶解，钢液与熔渣间的反应等。多相反应的特征是反应在相的界面上进行，或者物质通过相界面进入某相中发生反应。如熔渣脱硫和钢液脱碳分别是上面两种情况的例子。这就涉及到反应物和产物的传质问题以及在相界面上的吸附问题。一般来说，多相反应要经过下列几个步骤：

（1）反应分子扩散到界面；

（2）分子在界面发生吸附作用；

（3）被吸附的分子在界面进行反应；

（4）产物从界面脱附；

（5）产物扩散离开界面。

7.4.2　吸附化学反应的速率

气固相和气液相间的界面化学反应是通过反应气体物在相界面的吸附和气体产物从相界面的脱附而进行的。因此气体反应物的吸附量对化学速率的影响很大。

气体在固体表面的吸附分为物理吸附和化学吸附两种。前者是通过范德华力的作用。后者是利用化学键力的作用，使被吸附的气体分子在固体表面形成了组成及性质不同的化合物的所谓表面复合物。化学吸附主要发生在固体表面的所谓活性点上。固体表面的微观凸出部分的原子或离子的价键未被邻近原子饱和，具有很高的表面能，常是化学吸附的活性点。例如，固体表面晶格不完整而缺陷较多的地方。化学吸附多是单分子层，发生在一定的温度条件下。单分子层的化学吸附速率可用郎格缪尔等温式表示。

（1）朗格缪尔吸附等温式。

$$v = k_A \theta_A = \frac{k_A K_A p_A}{1 + K_A p_A} \tag{7-23}$$

式中　k_A——吸附反应的速率常数；

θ_A——单位固体表面上被吸附的气体 A 占据的吸附量用面积分数。

反应的级数和 p_A 的大小有关。当 $K_A p_A \gg 1$ 时，是零级反应，$K_A p_A \ll 1$ 时，是 1 级反应。

（2）吸附成为限制环节的速率式。

由气体吸附发生的气固化学反应往往是由三个环节组成，即反应的气体分子吸附，吸附物的界面化学反应及气体产物的脱附。在不同的条件下，可有不同的限制环节。例如气体的吸附可成为速率的限制环节。氮在钢液中的溶解可看成是氮分子吸附变为单原子的复合物及其脱附而进入钢液中：

$$\frac{1}{2}N_2 + "S" \rlap{=}{=} NS \tag{I}$$

$$NS \Longrightarrow [N] + "S" \tag{II}$$

式中　"S" ——钢液表面上未被吸附氮占据的活性点；

　　　NS ——吸附的氮原子占据的活性点或形成的复合物。

$$v = k_N \theta_N = k_N K_N p_{N_2}^{1/2} (1 - \theta_N) \tag{7-24}$$

式中　k_N ——速率常数；

　　　K_N ——吸附平衡常数；

　　　p_{N_2} ——气相中氮的无量纲分压。

7.4.3　物质移动速率

7.4.3.1　分子扩散

静止体系中物质从高浓度区向低浓度区的迁移叫分子扩散。

例如将硫酸铜晶体投入一杯水中，不加搅拌，可以看到杯底晶体附近的蓝色由深而浅，逐渐往上延伸。蓝色的出现，是硫酸铜溶解的标志。深浅的不同，表示硫酸铜浓度的差异。蓝色从色深处向色浅处扩散，是有关质点（Cu^{2+} 和 SO_4^{2-}）从浓度大的地方向浓度小的地方移动的表现。

由热力学可知，物质总是从其化学势高的地方向化学势低的地方移动。又由公式 $\mu_i = \mu_i^{\ominus} + RT\ln a_i$ 可知：物质的活度（浓度）高的地方其化学势高。因此物质的质点（分子、原子或离子）常从浓度大的地方自发地向浓度小的地方移动，这一过程称为扩散。扩散是由于质点的热运动引起的，其结果是使整个溶液浓度均匀。扩散的动力是化学势差，也就是扩散方向上单位距离的浓度差-浓度梯度。

菲克定律奠定了扩散理论的基础。这个定律适用于恒温、恒压下的多组分单相溶液。但对不同状态下的扩散有不同的表达式。

单位时间进入某扩散层的物质的量等于其流出的量时，扩散层内物质的量无变化，这称为稳定态扩散。在稳定态扩散中，物质扩散的速率服从菲克第一定律，即单位时间内，物质通过垂直于扩散方向单位截面积的摩尔数与该物质的浓度梯度成正比，可用下式表示：

$$J = \frac{dn}{A dt} = -D \frac{\partial c}{\partial x} \tag{7-25}$$

式中　J ——扩散通量，$mol/(m^2 \cdot s)$；

　　　$\dfrac{\partial c}{\partial x}$ ——浓度梯度，浓度在扩散方向上随距离的变化率，mol/m^4；

　　　D ——扩散系数，m^2/s；

　　　A ——扩散流通过的截面积，m^2。

在稳定态中，扩散层内各处物质的浓度不随距离和时间而改变（浓度梯度用偏微分表示是因为在一般情况下浓度还随时间而改变）；$\partial c / \partial x$ 是常数，因此浓度和距离是线性关系（$c = ax + b$，a、b 是常数）。故式 7-25 可改写成下式：

$$J = -D \frac{\partial c}{\partial x} = -D \frac{\Delta c}{\Delta x} = -D \frac{c - c_0}{\Delta x} \tag{7-26}$$

式中　　c_0, c ——扩散层两端的浓度。

进入某扩散层的物质的通量不等于其流出的通量时，扩散层内物质量有变化，浓度随时间和距离而改变，这就是非稳定态的扩散。这是因为扩散层内物质的扩散通量随距离和时间而改变（$\partial c/\partial x$）。非稳定态的扩散服从菲克第二定律：

$$\frac{\partial c}{\partial t} = \frac{\partial}{\partial x}\left(D\frac{\partial c}{\partial x}\right) \qquad (7\text{-}27)$$

即浓度随时间的变化等于流入和流出该扩散层的通量之差：$\partial c/\partial t = -\partial J/\partial x$。

由菲克第一定律和式 7-27 可得

$$\frac{\partial c}{\partial t} = D\frac{\partial^2 c}{\partial x^2} \qquad (7\text{-}28)$$

如扩散层内有化学反应发生，则菲克第二定律可表示为：

$$D\frac{\partial^2 c}{\partial x^2} = \frac{\partial c}{\partial t} + kc^n \qquad (7\text{-}29)$$

式中　　kc^n ——n 级化学反应的速率。

7.4.3.2　扩散系数

由式 7-25 和式 7-26 知，浓度梯度为 1 的扩散通量等于扩散系数。它是计算扩散通量最基本的数据。扩散系数可分为两类：纯物质内同类原子间的扩散称为本征扩散或自扩散，是其内高能量的原子从一平衡位转变到另一平衡位。这是因为同种物质同位素的浓度不相同，熵值有改变的结果。在溶液中一种原子向另一种原子迁移（互相渗透）则称为互扩散或化学扩散。在恒温、恒压下，同位素原子交换的自扩散系数及杂质在稀溶液中的互扩散系数是常数。

气体常发生对流，所以其扩散系数的测定比较困难。假如两气体彼此扩散，气体 A 在一个方向上的扩散通量必等于气体 B 在相反方向上的扩散通量。因此由菲克第一定律有：

$$J_A = J_B = -D_{AB}\frac{\partial c_A}{\partial x} = D_{AB}\frac{\partial c_B}{\partial x}$$

而根据气体分子的动力理论，D_{AB} 可由下式得出：

$$D_{AB} = \frac{K_{AB}}{p}\times T^{3/2}$$

式中　　K_{AB} ——与压力、温度无关的常数；

　　　　p ——总压（无量纲），$p = p_A + p_B$。

扩散活化能是液体中原子在平衡位附近振动一些时间后向邻近平衡位跳动时需要克服的能量。

熔铁中组分的扩散系数在 1837K 接近 $10^{-9}\,m^2/s$ 数量级；熔渣内组分的扩散系数则低 1~2 个数量级。

固溶体中原子的扩散系数很小，$10^{-11}\sim10^{-19}\,m^2/s$ 数量级，与固溶体的类型及扩散原子的半径有关。间隙固溶体内扩散的原子较小，沿结点的间隙扩散，置换固溶体内原子则沿空位或以环形异位方式扩散。

7.4.3.3　对流扩散

A　流体流动性

图 7-5 为流体流动形态模拟示意图。水箱
中水平面有进水管 I 进水量和溢水口 D 控制，P
管流量由阀门 V 控制，水箱上的下口瓶中装有
红墨水连通到 P 管上。当 V 阀门开启较小时，
P 管中流速较慢，P 管中红墨水沿 P 管轴线平
滑流动呈直线，如图 7-5（a）中 P 管所示，说
明 P 管中水的质点在做平行玻璃管 P 轴线方向
的运动。此种流动形态称为层流。如调大 V
阀，水流增大，P 管红墨水不再保持直线流动，
如图 7-5（b）所示。再调大 V 阀，使 P 管内水
流速再增大，流速增至一定值时，红墨水线断
成为一段一段，甚至与主体混为一体。说明水
的质点不再做直线运动，而是在径向上做无规

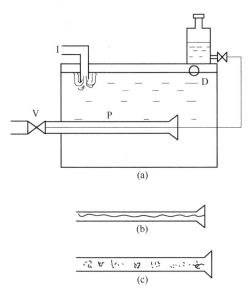

图 7-5　流体流动形态模拟示意图

则运动引起质点间交换位置，这种紊乱的状态叫紊流或湍流，如图 7-5（c）所示。

B　边界层和有效边界层

在冶金过程中，流体（熔体、气体）常处于层流状态。熔体常因气泡排出、搅拌等原
因而出现紊流。在流速较大的非均相体系（气固、气液、液固等）内，远离固相界面的流
体运动则有复杂的轨道（紊流运动），虽然流体的平均速度和总方向不会改变，但各点的
流速和方向却不会改变，出现了能加速其内组分向垂直于相界面扩散的分速度 v_x，因而流
体内物质的浓度不再发生差别。但在临界相界面的流体中，由于这里的流体与相界面与摩
擦阻力出现，流速大为降低（在静止的固体界面上，即 $x=0$ 处 $v=0$），形成了平行于相界
面的层流流动，它没有垂直相界面的分速度，所以不能加速其内组分的扩散，因而在此垂
直于相面的方向上出现了浓度梯度，如图 7-6 所示。有浓度差出现的这一流体层很薄，称
为浓度边界层，其内组分的浓度从流体的体积浓度下降到相界面的界面浓度 $c \to c^*$。这表
示组分在这一层内的扩散受到了较大的阻力，而边界层外的流体内却无浓度差存在，因此
可认为，非均相系内的传质由相界面附近的扩散所决定。对于一定的组分，边界层愈
厚，扩散阻力就愈大，而扩散通量就愈小。图 7-7 为相界面附近流体组分的浓度分布曲
线。由图 7-7 可见，浓度分布曲线在进入或离开边界层附近发生了显著的改变，其上出
现了转折点。但这种转折点却难以准确确定，因而不便于数学处理。可是，在贴近相界
面处（$x=0$），曲线呈线性关系，因此规定采用下述方法来确定边界层的厚度。在曲线
与相界面的交点处作切线，其与扩散边界层外流体体积浓度 c 延长线的交点到相界面的
距离定为扩散边界层的厚度，用 δ 表示。由图 7-7 可见，相界面处的浓度梯度 $\left(\dfrac{\partial c}{\partial x}\right)$，即
曲线的斜率为：

$$\left(\frac{\partial c}{\partial x}\right)_{x=0} = \pm \frac{c^*_{x=0} - c}{\Delta x} = \pm \frac{c^*_{x=0} - c}{\delta}$$

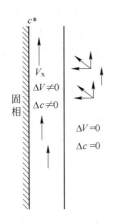

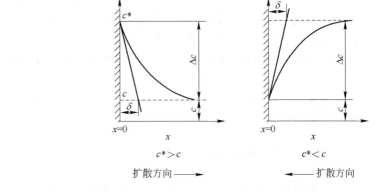

图 7-6　流体内固相界面附近的　　　　图 7-7　固相界面附近浓度的分布
　　　　层流流动及紊流流动

故由此可得出浓度边界层的厚度：

$$\delta = \pm \frac{c_{x=0}^* - c}{(\partial c/\partial x)_{x=0}} \tag{7-30}$$

这样确定的厚度为 δ 的浓度边界层则称为有效边界层。

C　传质系数

在运动的体系中，物质的扩散通量是由浓度梯度作为驱动力的分子扩散和流体整体流动所发生的传质通量之和表示：

$$J = -D\frac{\partial c}{\partial x} + v_x c \tag{7-31}$$

式中　J——传质总通量，$mol/(m^2 \cdot s)$；

　　　D——扩散系数，m^2/s；

　　　c——浓度，mol/m^3；

　　　v_x——流体在 x 轴方向的分速度，m/s；

　　　x——距离，m。

在有对流运动的体系中，如果流体在固体物表面上流动，流体组分的浓度是 c，而固体表面的浓度是 c^*，则组分的扩散通量将与此浓度差成正比，可表示为：

$$J = k(c - c^*) \tag{7-32}$$

式中　k——比例系数，也称传质系数，m/s。

传质系数与流体的速度（v）及性质（η、ρ）组分的扩散系数（D）有关，乃是浓度差为 1 单位的扩散通量，其量纲为 $m/s(k = J/\Delta c = (mol/(m^2 \cdot s))/(mol/m^3) = m/s)$。

由于扩散边界层的厚度难于测定，而 J 又与 Δc 成正比，将扩散系数 D 和边界层的厚度 δ 合并，用传质系数 $k(k = D/\delta)$ 表示，单位为 m/s。

7.5　液-液相反应和气-固相反应的动力学模型

多相化学反应过程的特点是组成的环节多，至少有 3 个，而相界面面积又随时间而改变，各环节的速率在不同的动力学条件下对总反应速率有不同的限制作用。为了了解总反应的速率与各种传质速率和界面化学反应速率的关系，建立了多种动力学模型。冶金的多相化学反应属于串联反应的类型。相内的反应物向相界面扩散，在反应界面上发生化学反应，生成的产物离开相界面，再向相应的相内扩散。在反应过程中，假定反应物向相界面供给及在相界面上消耗的速率等于界面反应生成产物或其从相界面排走的速率，则在反应过程中，各点不出现物质的积累，这时反应就达到了所谓稳态或准稳态。在准稳态中，总反应的速率与各环节的速率相等，即 $v = v_1 = v_2 = v_3$。于是利用这一原理可消去未知的界面浓度，得出多相反应的速率式。

7.5.1　液-液相反应的动力学模型——双膜理论

以一个组分在相界面上转变为一个生成物的一级可逆反应为例，其转变过程中各浓度的变化如图 7-8 所示。熔渣和液态金属两相互不相溶。c_s 和 c_m 分别为反应物及产物在渣相和金属相中浓度；c_s^* 和 c_m^* 分别为反应物和产物在界面上浓度；δ_s' 和 δ_m' 分别为渣侧和金属侧边界层。整个过程由 3 个环节组成。

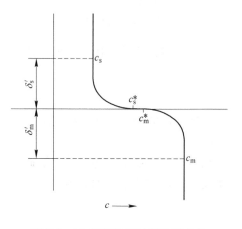

（1）反应物自金属熔体向相界面上扩散速率，由式 7-35 得：

$$J_1 = \frac{1}{A} \cdot \frac{dn}{dt} = k_{mm}(c_m - c_m^*) \qquad （\mathrm{I}）$$

式中　k_{mm}——反应物在金属熔体中的传质系数，为 D_m/δ_m。

（2）在界面上进行化学反应的速率

图 7-8　液-液相反应过程浓度变化

$$v_c = \frac{1}{A} \cdot \frac{dn}{dt} = k_{mm}(c_m^* - c_{m平}) \qquad （\mathrm{II}）$$

（3）生成物离开相界面扩散的速率

$$J_2 = \frac{1}{A} \cdot \frac{dn}{dt} = k_{ms}(c_s^* - c_s) \qquad （\mathrm{III}）$$

式中　k_{ms}——产物在熔渣中的传质系数，为 D_s/δ_s。

如前所述，c_s^* 和 c_m^* 一般不能由实验方法测定，应想办法消去不易测定的界面浓度。因为准稳态时，I、II、III 三个环节的速率相等，经推导得：

$$\frac{1}{A} \cdot \frac{dn}{dt}\left(\frac{1}{k_{mm}} + \frac{1}{k} + \frac{1}{k_{ms}L}\right) = c_m - c_s/L$$

令 $\dfrac{1}{A} \cdot \dfrac{dn}{dt}$ 为总反应速率，则：

$$\frac{dn}{dt} \cdot \frac{1}{A} = \frac{c_m - c_s/L}{\dfrac{1}{k_{mm}} + \dfrac{1}{k} + \dfrac{1}{k_{ms}L}} = \overline{K}(c_m - c_s/L) \qquad (7-33)$$

式中，$\dfrac{1}{K} = \dfrac{1}{k_{mm}} + \dfrac{1}{k} + \dfrac{1}{k_{ms}L}$。由式7-33可知，反应推动力为 $c_m - c_s/L$，而各环节速率常数倒数表示反应进行的阻力，阻力之和为 $\dfrac{1}{K}$。说明反应过程速率正比于推动力，反比于阻力，相似于电学中的欧姆定律。

此公式推导建立在反应界面两侧都存在着扩散阻力的浓度边界层的模型上。此模型为双膜理论。

反应过程的总速率取决于各环节的阻力，那么各环节的阻力的相对大小，就决定了反应过程的速率范围或限制环节：

（1）式7-33中的 $\dfrac{1}{k} \gg \dfrac{1}{k_{ms}L} + \dfrac{1}{k_{mm}}$ 时，$\dfrac{1}{K} \approx \dfrac{1}{k}$ 即限制环节为界面化学反应。此时相界面物质浓度与相内浓度相同。速率方程为：

$$\frac{dn}{dt} = k \cdot A(c_m - c_s/L) \tag{7-34}$$

（2）式7-33中的 $\dfrac{1}{k} \ll \dfrac{1}{k_{ms}L} + \dfrac{1}{k_{mm}}$ 时，有三种情况：

1）$\dfrac{1}{k_{ms}L} \approx \dfrac{1}{k_{mm}}$，则有 $\dfrac{1}{K} = \dfrac{1}{k_{ms}L} + \dfrac{1}{k_{mm}}$，反应受双扩散控制：

$$\frac{dn}{dt} \cdot \frac{1}{A} = \frac{c_m - c_s/L}{\dfrac{1}{k_{mm}} + \dfrac{1}{k_{ms}L}} \tag{7-35}$$

2）$\dfrac{1}{k_{ms}L} \gg \dfrac{1}{k_{mm}}$，则有 $\dfrac{1}{K} = \dfrac{1}{k_{ms}L}$，反应受渣相传质控制：

$$\frac{dn}{dt} \cdot \frac{1}{A} = k_{ms} \cdot L(c_m - c_s/L) \tag{7-36}$$

3）$\dfrac{1}{k_{ms}L} \ll \dfrac{1}{k_{mm}}$，则有 $\dfrac{1}{K} = \dfrac{1}{k_{mm}}$，反应受金属相传质控制：

$$\frac{dn}{dt} \cdot \frac{1}{A} = k_{mm}(c_m - c_s/L) \tag{7-37}$$

（3）式7-33的 $\dfrac{1}{k} \approx \dfrac{1}{k_{ms}L} + \dfrac{1}{k_{mm}}$ 时，反应速率受混合控制，速率方程由式7-33表示。

温度对反应速率的影响为：

$$D = D_0 e^{-\frac{E_D}{RT}}, \qquad k = A e^{-\frac{E}{RT}}$$

因为 $E_D \ll E$，所以温度对 E_D 的影响比对 k 的影响要小，即随 T 的增加，k 的增加速率比 D 的来得快，如图7-9所示。低温时 $k \ll D$，界面反应是限制环节，随着温度的升高，k 及 D 的差值减小，反应进入过度范围。

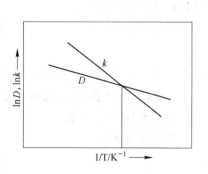

图7-9 温度对 k、D 的影响

但在高温下，$k > D$，扩散则成为限制环节。因此，在其他条件相同时，低温下界面反应是限制环节，而在高温下，扩散是限制环节。

7.5.2　气-固相反应的动力学模型

7.5.2.1　气-固相反应类型

完整型　　　　　　　　　$A(s) + B(g) \Longrightarrow C(s) + D(g)$

例如　　　　　　　　　　　$MO + CO \Longrightarrow M + CO_2$

$$MS + \frac{3}{2}O_2 \Longrightarrow MO + SO_2$$

氧化型　　　　　　　　　$A(s) + B(g) \Longrightarrow C(s)$

$$2M + O_2 \Longrightarrow 2MO$$

分解型　　　　　　　　　　　$A(s) \Longrightarrow C(s) + B(g)$

$$CaCO_3 \Longrightarrow CaO + CO_2$$

7.5.2.2　未反应核模型（致密型矿石，孔隙度低于5%）

完整型　气-固反应模型如图 7-10 所示。反应物 $A(s)$ 与 $B(g)$ 在 $A(s)$ 的外层生成一层产物 $D(s)$，在 $D(s)$ 外表面有一边界层称为气膜。最外层为包括 $B(g)$ 和产物 $G(g)$ 的流体。因气流速度很快，气体中各成分因紊流作用而均匀。因而反应将由以下各个环节组成：

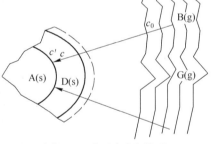

（1）$B(g)$ 自气流中通过气膜（边界层）向 $D(s)$ 表面扩散，即所谓外扩散。外扩散速率为：

$$\frac{dn_B}{dt} = \frac{D_B \cdot A}{\delta}(c_0 - c)$$

图 7-10　气-固反应模型

式中　　D_B——B 在气体中的扩散系数。

（2）$B(g)$ 通过固体生成物层 $D(s)$ 向反应界面扩散，称之为内扩散。$D(s)$ 又有的疏松，有的致密，但无论如何都存在气孔，包括大气孔，称为气孔扩散。气体正是通过这些气孔扩散。扩散速率为：

$$\frac{dn_B}{dt} = \frac{D_B' \cdot A}{\delta_D}(c - c')$$

式中　　D_B'——气体 $B(g)$ 在 $D(s)$ 中的扩散系数；

δ_D——产物 $D(s)$ 层的厚度；A 与 $D(s)$ 的孔隙度、物料形状有关。

（3）界面化学反应。

化学反应速率

$$\frac{dn_B}{dt} = kAc'$$

上式中 A 与 A(s) 物性有关，如其致密则外形规则。界面化学反应分三步进行：

$$A(s) + B(g) = A(s) \cdot B(g)$$ A(s) 吸附 B(g)

$$A(s) \cdot B(g) = D(s) \cdot G(g)$$ 结晶化学反应

$$D(s) \cdot G(g) = D(s) + G(g)$$ G(g) 在 D(s) 上解吸

总反应　　　$$A(s) + B(g) = D(s) + G(g)$$

结晶化学反应过程如图 7-11 所示。

图 7-11　区域化学反应发展示意图

（1）反应开始，D(s)（活性点）在 A(s)（旧相）晶格不完整处形核，速度较慢。

（2）中间阶段核已形成，新相在核上长大，因 D(s) 不断长大，反应界面的自催化作用，使反应速率加快。

（3）最后，相界面已经合拢，A(s) – D(s) 界面缩小，反应速率减小。

上面两种情况速度与时间关系如图 7-12 所示。图中虚线为后一种情况。

（4）气体产物 G(g) 由反应界面通过 D(s) 向外扩散。

（5）G(g) 通过气膜向外扩散。

以上是完整型气-固反应的未反应核模型。

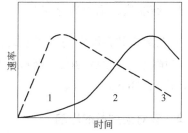

图 7-12　区域化学反应速率变化的特征
1—诱导期；2—反应界面催化期；
3—反应界面缩小期

7.5.2.3　气-固反应的限制环节

前述各环节连续完成，但各环节速率不一定完全相等。总速率取决于最慢者。火法冶金中，气体流速快，气膜薄，故外扩散不能成为限制环节；高温、常压下，吸附速度快；限制环节为内扩散和结晶化学过程。高温时，化学反应速率快，颗粒较大，反应后其产物 D(s) 厚或产物致密，内扩散为限制环节；相反，低温、粒度小，反应初期或产物疏松，则结晶化学反应为限制环节。二者条件差不多为混合控制。

7.5.3　速率限制环节的确定

7.5.3.1　温度对反应速率的影响

因为温度对多相反应过程中的传质和界面化学反应都有影响，综合在一起，反应速率可以表示为：

$$v = Ae^{-Q/RT}$$

式中　A——与温度无关的常数，因这里只讨论温度对速率的影响，其他条件是确定的；

　　　Q——界面反应或扩散的活化能。

因 E 与 E_D 值不同，以 $\ln v$ 对 $\dfrac{1}{T}$ 作图，如果直线在某温度处发生转折，说明反应的限制环节在此温度有所改变。如果反应为二级，且活化能很大，$Q \geqslant 63 \sim 126\text{kJ/mol}$ 时，界面反应为限制环节。反应为一级，如活化能又较小，$Q \leqslant 42 \sim 63\text{kJ/mol}$，则扩散为限制环节。在相界面面积不变条件下，增大流体搅拌强度，反应速率增大，扩散很可能成为限制环节。

7.5.3.2　假设最大速度的确定法

这种方法分别计算界面反应和参加反应的各物质扩散的最大速率（即在所有其他环节不呈现阻力时，该环节的速率为最大），其中速率最小者则是反应过程的限制环节。例如，反应 $[\text{Mn}] + (\text{FeO}) = (\text{MnO}) + [\text{Fe}]$ 由 5 个环节（界面反应、$[\text{Mn}]$、$[\text{Fe}]$、(FeO)、(MnO) 的扩散）组成，经计算知，形成的 MnO 在渣中的扩散的速率最慢，所以是反应的限制环节。

7.6　炼钢过程中的脱硫反应

7.6.1　硫在渣、钢中的存在形式

硫在炉渣和钢液中的存在形式，至今还不十分清楚。严格来说，如何表达脱硫反应尚未完全解决。一般认为硫在钢液中以 $[\text{FeS}]$、$[\text{S}]$ 和 S^{2-} 三种形式存在；而在炉渣中则以 CaS、FeS、MnS、S^{2-} 存在。

7.6.2　硫对钢质量的影响

硫在钢中是极有害的元素。当钢液中锰含量不高时，硫主要以硫化铁的形式存在于钢中。硫化铁在钢液中能无限溶解，而在固态钢中溶解度却很小。因此，钢液凝固时，硫化铁与铁形成低熔点（985℃）共晶体分布在晶界处。当热加工时，加热温度超过共晶体熔点时，共晶体熔化，产生裂纹，这种现象称为"热脆"。硫在钢液结晶过程中产生偏析，更加剧了硫的有害作用。另外，钢中含硫量高时，硫化物夹杂也增多，使钢的力学性能下降。硫还能降低钢的塑性及冲击值，使钢的耐腐蚀性能变坏。所以一般要求降低到 0.03% 以下，个别钢种要求降到 0.005%。因此，在冶炼过程中应尽量把硫除去。只有个别特殊用途的钢要求有一定的硫含量。例如易切削钢（Y_{12}、Y_{20}、Y_{30} 等）的含硫量可在 0.08% ~ 0.30% 范围内。

硫主要来自矿石（包括烧结矿球团）、焦炭（炼铁）、金属炉料（废钢铁及铁合金）、燃料（平炉用的煤气、重油）等，主要是由炼铁时焦炭带入的。

7.6.3　脱硫反应

7.6.3.1　分子理论的脱硫反应

分子理论的脱硫反应按下列步骤进行。在渣、钢界面，钢液中的 $[\text{FeS}]$ 按分配定律

进入炉渣中。

$$[FeS] \Longrightarrow (FeS) \quad\quad (I)$$

进入炉渣中的（FeS）与游离的 CaO 结合为稳定的 CaS。

$$(FeS) + (CaO) \Longrightarrow (FeO) + (CaS) \quad\quad (II)$$

合并反应式（I）及反应式（II）可得：

$$[FeS] + (CaO) \Longrightarrow (FeO) + (CaS)$$

7.6.3.2 离子理论的脱硫反应

按照离子理论，脱硫反应为：

$$[S] + (O^{2-}) \Longrightarrow [O] + (S^{2-})$$

其平衡常数为：

$$K_s = \frac{f_{[O]} \cdot [\%O] \cdot r_{S^{2-}} \cdot x_{S^{2-}}}{f_{[S]} \cdot [\%S] \cdot r_{O^{2-}} \cdot x_{O^{2-}}} \quad\quad (7\text{-}38)$$

假定钢液中氧的活度系数 $f_{[O]}$ 随炉渣成分的变化不大，那么硫的分配系数：

$$L_s = \frac{x_{S^{2-}}}{[\%S]} = K_s \frac{x_{O^{2-}}}{[\%O]} \cdot \frac{r_{O^{2-}}}{r_{S^{2-}}} \cdot f_{[S]} \qu\quad (7\text{-}39)$$

式中　$r_{S^{2-}}$，$r_{O^{2-}}$——渣中硫离子、氧离子的活度系数；

$\quad\quad x_{S^{2-}}$，$x_{O^{2-}}$——渣中硫离子、氧离子的摩尔分数；

$\quad$ $[\%S]$，$[\%O]$——钢液中硫、氧的浓度；

$\quad\quad\quad f_{[S]}$——钢液中硫的活度系数。

现在就影响炉渣脱硫的几个因素进行分析。

A　碱度的影响

如前所述，渣中游离氧离子摩尔数 $n_{O^{2-}}$ 与炉渣碱度有关：

$$n_{O^{2-}} = n_{CaO} + n_{MgO} + n_{MnO} - 2n_{SiO_2} - 4n_{P_2O_5} - n_{Fe_2O_3} - 2n_{Al_2O_3} \quad\quad (7\text{-}40)$$

式中　$n_{O^{2-}}$——100g 渣中 O^{2-} 的摩尔数；

$\quad\quad n_i$——100g 渣中氧化物 i 的摩尔数。

碱度越高，即碱性氧化物越多，酸性氧化物越少，则氧离子的摩尔数越高，因而摩尔分数 $x_{O^{2-}}$ 越高，根据式 7-39 可知，硫的分配系数 L_s 越大，炉渣的脱硫能力越强。图 7-13 表示硫的分配系数与碱度及渣中 FeO 含量的关系。由图可见，碱度越高，硫的分配系数（即分配比）就越大。

B　FeO 的影响

从反应 $Fe^{2+} + O^{2-} \Longrightarrow [Fe] + [O]$ 可知，钢液含氧量与渣中 Fe^{2+} 浓度有关。当碱度一定时，提高渣中 FeO 含量，或者说当渣中 O^{2-} 浓度不变，提高渣中 Fe^{2+} 浓度时，钢液含氧量 $[\%O]$ 增加，根据式 7-39，分配系数 L_s 减小，炉渣的脱硫能力下降。因此，渣中 FeO 浓度增加，对脱硫不利。这在电炉还原期就充分体现了上述规律的作用。但在电炉氧化期以及平炉、转炉冶炼时渣中 FeO 浓度对硫的分配系数没有影响。这就是说，渣中 FeO 浓度较低时，对分配系数 L_s 影响很大，但当 FeO 浓度高时（超过 3% 摩尔），硫的分配系数不再与 FeO 的浓度有关。图 7-13 清楚地说明了这种关系。

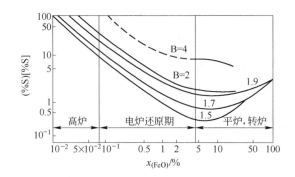

图 7-13　L_s 与熔渣碱度（B）及 FeO 量的关系

　　这种情况是由 FeO 的两重性造成的。往渣中加入 FeO，将产生两种相互矛盾的结果，一方面渣中 Fe^{2+} 浓度增加，因而钢液含氧量 ［%O］ 升高，对脱硫不利，即 L_s 减少；另一方面，渣中 O^{2-} 浓度 $x_{O^{2-}}$ 增加，使 L_s 增大，又对脱硫有利。当渣中 FeO 含量原来就已经较高时，改变 FeO 浓度，这两种效果相互抵消，总的结果对脱硫没有太大的影响；但当渣中 FeO 原来较低时，渣中 O^{2-} 的浓度主要由 CaO 等碱性氧化物决定。减少或增加少量的 FeO，O^{2-} 浓度变化不大，但相对而言，Fe^{2+} 浓度变化较大，因而钢液含氧量 ［%O］ 变化较大。所以加入 FeO，$x_{O^{2-}}$ 几乎无变化，但 ［%O］ 相对提高，L_s 下降。

　　C　温度的影响

脱硫反应为：

$$[S] + (O^{2-}) \Longrightarrow [O] + (S^{2-})$$

该反应平衡常数与温度的关系如下：

$$\lg K_s = \lg \frac{a_{S^{2-}} \cdot a_{[O]}}{a_{O^{2-}} \cdot a_{[S]}} = -\frac{3750}{T} + 1.996$$

　　温度升高，平衡常数 K_s 增大，对脱硫应该有利。但由于热效应绝对值较小，温度改变，K_s 变化并不大。但在生产上提高温度收到的效果更好，这主要是由于高温能促进石灰溶解，获得高碱度炉渣；同时在动力学上创造了有利条件。

　　D　钢液成分的影响

　　式 7-39 表明，硫的分配系数和钢液中硫的活度系数 $f_{[S]}$ 有关，$f_{[S]}$ 越大，L_s 也越大。碳、硅等元素对 $f_{[S]}$ 影响较大，明显地提高硫的活度系数。与钢水相比，铁水中这些元素的含量较高，$f_{[S]}$ 值较大，有利于脱硫。从这个角度考虑，转炉炼低硫钢时，总是在铁水中进行预脱硫。

　　根据以上脱硫反应热力学分析，脱硫的有利条件是炉渣碱度高、（FeO）低，熔池温度高。相比之下，电炉中脱硫条件较好。

7.6.4　脱硫反应的传质动力学

　　脱硫反应的速率式

$$J_{[S]} = \frac{c_{[s]} - c_{(s)}/L}{\dfrac{1}{k_m} + \dfrac{1}{k_s L_s}} \tag{7-41}$$

式 7-41 中分子部分表示脱硫反应"动力";分母部分表示脱硫反应的"阻力"。

脱硫速率式：

$$-\frac{d[\%S]}{dt} = \frac{A}{W_m} \cdot \frac{L_s'[\%S] - (\%S)}{\dfrac{L_s'}{\rho_m k_m} + \dfrac{1}{\rho_s k_s}} \tag{7-42}$$

式中　$\dfrac{d[\%S]}{dt}$ ——脱硫速率；

$\quad\quad A$ ——渣、钢传质界面面积，m^2；

$\quad\quad W_m$ ——钢液质量，kg；

$\quad\quad L_s'$ ——以质量分数表示的硫分配系数；

$[\%S]$，$(\%S)$ ——钢液、炉渣的含硫量，%；

$\quad\quad \rho_m$，ρ_s ——钢液、炉渣密度，kg/m^3；

$\quad\quad k_m$，k_s ——钢液、炉渣中硫的传质系数。

当钢液中硫的传质系数 k_m 很大时，即式 7-42 中分母 $\dfrac{L_s'}{\rho_m k_m} \approx 0$，硫的传质"阻力"集中在炉渣中，因此式 7-42 的脱硫反应的速率式可改写成：

$$-\frac{d[\%S]}{dt} = \frac{A}{W_m} \cdot \rho_s k_s \{L_s'[\%S] - (\%S)\} \tag{7-43}$$

由上式得出脱硫反应的影响因素可简写为：

$$-\frac{d[\%S]}{dt} = f(A, k_s, L_s')$$

若 k_s 很大，即硫的传质"阻力"集中在钢液中，这时 $\dfrac{1}{\rho_s k_s} \approx 0$，式 7-42 的脱硫速率式可写为：

$$-\frac{d[\%S]}{dt} = \frac{A}{W_m} \cdot \rho_m k_m \left\{[\%S] - \frac{(\%S)}{L_s'}\right\} \tag{7-44}$$

7.7　氧化物的直接还原的动力学

7.7.1　固体氧化物直接还原反应机理

氧化物直接还原比较复杂，针对氧化物稳定性不同提出了不同的反应机理。

7.7.1.1　二步理论

氧化物的直接还原反应可由氧化物的间接还原反应和碳气化反应组成：

$$MO(s) + CO \Longrightarrow M(s) + CO_2 \tag{I}$$

$$C + CO_2 \Longrightarrow 2CO \tag{II}$$

$$MO(s) + C = M(s) + CO \qquad (Ⅲ)$$

这是通过中间产物进行还原的。当 MO(s) 能为 CO 间接还原且在反应（Ⅱ）进行的温度（700 ~ 800℃）以上时，直接还原反应按此机理进行。一般认为反应（Ⅱ）是限制环节，理由是：(1) 反应（Ⅰ）的活化能接近反应（Ⅱ）的活化能；(2) 气相成分 CO_2 的浓度接近于反应（Ⅰ）的平衡浓度中的 CO_2 含量；(3) 加快反应（Ⅱ）的速率，反应（Ⅲ）的速率随之加快。

7.7.1.2 分解机理

MO(s) 分解，分解出的 O_2 与 C 作用，其反应机理如下：

$$MO(s) = M(s) + \frac{1}{2}O_2 \qquad (Ⅰ)$$

$$C + \frac{1}{2}O_2 = CO \qquad (Ⅱ)$$

$$MO(s) + C = M(s) + CO \qquad (Ⅲ)$$

一般当 $p_{O_2(MO)} > 1Pa$ 时，可能实现这一机理。

7.7.1.3 氧化物升华机理

氧化物升华吸收附在 C 上形成表面复合物，然后表面复合物分解实现直接还原。某些升华性大的氧化物，如 MoO_3、WO_3、Nb_2O_5 在 630 ~ 870K 能按这一机理直接还原。

7.7.1.4 固相物直接反应机理

反应（Ⅲ）可直接发生在两固相接触的界面上，其间生成金属或低氧化物层，金属及氧离子可通过此层向固体碳表面扩散，金属离子进入碳格中，减弱 C—C 键，而氧离子则与碳原子结合成 CO。可见，这一机理的实现，与离子扩散有关，提高温度，反应离子加强，在 380 ~ 500K 时，Ag_2O、CuO、Fe_2O_3 的还原可按此机理进行反应。

7.7.2 固体氧化物直接还原的速率式

现以二步理论导出直接还原反应的速率式。反应（Ⅱ）为限制环节，则速率式为：

$$v = v_Ⅱ = kp_{CO_2}^n$$

式中 n——反应级数，0.5 ~ 1。

因为（Ⅰ）式处于平衡，故可得：

$$K_Ⅰ = \frac{p_{CO_2}}{p - p_{CO_2}}$$

式中 p——体系总压，Pa。

将 p_{CO_2} 表达式代入速率式中有：

$$v = v_Ⅱ = k\left(\frac{K_Ⅰ}{1 + K_Ⅰ}p\right)^n \qquad (7-45)$$

又因为反应（Ⅰ）可视为下列反应之组合：

$$MO(s) \rightleftharpoons M(s) + \frac{1}{2}O_2 \qquad K_1 = p_{O_2(MO)}^{1/2}$$

$$C + \frac{1}{2}O_2 \rightleftharpoons CO \qquad K_2$$

$$MO(s) + C \rightleftharpoons M(s) + CO$$

所以 $K_I = K_1 K_2 = K_2 p_{O_2(MO)}^{1/2}$ 代入式7-45中

得
$$v = v_{II} = k\left(\frac{K_2 p_{O_2}^{1/2}}{1 + K_2 p_{O_2}^{1/2}}p\right)^n \tag{7-46}$$

7.7.3 熔渣中氧化物的直接还原

用碳还原矿石过程中，温度高时，常伴有液体金属和熔渣的形成。工业上还原温度在1500~2200K，而且氧化物稳定性愈大，还原温度愈高。因此，还原过程的最后阶段是在熔体中进行的。

根据温度、氧化物稳定性和熔渣成分的不同，氧化物熔体为碳所还原有不同的机理。因温度一般较高，按分解机理和升华机理进行所占比例增大，但仍以二步理论和直接反应为主。因为此时碳与氧化物接触面积增大，反应能力增强。同时氧化物相内扩散加快。

温度高于1500K及有熔体出现时，反应（Ⅱ）的速度很高，因此二步理论的限制环节不是反应（Ⅱ）了，而是渣中氧化物向CO气泡液面的扩散，出现了熔渣氧化物的间接还原：

$$(MO) + CO \rightleftharpoons [M] + CO_2$$
$$CO_2 + C \rightleftharpoons 2CO$$

形成的 CO_2 以气膜形式覆盖于碳的表面，而上述两反应在不同相内进行。在加热炉内电弧对熔体的冲击，造成了熔体内的对流，促成了氧化物向CO气泡液面的扩散，为碳还原氧化物创造了条件。

7.8 炼钢过程中锰、硅、磷反应的动力学

7.8.1 元素反应的速率式

炼钢过程中，金属熔池内元素与熔渣中FeO反应为：

$$[M] + (FeO) \rightleftharpoons (MO) + [Fe]$$

或
$$[M] + (Fe^{2+}) \rightleftharpoons (M^{2+}) + [Fe]$$

其组成环节如图7-14所示。金属相中浓度为 c_M 的 [M] 和熔渣中浓度为 c_{FeO} 的（FeO）分别向渣-钢界面扩散，在相界面上浓度分别下降至 c_M^* 和 c_{FeO}^*，在相界面上发生化学反应，生成浓度为 c_{MO}^* 和 c_{Fe}^* 的 MO 和 Fe。然后，它们再分别向熔渣和金属相中扩散，其浓度分别下降到 c_{MO} 和 c_{Fe}。

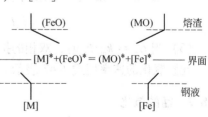

图 7-14　[M] 氧化过程的组成环节

为了估计每个环节在总速率中的作用，可采用其他环节不呈现阻力时的最大速率，由其中最小值环节作为限制环节的比较法。由于在锰、硅、磷氧化的炼钢渣中（FeO）的浓度比较高，而被氧化的元素浓度不很高时（碳除外），一般（FeO）的扩散不能成为限制环节，因此，在讨论钢中元素氧化反应的动力学时，以元素及其氧化产物的扩散，界面反应作为氧化过程的组成环节，其过程如下：

$$[M] \xrightarrow{k_{mm}} [M^*] \xrightarrow{k_c} (MO^*) \xrightarrow{k_{ms}} (MO)$$

$$c_M \quad 扩散 \quad c_M^* \quad 界面反应 \quad c_{MO}^* \quad 扩散 \quad c_{MO}$$

由于炼钢温度为高温，$k \gg k_m(k_{ms}, k_{mm})$，即界面化学反应的速率很高，远大于两个扩散环节的速率。因此过程位于扩散范围内。由双膜理论模型导出的速率式 7-33 可得出元素氧化过程的速率式：

$$v = \frac{c_M - c_{MO}/L}{1/k_m + 1/k_s \cdot L} \tag{7-47}$$

式中　c_M, c_{MO}——分别为 [M] 和（MO）的物质的量体积浓度；

　　　　L——相界面上 c_{MO}^*/c_M^* 的分配比，可由氧化反应平衡常数得出。

将式 7-47 中组分的物质的量体积浓度改变为质量浓度，经整理可得：

$$v = -\frac{d[\%M]}{dt} = \frac{k_m L_m}{k_m/k_s + L_m}\{[\%M] - (\%MO)/L_m\} \tag{7-48}$$

在反应过程中，根据 L_m 和 k_m/k_s 的相对大小，可进一步得出以下适用于不同速率范围的速率式：

（1）当 $L_m \gg k_m/k_s$ 时，金属液 M 的扩散是限制环节。

$$v = k_m\{[\%M] - (\%MO)/L_m\} \tag{7-49}$$

当 L_m 很大时　　　　　　$v = k_m[\%M]$

或　　　　　　　$-\frac{d[\%M]}{dt} = k_m[\%M]$

解微分方程，可得

$$\lg \frac{[\%M]}{[\%M]_0} = -\frac{k_m}{2.3}t \tag{7-50}$$

式中　$[\%M]_0$——金属液中 M 的初始浓度。

（2）当 $L_m \ll k_m/k_s$ 时，熔渣中（MO）的扩散是限制环节。

$$v = k_s L_m\{[\%M] - (\%MO)/L_m\} \tag{7-51}$$

（3）当 $L_m \approx k_m/k_s$ 时，双相的扩散是限制环节。
元素氧化的速率用式 7-47 表示。

7.8.2　锰的氧化

利用式 7-47，可以写出锰氧化的速率式：

$$v = -\frac{d[\%Mn]}{dt} = \frac{k_m L_m}{k_m/k_s + L_m}\{[\%Mn] - (\%MnO)/L_m\} \tag{7-52}$$

$$\ln\frac{[\%Mn] - [\%Mn]_{\Psi}}{[\%Mn]_0 - [\%Mn]_{\Psi}} = \ln Q = -at \tag{7-53}$$

$$t = -\frac{2.3}{a}\lg Q \tag{7-54}$$

式中，k_m、k_s、a、Q 等可由 Mn 得出，而 L_m 可用以下方法求得：

$$[Mn] + (FeO) \Longrightarrow (MnO) + [Fe]$$

平衡常数

$$K_{Mn} = \frac{a_{MnO}}{a_{Mn} \cdot a_{FeO}} = \frac{r_{MnO}(\%MnO)}{[\%Mn] r_{FeO}(\%FeO)}$$

$$L_{Mn} = \frac{(\%MnO)}{[\%Mn]} = K_{Mn}\frac{r_{FeO}}{r_{MnO} \times (\%FeO)}$$

而

$$\lg K_{Mn} = \frac{6440}{T} - 2.95$$

以上各式中用 $(\%MnO)/(\%FeO)$ 代替 x_{MnO}/x_{FeO}，因为 Mn 与 Fe、MnO 与 FeO 的原子量和分子量相近。又在 $[\%Mn] < 1$ 时，$f_{Mn} = 1$，在钢水中 $a_{Fe} = 1$。

7.8.3 硅的氧化

硅的氧化的动力学很复杂，因为产物中 SiO_4^{4-} 结构复杂，且 Fe^{2+} 和 O^{2-} 都参与扩散，Si 氧化过程中 SiO_4^{4-} 浓度会不断改变。因此，一般用单一扩散过程的速率式来处理。

硅氧化反应：$\quad [Si] + 2(FeO) \Longrightarrow (SiO_2) + 2[Fe]$

组成环节如下：

（1）金属液 $[Si]$ 的扩散成为限制环节

$$v = -\frac{d[\%Si]}{dt} = k_{mSi} \times \frac{A}{V} \times [\%Si] \tag{7-55}$$

由于硅氧化平衡常数 K_{Si} 很大，$[\%Si]^* \approx 0$，所以上式浓度差 $[\%Si] - [\%Si]^* \approx [\%Si]$。

（2）渣中 (SiO_2) 的扩散成为限制环节

$$v = v_{SiO_2} \times \frac{28}{60} \times \frac{\rho_s}{\rho_m} = \frac{28}{60} \times \frac{\rho_s}{\rho_m} \times k_{m(SiO_2)} \times \frac{A}{V_s} \times (\%SiO_2)_{\Psi}$$

因为 K_{Si} 很大，$(\%SiO_2)^* = (\%SiO_2)_{\Psi}$ 很高；碱性渣中 SiO_2 的体积浓度很低，且 SiO_2 在渣中扩散慢。

所以 $\quad (\%SiO_2)^* - (\%SiO_2) \approx (\%SiO_2)^* = (\%SiO_2)_{\Psi}$

（3）渣中 (FeO) 的扩散成为限制环节

$$v = v_{FeO} \times \frac{28}{144} \times \frac{\rho_s}{\rho_m} = \frac{28}{144} \times \frac{\rho_s}{\rho_m} \times k_{m(FeO)} \times \frac{A}{V_s} \times (\%FeO)$$

因为 K_{Si} 很大，$(\%FeO)^* \approx 0$，而渣中 $(\%FeO)$ 浓度很高，扩散又慢，所以上式浓度的差值 $(\%FeO) - (\%FeO)^* \approx (\%FeO)$。

7.8.4　磷的氧化

由式 7-48 可得出磷氧化的速率式：

$$v_P = -\frac{\mathrm{d}[\%P]}{\mathrm{d}t} = \frac{k_m L_P}{k_m/k_s + L_P}\{[\%P] - (\%P_2O_5)/L_P\} \tag{7-56}$$

显然，利用上式计算是很复杂的，因为熔渣组成和数量在不断变化（造渣料大量溶解）。

从式 7-56 可确定磷氧化的限制环节。

（1）$L_P \gg k_m/k_s$ 及 $(\%P_2O_5)/L_P \ll [\%P]$，则

$$v_P = k_m[\%P] \tag{7-57}$$

$$\lg\frac{[\%P]}{[\%P]_0} = -\frac{k_m}{2.3}t \tag{7-58}$$

式中　　$[\%P]_0$——金属液中磷的初始浓度。

此式为磷在金属液中扩散为限制环节。如在活跃性的高碱度、高氧化铁渣形成时，磷能迅速氧化。

（2）如 $L_P \ll k_m/k_s$，则

$$v_P = k_s\{[\%P]L_P - (\%P_2O_5)\} \tag{7-59}$$

此式出现在低碱度、黏度大的渣形成及 $[\%P]$ 高的情况下，为渣中 P_2O_5 扩散成为限制环节。

7.9　脱氧反应及其动力学

7.9.1　氧对钢质量的影响

钢液或废钢通过氧化熔炼以后，将杂质氧化到一定限度，在这一阶段内氧起了积极的作用，这仅是问题的一方面。从另一方面来看，当氧完成了氧化钢液中杂质的任务后，如果不把残留在钢液中的多余氧去除，则不能浇铸合格的钢锭，就不能得到力学性能良好的钢材。

含氧量高的钢，当钢液在钢锭模中凝固时，由于氧在钢中溶解度的降低和偏析，加之碳氧反应是个放热反应，随着温度的降低，将促使反应向生成 CO 气泡的方向进行。生成的 CO 气泡若不及时排出，则使钢锭产生气孔、疏松，甚至造成钢锭上涨，破坏了钢的致密性。

含氧量高的钢，在钢锭冷凝过程中，析出的氧与钢中硅、锰等元素作用，生成的氧化产物来不及上浮，残留在钢中，使钢中夹杂物增多。

钢中氧的存在加剧了硫的危害作用。钢中的 FeO 与 FeS 形成低熔点（940℃）共晶体，分布在晶界上，热加工时，加热温度高于共晶体熔点时，共晶体熔化，产生裂纹。此外，氧还能降低硫在钢中的溶解度，从而增加了硫的有害作用。

7.9.2　脱氧的原理和分类

氧在钢液中以 FeO 的形式存在。因此，采用与氧亲和力比铁大的元素把 FeO 还原成铁，并使生成的氧化物从钢液中排除，就完成了脱氧操作。

由于脱氧剂加入的方法不同，可分为沉淀脱氧、炉渣脱氧和真空脱氧。

7.9.2.1　沉淀脱氧

把块状脱氧剂 M 加到钢液内，直接与钢液中的氧发生反应：

$$x[M] + y[O] === M_xO_y$$

生成的脱氧产物 M_xO_y 应不溶于钢液，且密度小于钢液，好像"沉淀"一样自钢液排出。

这种脱氧方法称为沉淀脱氧，也称直接脱氧。

这种脱氧方法的优点是脱氧速度快，可缩短还原时间；缺点是脱氧产物易留在钢中，使钢中非金属夹杂增多，影响钢的质量。

7.9.2.2　炉渣脱氧

把粉状脱氧剂加在渣面上，通过降低渣中氧含量，间接地使钢液脱氧叫做炉渣脱氧，也称间接脱氧。由于这种脱氧是利用钢中氧向渣中逐渐扩散实现的，所以又叫扩散脱氧。据氧的分配定律，在一定温度下，钢中氧的浓度与渣中氧化铁活度之比为一常数。即 $L_O = \dfrac{[\%O]}{a_{FeO}}$。因此，扒除氧化渣，重造新渣以及采用粉状脱氧剂不断地脱除渣中的氧含量，则氧的分配就不平衡，必然促使钢中的氧不断地向渣中扩散，从而间接地降低了钢中的含氧量，其脱氧反应：

$$[FeO] \longrightarrow (FeO)$$
$$xM + y(FeO) === y[Fe] + (M_xO_y)$$

7.9.2.3　真空脱氧

真空脱氧的基本原理为钢水中的碳和氧反应：

$$[C] + [O] === CO(g)$$

$$K_c = \frac{p_{CO}}{a_{[C]} \cdot a_{[O]}} = \frac{p_{CO}}{f_{[C]} f_{[O]}[\%C] \cdot [\%O]}$$

$$m = [\%C] \cdot [\%O] = \frac{p_{CO}}{f_{[C]} \cdot f_{[O]} \cdot K_c}$$

当碳和氧的浓度较低时，不考虑 $f_{[C]}$ 和 $f_{[O]}$ 的影响，则：

$$m = \frac{p_{CO}}{K_c} \tag{7-60}$$

可见温度一定时，碳氧浓度积和 CO 的分压 p_{CO} 有关。只要降低 p_{CO}，钢中碳和氧的浓度都可以减小。

$t = 1600℃$，$p_{CO} = 1$（即 CO 的分压为标准压力 100kPa），$[\%C] \cdot [\%O] = 0.002$。如果钢水残余碳为 0.1%，氧含量只能脱到 0.02%。即 $p_{CO} = 1$ 的碳脱氧能力和硅脱氧能力相近。

7.9.3　元素的脱氧能力

脱氧反应为：

$$x[M] + y[O] \Longrightarrow M_xO_y$$

其平衡常数为：

$$K = \frac{a_{M_xO_y}}{a_{[M]}^x a_{[O]}^y} \tag{7-61}$$

如果脱氧产物是纯物质，则 $a_{M_xO_y} = 1$，则上式变为：

$$a_{[M]}^x \cdot a_{[O]}^y = \frac{1}{K} = K_M$$

或
$$[\%M]^x[\%O]^y = K_M \frac{1}{f_{[M]}^x \cdot f_{[O]}^y} = K'_M \tag{7-62}$$

K_M（即 $a_{[M]}^x \cdot a_{[O]}^y$）或 K'_M（即 $[\%M]^x[\%O]^y$）叫脱氧常数。

7.9.4　常用脱氧剂的特性

锰、硅、铝等是炼钢生产中常用的脱氧剂，它们可以单独使用，也可在一起组成复合脱氧剂使用。

7.9.4.1　锰

锰是弱脱氧剂，但却是熔炼所有钢种时采用的主要脱氧剂之一。锰的脱氧能力在实验室中作过许多研究。例如：用含锰 0.1%~0.3% 的铁液与 FeO-MnO 炉渣相作用，测定锰氧平衡值，其结果：

$$[Mn] + [O] \Longrightarrow MnO$$

平衡常数为：
$$K = \frac{a_{MnO}}{a_{[Mn]} \cdot a_{[O]}}$$

锰和铁形成理想溶液，而锰与氧的相互作用系数非常小。对于纯 Fe-O-Mn 熔体，上式中锰和氧的活度可以分别用其浓度代替，因而：

$$K \approx \frac{a_{MnO}}{[\%Mn] \cdot [\%O]} = K_{Mn}$$

锰脱氧产物 MnO 和 FeO 能生成成分连续变化的溶液，而且既可以生成液态溶液，也可以生成固溶体。在一定温度下，钢中锰的残余浓度高时形成固溶体，浓度低时生成液态溶液。如图 7-15 所示，1600℃ 时临界锰量约为 0.2%，FeO-MnO 系十分近似理想溶液。如果渣相除 MnO、FeO 外，没有其他的物质，那么 a_{MnO} 可用物质的量分数 x_{MnO} 代替，从而：

$$K_{Mn} = \frac{x_{MnO}}{[\%Mn] \cdot [\%O]}$$

由于上式中有 x_{MnO}，即使由 $K_{Mn} = f(T)$ 得到了 K_{Mn} 值，也无法找出 $[\%Mn]$ 和 $[\%O]$ 的关系，为此采用以下方法。

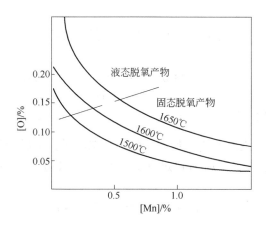

图 7-15　与液态及固态脱氧产物平衡的锰、氧浓度

由于脱氧产物是 MnO-FeO 溶液，所以体系内存在以下反应的平衡：

$$[Mn] + [FeO] \Longrightarrow [MnO] + [Fe] \qquad (I)$$

$$[FeO] \Longrightarrow [Fe] + [O] \qquad (II)$$

反应（I）的平衡常数：

$$K_{Mn-Fe} = \frac{x_{MnO}}{[\%Mn] \cdot x_{FeO}}$$

因为 $x_{FeO} + x_{MnO} = 1$，将 $x_{MnO} = 1 - x_{FeO}$ 代入上式整理后得：

$$\frac{1}{x_{FeO}} = 1 + K_{Mn-Fe} \cdot [\%Mn]$$

反应（II）的平衡常数：

$$L_O = [\%O]_{饱} = \frac{[\%O]}{x_{FeO}}$$

上述两式合并经整理得

$$[\%O] = [\%O]_{饱} \cdot x_{FeO} = \frac{[\%O]_{饱}}{1 + K_{Mn-Fe} \cdot [\%Mn]} \qquad (7-63)$$

由此可见，当温度一定时，随着钢液含锰量的变化，钢中含氧量也相应改变。在不同温度下得出的锰脱氧能力。

应当指出，与脱氧钢液相平衡的渣相成分，对任何一个元素的脱氧作用都有影响，所以必须用脱氧产物在炉渣中的活度来进行热力学计算。

溶解于铁液中的锰和氧与渣相中的氧化锰的平衡式为：

$$[Mn] + [O] \Longrightarrow (MnO)$$

对于任何炉渣，平衡常数通式为：

$$\lg \frac{r_{MnO}(\% MnO)}{[\% Mn]\cdot[\% O]} = \frac{12760}{T} - 5.684 \tag{7-64}$$

7.9.4.2　硅

硅的脱氧产物有两个，一是固态 SiO_2，另一个是成分可变的液态硅酸铁渣。其临界浓度如下：

温度/℃	1500	1600	1650
临界浓度 [%Si]	0.002	0.003	0.006
[%O]	0.084	0.105	0.130

高于临界硅量，脱氧生成 SiO_2；低于硅的临界浓度时，生成硅酸铁渣。由于硅的临界浓度相当低，钢水中硅的浓度远远超过临界浓度。所以通常认为硅的脱氧产物为固态 SiO_2。而脱氧反应为：

$$[Si] + 2[O] = SiO_2(s)$$

$$K_{Si} = \frac{a_{SiO_2}}{a_{[Si]}\cdot a_{[O]}^2} = \frac{1}{f_{[\%Si]}\cdot f_{[O]}^2\cdot[\%Si]\cdot[\%O]^2} \tag{7-65}$$

当硅的浓度低于2%左右，或者是氧的浓度低于3%左右，$f_{[Si]}$ 随着硅和氧含量的变化和 $f_{[O]}^2$ 随着硅和氧含量的变化，彼此完全抵消。即 $f_{[Si]}\cdot f_{[O]}^2$ 可以近似的认为等于1，所以

$$K_{Si} = \frac{1}{[\%Si]\cdot[\%O]^2}, \quad K_{Si}' = \frac{1}{K_{Si}} = [\%Si]\cdot[\%O]^2$$

硅脱氧常数 K_{Si}' 和温度的关系可从有关书中查得：

$$\lg K_{Si}' = -\frac{29150}{T} + 11.01 \tag{7-66}$$

根据计算，1600℃时，$K_{Si}' = 2.8\times10^{-5}$，如果钢水脱氧后含 Si 0.2%，那么残余氧量为 0.012%，可见硅的脱氧能力是较强的。

7.9.4.3　铝

铝脱氧产物是固态 Al_2O_3 和 $FeO\cdot Al_2O_3$。临界氧量为 0.06%。当残余氧量高于 0.06%时，则生成 $FeO\cdot Al_2O_3$。

$$2[Al] + 4[O] + [Fe] = FeO\cdot Al_2O_3(s)$$

当残余量低于 0.06%时，生成 $Al_2O_3(s)$。

$$2[Al] + 3[O] = Al_2O_3(s)$$

$$K_{Al} = \frac{a_{Al_2O_3}}{a_{[Al]}^2\cdot a_{[O]}^3} \tag{7-67}$$

当脱氧产物是纯物质时，$a_{Al_2O_3} = 1$，所以

$$K_{Al}' = \frac{1}{K_{Al}} = [\%Al]^2\cdot[\%O]^3 \tag{7-68}$$

或
$$K'_{Al} = [\%Al]^2 \cdot [\%O]^3 \qquad (7\text{-}69)$$

$$\lg K'_{Al} = \lg[\%Al]^2 \cdot [\%O]^3 = -\frac{45500}{T} + 11.55 \qquad (7\text{-}70)$$

【例7-2】 假设在1600℃，单独用铝脱氧，欲使钢水含氧量从0.12%降到0.002%，问每吨钢液需加多少铝？

解： 由于Al的临界氧量为0.06%，含氧量从0.12%降到0.002%，所消耗的铝量如下：

当含氧量从0.12%降到0.06%所需Al量：
$$2[Al] + 4[O] + [Fe] = FeO \cdot Al_2O_3(s)$$
$$2 \times 27 \quad 4 \times 16$$
$$x \quad 0.12 - 0.06$$

所以
$$x = \frac{54 \times (0.12 - 0.06)}{64} = 0.0506\%$$

当含氧量从0.06%降到0.002%所需Al量：
$$2[Al] + 3[O] = Al_2O_3(s)$$
$$2 \times 27 \quad 3 \times 16$$
$$y \quad 0.06 - 0.002$$

所以
$$y = \frac{54 \times (0.06 - 0.002)}{48} = 0.0653\%$$

与钢液含氧量为0.002%相平衡时所需Al量：

1600℃：
$$\lg[\%Al]^2 \cdot [\%O]^3 = -\frac{45500}{1873} + 11.55 = -12.74$$

$$[\%Al]^2 \cdot [\%O]^3 = 1.82 \times 10^{-13}$$

所以与0.002%氧平衡的铝量为：
$$[\%Al] = \left(\frac{1.82 \times 10^{-13}}{0.002^3}\right)^{1/2} = 0.0048\%$$

加入钢液的总Al量为：
$$0.0506\% + 0.0653\% + 0.0048\% = 0.1207\%$$

即每吨钢液加铝为1.207kg。

上例表明：与0.0048%Al平衡的含氧量只有0.002%。可见铝是很强的氧化剂，脱氧能力比锰、硅大得多。所以生产上常常用锰预脱氧，最后用铝终脱氧。

7.9.5 钢液脱氧过程的动力学

7.9.5.1 脱氧反应的一般机理及沉淀脱氧的要求

对沉淀脱氧机理的研究已经历漫长阶段。但总的来说，由于其机理复杂，研究还跟不上生产的需要。测量的结果和理论上的解释在许多场合下还有分歧。按脱氧反应的通式：

$$x[\text{M}] + y[\text{O}] \Longrightarrow \text{M}_x\text{O}_y$$

脱氧反应一般由下列环节组成：脱氧剂在钢液的溶解与扩散，即 [M] 在钢液中逐渐均匀的过程、脱氧反应、脱氧产物核的生成及其长大，脱氧产物的聚合、脱氧产物的上浮及排除。在这些环节中，一般认为，脱氧产物的形成比其排出快得多，因此其产物的排出是脱氧过程的限制环节。

7.9.5.2　脱氧反应的速率问题

A　脱氧剂的溶解与扩散

炼钢温度下有着强烈的搅拌与运动，给脱氧剂的溶解与扩散创造了极有利的条件。但十多年来，也发现脱氧剂加入后溶解的初期，其周围仍然有一定的浓度梯度：

$$\frac{c}{c_0} = 1 - \phi\left(\frac{x}{2\sqrt{Dt}}\right) \tag{7-71}$$

式中　c——距离表面为 x 处的浓度，%；

$\quad\quad c_0$——脱氧剂表面起始浓度，%；

$\quad\quad \phi$——普朗克常数；

$\quad\quad t$——时间，s；

$\quad\quad D$——扩散系数，D 因元素、介质、温度不同而异。

B　反应与核的生成

高温下化学反应速率异常迅速，但新相的形成（形核）就需考虑。

熔体中反应产物均相形核所需的反应物的过饱和度可由下式决定：

$$\frac{K_\text{s}}{K} = \exp\left(\frac{\Delta G}{RT}\right)$$

式中　K——平衡脱氧浓度积；

$\quad\quad K_\text{s}$——实际成分的浓度积；

$\quad\quad \Delta G$——形核过程中自由能变化，它可由脱氧产物与钢液间界面能所决定。

如果 $\dfrac{K_\text{s}}{K} > 500$，说明均相形核是可能的，如果 $\dfrac{K_\text{s}}{K} \leqslant 500$，说明均相形核是不可能的。

【例 7-3】　在用 Si、Mn 脱氧时，若 1600℃ 加入 0.43% Mn 与 0.10% Si，原始氧含量为 0.05%。若它们皆均分散于钢液中，达到平衡时，Mn 为 0.4%，氧含量为 0.017%，Si 为 0.08%，试说明均相形核是否可能？

解：因为反应为：

$$[\text{Mn}] + [\text{Si}] + 3[\text{O}] \Longrightarrow \text{MnSiO}_3(\text{l})$$

$$\frac{K_\text{s}}{K} = \frac{[\%\,\text{Mn}] \times [\%\,\text{Si}] \times [\%\,\text{O}]^3}{[\%\,\text{Mn}]_\text{平} \times [\%\,\text{Si}]_\text{平} \times [\%\,\text{O}]_\text{平}^3}$$

$$= \frac{0.43 \times 0.10 \times 0.05^3}{0.40 \times 0.08 \times 0.017^3} = 34$$

液态硅酸锰与铁液界面能为 $(8 \sim 10) \times 10^{-5}\,\text{J}$，由此得临界过饱和度 $\dfrac{K_\text{s}}{K} \leqslant 500$。故实际

过饱和度大大低于临界过饱和度，说明均相形核是不可能的。

    C 脱氧产物的长大

由于均相形核析出的脱氧产物核都有临界半径 r_R：

$$r_R = \frac{2\sigma_{M-B} \times M}{\rho RT \ln \dfrac{K_s}{K}} \tag{7-72}$$

式中 σ_{M-B}——钢液与析出物的界面张力；

          M——析出物分子量；

          ρ——析出物密度；

          $\dfrac{K_s}{K}$——过饱和度。

7.9.5.3 脱氧产物的排除

因为脱氧反应是在钢水内部进行，生成的脱氧产物如果不能及时排除，等到钢水凝固后，就会成为非金属夹杂，影响钢锭和铸件质量。因此脱氧的任务有两个，一是降低溶解于钢中的氧，二是最大限度地把脱氧产物从钢水中排掉。

脱氧产物的密度小于钢水的密度，所以能在钢水中上浮，排除到炉渣内。排除的程度与上浮的速度有关。细小球状液态或固态质点，在互不相溶的第二液态介质中上浮力和上浮阻力速率相等，遵守斯托克斯公式。

球形夹杂物（脱氧产物）质点的上浮力：

$$\frac{4}{3}\pi r^3 g(\rho_m - \rho_s)$$

球形夹杂物质点上浮所受阻力：

$$6\pi r \eta_M v$$

由于

$$\frac{4}{3}\pi r^3 g(\rho_m - \rho_s) = 6\pi r \eta_M v$$

所以

$$v = \frac{2}{9}gr^2 \frac{\rho_m - \rho_s}{\eta_M}$$

式中 v——脱氧产物的上浮速率，m/s；

        g——重力加速度，9.8m/s^2；

        r——脱氧产物的半径，m；

  ρ_m，ρ_s——钢液与脱氧产物的密度，kg/m^3；

        η_M——钢液的黏度，Pa·s。

由于 v 与 r 的平方成正比，脱氧产物颗粒的大小对其上浮速率影响最大。例如，在 1600℃ 时，钢液密度为 7000kg/m^3，假定，钢液黏度 $\eta_M = 1.0 \times 10^{-3}$Pa·s，当 $r = 10^{-5}$m 时，则有 $v = 8.7 \times 10^{-4}$m/s。如果脱氧产物位于金属熔池深 0.4m 的钢包底部，那么需要 460s 才能排除。如果球状夹杂物半径增加 10 倍，即 $r = 10^{-4}$m 时，上浮速度提高到 100

倍，4.6s 即可排除。即增大脱氧产物尺寸是排除它们的有效方法。

7.10　钢液脱碳反应的动力学

7.10.1　脱碳反应动力学分析

脱碳反应的步骤是复杂的，其反应机理主要分为以下五个环节：

（1）炉气中氧通过渣层向渣-钢界面扩散，并与 Fe 发生反应：

$$[Fe] + \frac{1}{2}O_2 === (FeO)$$

（2）（FeO）中氧溶入钢液中，向钢液内部扩散：

$$(FeO) === [Fe] + [O]$$

（3）钢液中碳 [C] 和氧 [O] 向反应区域扩散：

（4）在反应区域发生 C—O 反应：

$$[C] + [O] === CO(g)$$

（5）反应产物 CO 气泡长大、上浮。

常用其表观活化能的大小来判断。如活化能 $E \geqslant 1050\text{kJ/mol}$，则化学反应成为限制环节，如果活化能 $E \leqslant 84\text{kJ/mol}$，则 [C] 和 [O] 向反应的界面扩散成为限制环节。据文献报道的 C—O 反应的表观活化能约为 $60 \sim 150\text{kJ/mol}$，由此可以断定，在界面上（反应区域）C—O 反应不会成为限制环节，在炼钢温度下，脱碳过程的限制环节是 [C] 和 [O] 向反应界面的扩散传质。

一般认为在高、中含碳反应内，[O] 的扩散为限制环节。随着脱碳反应的进行，[C] 逐渐降低，当 [C] 降到一定程度后，则 [C] 的扩散成为限制环节，这一转折点含碳量称为临界含碳量，以 $[\%C]_c$ 表示。通常认为 $[\%C]_c$ 的范围是 $0.06 \sim 0.10$。

7.10.2　脱碳速率方程

7.10.2.1　临界含碳量以上的脱碳速率

这里我们对脱碳反应受氧扩散控制，进行如下两种情况的讨论：

（1）熔渣中（FeO）的扩散成为整个脱碳过程的限制环节，可以通过扩散传质方程导出脱碳速率：

$$v_C = \frac{12}{16}k_s\{(\%FeO) - [\%O]/L_0 r_{FeO}\} \tag{7-73}$$

其中

$$k_s = k_{m(FeO)} \times \frac{A}{V_s} \times \frac{\rho_s}{\rho_m} \times \frac{M_O}{M_{FeO}}$$

$$\lg L_0 = -\frac{6320}{T} + 2.734$$

（2）钢液中 [O] 的扩散成为整个脱碳过程的限制环节，导出速率方程如下：

$$v_C = \frac{12}{16}k_m\{(\%FeO)r_{FeO}L_0 - [\%O]\} \tag{7-74}$$

式中，$(\%FeO)r_{FeO}L_0 = [\%O]_平$，这是与熔渣平衡的钢液层的氧浓度，故式 7-74 可改为：

$$v_C = \frac{12}{16}k_m\{[\%O]_{平} - [\%O]\} \tag{7-75}$$

其中

$$k_m = k_{m[O]} \times \frac{A}{V_m}$$

因为此时只有钢液中 $[O]$ 扩散最慢，熔体中反应 $[C] + [O] = CO(g)$ 达到平衡，故上式中的 $[\%O]$ 可由碳气反应的平衡式得到：

$$[\%O] = \frac{p_{CO}/p^{\ominus}}{K \cdot [\%C]}$$

式中　p_{CO}——炉气中 CO 的压力，kPa；

　　　　K——熔体中碳气反应平衡常数，$\lg K = \dfrac{1168}{T} + 2.07$；

　　　　$p^{\ominus}$——标准压力，100kPa。

所以式 7-75 可改为：

$$v_C = \frac{12}{16}k_{m[O]}\frac{A}{V_m}\left\{[\%O]_{平} - \frac{p_{CO}/p^{\ominus}}{K \cdot [\%C]}\right\} \tag{7-76}$$

7.10.2.2　临界含碳量以下的脱碳速率

当钢液中含碳量低于临界值时，脱碳速率的限制环节不是氧的扩散而是碳向反应界面的扩散。临界碳量则与决定碳传质的因素及此条件下的供氧制度有关。在这种条件下，氧扩散通量远大于碳的扩散通量，进入熔池中的氧除部分氧化碳外，主要是使熔渣和钢液中氧浓度增加。钢液中碳浓度很低时，碳扩散速率慢，故脱碳速率明显降低。

临界含碳量以下的脱碳速率可用下式表示：

$$v_C = k_{m[C]}\frac{A}{V_m}\left\{[\%C] - \frac{p_{CO}/p^{\ominus}}{K \cdot [\%C]}\right\}$$

7.10.3　CO 气泡新相产生条件、长大及排除

在某些情况下（如不吹氧的平炉和电炉），脱碳反应的生成物 CO 气泡的析出，也可能成为限制环节。CO 气泡只有在它能够克服存在于其表面上部的压力（包括炉气压力，钢液和炉渣静压力以及由于钢液表面张力所造成的附加压力）时，才能在熔池中形成。

$$p_{CO} = p_{气} + g(h_{钢}\rho_{钢} + h_{渣}\rho_{渣}) + \frac{2\sigma}{r} \tag{7-77}$$

式中　$p_{气}$——炉气压力，约为 100kPa；

　　　　g——重力加速度，9.8m/s²；

　$h_{钢}, h_{渣}$——气泡上方钢液、炉渣的高度，m；

　$\rho_{钢}, \rho_{渣}$——钢液、炉渣的密度，kg/m³；

　　　　σ——钢液表面张力，N/m；

　　　　r——生成气泡的半径，m。

当钢中含碳量为 0.5% 时，$\sigma = 1.55$N/m、$r = 10^{-7}$m，则附加压力为：

$$\frac{2\sigma}{r} = \frac{2 \times 1.55}{10^{-7}} = 3.1 \times 10^7 \text{Pa}$$

在气泡萌芽之时，其尺寸还要小，因此其附加压力将更大。加之气泡上方钢、渣静压力则更大。加之气泡上方钢、渣静压力的存在，实际上钢液内部是不可能生成 CO 气泡的。在炼钢熔池中，CO 气泡只能在相界面上形成。例如不均匀炉渣-钢液界面、气泡-钢液界面、炉底-钢液界面等。

7.10.3.1　在炉底生成

镁砂炉底通常具有粗糙的表面，孔隙度较大。在 1530～1830℃时，钢液与镁砂的润湿角 $\theta = 108° \sim 128°$，说明钢液与炉底润湿不好。镁砂炉底不易被钢水充填，而存在了气体，使 C—O 反应不存在新相生成问题，C—O 反应在炉底进行。当到熔炼后期由于炉底渣化，则 $\theta \approx 63° \sim 69°$，钢液能润湿炉底，使 C—O 反应不能进行。

7.10.3.2　在渣-钢界面生成

炉渣中的一些未熔化的固体颗粒，其表面情况与炉底相似。可成为 CO 的现成核心，所以也能进行 C—O 反应，造成表面沸腾。此时小气泡会停滞于渣中形成泡沫，熔池不活跃。

7.10.3.3　吹入钢液内的氧气与钢液界面

在气泡与钢液接触的界面处能发生 C—O 反应。如吹入的氧气生成细小的气泡，其内 p_{CO} 趋近于零，有利于 C—O 反应生成的 CO 立即进入气泡内。因此，CO 气泡是耐火材料炉底表面上的微孔萌芽的。随着脱碳反应的发展，微孔内气体的体积增加，不断长大，当达到一定尺寸时，就会脱离炉底而上浮进入钢液中。需要指出的是对能形核的耐火材料毛细孔（微孔）有一定要求，它的半径不能太小，也不能太大。因为半径如果太小，由附加压力公式可知，它不能起到减小附加压力的作用；半径如果太大，钢液会进入其中，钢液不能进入的最大孔隙-半径 r_h 可由下式计算：

$$r_h = \frac{2\sigma\cos\theta}{\rho_m h_m g}$$

式中　　θ——钢液对耐火材料的润湿角；

　　　　σ——界面张力，N/m；

　　　　ρ_m——钢液密度，kg/m³；

　　　　h_m——毛细孔距钢液液面高度，m。

一般要求：$0.001\text{m} < r_h < 0.005\text{m}$。

图 7-16 表示炉底毛细孔（微孔）CO 气泡形成及长大过程示意图。

由以上讨论可知，电炉炼钢 C—O 反应地点为：未熔化的炉衬内壁、渣-钢界面，吹入钢液内部与钢液接触的气泡表面。但应指出：当熔炼状态不同时，C—O 反应地点又有所侧重。

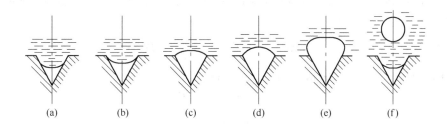

图 7-16 炉底表面微孔 CO 气泡形成及长大过程示意图
(a) 微孔内现成气泡；(b) 微孔内有 CO 进入，气泡不断长大 (c) 气泡达到微孔顶端；
(d) 气泡呈球冠形；(e) 上浮气泡的形成；(f) 气泡脱离了炉底，进入钢液中

习 题

7-1 气体反应 $SO_2Cl_2 = SO_2 + Cl_2$ 为一级反应。在 593K 时的 $K = 2.20 \times 10^{-5}/s$。求半衰期和反应 2h 后分解的百分比。

7-2 某二级反应在 $a = b$ 时，经过 500s 原始物作用了 20%，问原始物作用 60% 时需经过多长时间？

7-3 "一个反应进行完全所需时间是 $2t_{1/2}$"，这种说法对吗？反应物浓度降低 75% 所需时间，对（1）零级反应；（2）一级反应；（3）二级反应各为 $t_{1/2}$ 的几倍？

7-4 证明一级反应完成 99.9% 所需时间为半衰期的 10 倍。

7-5 在 760℃ 加热分解 N_2O。当 N_2O 起始压力 $p_0 = 38.66kPa$ 时，半衰期为 255s，$p_0 = 46.66kPa$ 时，半衰期为 212s。求反应级数和 $p_0 = 101.3kPa$ 时的半衰期。

7-6 活化能的大小与反应速率有什么关系？反应速率随温度的变化与活化能有什么关系？

7-7 "温度升高，反应速率增大，其原因是分子碰撞频率增大。"这一说法正确吗？

7-8 氧乙烯的热分解为一级反应：

$$C_2H_4O \longrightarrow CH_4 + CO$$

在 378.5℃ 时半衰期为 363min。求 378.5℃ 和 450℃ 分解 75% 所需要的时间。已知活化能为 217600J/mol。

7-9 气态乙醛 CH_3CHO 分解反应是二级反应。设最初浓度 $c_0 = 0.005mol/L$。500℃ 反应 300s 后有 27.6% 原始物分解。510℃ 经 300s 后有 35.8% 分解。求活化能和 490℃ 时的反应速率。

7-10 多相反应在高温时温度对反应速率的影响往往比较小，这如何解释？

7-11 用 CO 还原铁矿石的反应中，900℃ 的反应速率常数 $k_1 = 2.979 \times 10^{-2}$，1000℃ 时 $k_2 = 5.623 \times 10^{-2}$，试求：（1）反应的活化能；（2）1400℃ 时的 k 值。

7-12 在大容量平炉的纯沸腾期内，氧仅由炉气通过熔渣进入钢液。当温度为 1527℃ 时，碳的氧化速率 $v_1 = 0.1\%/h$。温度为 1627℃ 时，$v_2 = 0.13\%/h$。试求反应的活化能，并确定反应限制环节。

7-13 电炉冶炼还原期内，测得钢液含硫量从 0.635% 下降到 0.030%，在 1580℃ 时，需 60min，在 1600℃ 时需 50min。试计算反应的活化能及 1530℃ 时减少同样的硫需要的时间。

7-14 1600℃，将含 Si 50% 的硅铁加入钢水脱氧，使含氧量从 0.1% 降到 0.01%，问每吨钢水需加多少硅铁？

已知：
$$\lg[\%Si] \cdot [\%O]^2 = -\frac{29150}{T} + 11.01$$

7-15　1600℃时用铝使钢液脱氧，要求含碳量为 0.23% 的钢液氧下降到 0.005%。试问每吨钢需加入多少铝？

已知：
$$\lg[\%Al]^2 \cdot [\%O]^3 = -\frac{45500}{T} + 11.55$$

7-16　钢水含 Al 0.0105%，在 2000K 和 Al_2O_3 处于平衡：

$$Al_2O_3 = 2[Al] + 3[O]$$

已知：平衡常数　　　　　$K_{2000K} = 3.162 \times 10^{-12}$

$$e_O^O = 0 \quad e_{Al}^{Al} = 0 \quad e_O^{Al} = -3.15 \quad e_{Al}^O = 0$$

计算钢水中的残余含氧量。

第3篇

金属熔体

 金属熔体及炉渣的物理化学性质

【本章学习要求】

（1）了解晶体定义及其分类，明确金属熔体的结构的基本函数是原子的径向分布函数曲线，掌握金属熔体的结构模型说明液体金属的性质。

（2）了解液体铁合金的物理性质，主要包括密度、黏度、表面张力等性质，明确表面吉布斯自由能的概念，掌握液体中的气泡或气相中的液滴所产生的附加压力的正负关系。理解表面活性剂的概念，掌握铁液及炉渣的表面活性物质包括哪些。

（3）了解炉渣的来源和成分，明确炉渣在冶金过程中的作用。

（4）了解分子理论和离子理论的基本观点，明确静电势的概念，掌握离子的极化与离子所带电荷及离子半径的关系，熟练掌握熔渣离子浓度的计算方法，包括捷姆金法、海勒赛门科法和弗路德法计算熔渣离子浓度的重要公式。

（5）明确炉渣的碱度的概念，掌握炉渣的氧化性与炉渣碱度的关系，熟练掌握全氧折算法和全铁折算法计算炉渣中 FeO 含量的方法。

（6）了解二元渣系组元的活度，明确三元渣系组元的活度，掌握图解法求氧化铁的活度方法，熟练掌握捷姆金法求氧化铁的活度方法。

（7）明确炉渣的黏度与炉渣酸碱性的关系，掌握炉渣的熔化性与组成炉渣的成分之间的关系。

（8）了解炉渣的表面性质掌握各种纯氧化物的表面张力大小与阳离子的静电矩及离子键成分之间的关系，明确接触角的概念及炉渣的乳化性能及导电性。

8.1　金属熔体的结构

固体物质可分为晶体和非晶体。晶体有其自己的特征，按晶格结点上粒子间的作用力不同来区分，晶体又可分为离子晶体、原子晶体、分子晶体和金属晶体四类。

8.1.1　离子晶体

在离子晶体中，正离子周围吸引着负离子，负离子周围吸引着正离子。正负离子靠静电引力互相靠近，在充分靠近时，电子与电子之间及原子核与原子核之间的排斥力将增大。这样，当正、负离子互相靠近到某一距离时，吸引与排斥达到平衡，体系的能量最低，于是形成稳定的离子键。由离子键形成的化合物为离子型化合物，其分子为离子型分子。

由于异号离子间存在较强的化学键，所以离子化合物一般有硬度较高，密度较大、较为坚实、难于压缩和难于挥发等特性；并且有较高的熔点和沸点，有较高的熔化热和升华热等。此外，离子晶体不论是在水溶液中还是熔融状态，都有良好的导电性。但在固体状态，离子被局限在晶格上振动，因而几乎不导电。

8.1.2　原子晶体

在这类晶体中，组成晶格的质点是原子，原子间以共价键结合。因为在各个方向上的共价键都是相同的。因此，在这类原子晶体中不存在独立的分子，它们是由无限数目的原子所组成的晶体，所以可把整个原子晶体看成是一个大分子。晶体有多大，分子就有多大，没有确定的相对分子质量。

例如金刚石、单质硅、锗等。此外还有单质硼、碳化硅 SiC（金刚砂）、二氧化硅 SiO_2 等。在原子晶体中，原子与原子之间的共价键比较牢固，键能很大，破坏这种共价键所需要的能量较高。所以原子晶体有较高的熔点和硬度，金刚石的熔点高达 3570℃，硬度很大。在通常情况下，原子晶体不导电，熔融后也不导电；并且是热的不良导体。

8.1.3　分子晶体

在分子之间通过分子间力（范德华力）结合而成的晶体，叫做分子晶体。由于分子间力为取向力、诱导力和色散力的总和，是没有方向性和饱和性的，其强度比一般化学键要小 1~2 个数量级。因而分子晶体的硬度小，熔点低，沸点也低；在通常情况下可以成为气体、液体或固体存在。卤族元素单质的存在状况可以作为一个典型的例子。这类晶体不导电，熔化时也不导电。只有那些极性很强的分子晶体，溶解在极性溶剂（如水）中可能发生电离而导电。

8.1.4　金属晶体

在金属晶体的晶格结点上排列着原子和正离子，在这些离子、原子之间，存在着从金属原子脱落下来的电子。这些电子不是固定在某一金属离子的附近，而在整个晶体中自由地运动，叫自由电子。当电子从原子脱落下来时，原子就变成正离子，但当电子与正离子结合时，又变成了原子。由于自由电子的运动而引起金属晶体中微粒间的联结叫做金属键，所形成的晶体叫做金属晶体。不论是单质还是合金，在晶体中金属原子的大小相差不多（对于金属单质来说则是由同样大小的同种原子组成）。

不管是哪种晶体，晶体内粒子排列的最紧密，这种结构也就最稳定。这就是晶体的最

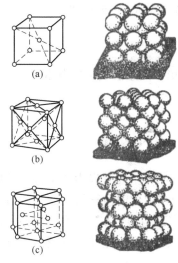

图 8-1　金属晶体的三种排列

紧密排列原理。所谓排列得最紧密，也就是粒子间的空隙最小。金属晶体是由同一种粒子排列而成的。构成金属单质的金属原子可以看做是半径相同的许多圆球，其作用力也是球形对称的。这些球堆砌起来可得到体心立方晶格（图 8-1a）、面心立方晶格（图 8-1b）、六方晶格（图 8-1c）三种排列。把晶体中任一原子（或离子）周围最接近的原子（或离子）数目叫配位数。以上三种排列的配位数分别为 8、12、12。面心立方晶格和六方晶格这两种排列紧密程度是完全相等的，大部分金属的结构都属于这两种类型，如图 8-1 所示。

例如，金属铁在 912℃ 出现 αFe→γFe 的晶格转变（体心立方→面心立方转变），1394℃ 出现 γFe→δFe 的晶格转变（面心立方→体心立方转变）。γFe 的密度比 δFe 的密度大。

8.1.5　金属熔体的结构

熔化时大多数金属的体积仅增加 2.5% ~ 5%，这相当于质点间距共增加 0.8% ~ 1.6%，表示液体和固体中质点分布大体相同，熔化热仅 14.9kJ/克原子，熔化时熵有很小改变。如铁等金属熔化时，体积的增加不大于 3% ~ 6%（纯铁熔化时体积变化为 3.5%），相当于原子间距只增加 1% ~ 2%；熔化的熵仅 9.2J/(K·mol)，说明原子的无序度增加不多；熔化时熔化热改变也不大（铁的熔化热为 14.9kJ/mol，而蒸发热为 358kJ/mol）。

利用 X 射线、电子或中子衍射法可以揭示液体金属的结构。表示金属熔体结构的基本函数是原子的径向分布函数曲线。假定 $\rho(r)$ 是离任意选定的中心原子距离为 r 的单位体积的原子数，而位于半径为 r + dr 的球体间的原子数 $dn(r) = 4\pi r^2 \rho(r) dr$，由此关系确定的 $\rho(r)$ 函数称为径向分布函数（原子数/m³）。如以 $4\pi r^2 \rho(r)$-r 坐标作图，如图 8-2 所示。

对于液体铁，在 1823K，原子间距为 $(2.52 ~ 2.60) \times 10^{-10}$ m，配位数为 8.2 ~

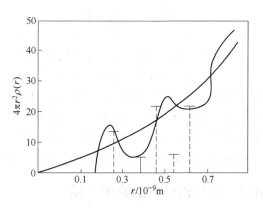

图 8-2　熔铁原子的径向分布曲线（1823K）

11.7。对于固体铁，相应值为 2.52×10^{-10} m 及配位数为 12。这表示液体铁中选定的中心原子邻近有类似于固体铁中近程序的结构。

8.1.6　金属熔体的结构模型

8.1.6.1　自由体积模型

液体中每个原子具有一个大小相同的自由体积，而液体由这种自由体积所组成。这个模型对说明迁移现象有利。例如，液体的黏度（η）与自由体积（V）成反比：

$$\eta = \frac{a}{V_m - V_s}$$

式中　　V_m, V_s ——分别为一单位的液体及熔点时固体的体积，其差值表示自由体积；

　　　　　a ——常数。

这可说明温度升高，自由体积增加，液体的黏度减小。

8.1.6.2　空位模型

加热及熔化时，液体体积的增加不仅是由于原子间距增加，主要是发生了空位，即原子或离子离开了结点。金属被加热时，空位数逐渐增加，而在熔化时急剧增加摩尔分数可达 7.0% ~ 8.0%。空位体积相当于熔融时体积的膨胀量，它是均匀分布的。空位在原子的结点附近形成，而原子可向空位上跃迁，发生空位位置的变化，因而液体中出现了导电、黏度、扩散等传输性质。

8.1.6.3　群聚团模型

A　物性-组成等温线的特性

利用金属熔体对结构有敏感的物理性质，如密度、黏度、表面张力、电导性等随组成变化反映的特点来推测原子群聚团的结构，因为当测定的物性-组成的等温线上出现了转折点时，合金的该组成处就有某种原子团出现。

B　相图的物理化学分析法

这是根据二元系相图化合物组成点液相线上最高点的形状判断液相中相当于化合物组成的原子群聚团出现的可能性。尖锐的最高点表明该化合物在固相及液相中均存在，如图 8-3 所示的 FeS，这种化合物称为同分熔化化合物或稳定化合物。平滑的最高点表明此化合物在固相中存在，但在其熔点以上的温度发生了部分分解。

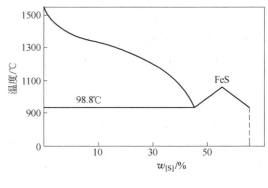

图 8-3　Fe-S 系相图

8.2　液体铁合金的物理性质

8.2.1　密度

金属熔体的密度与原子量、原子半径及配位数有关，在固态时具有体心和面心立方晶格的金属熔化后，形成密堆结构，熔化时体积的增大是由于原子有序排列的减小和空位数的增多。组分混合形成溶液时，体积的改变则是由于原子半径的差别，而使原子密堆结构改变，以及异类原子键能增大了或减小了，引起配位数改变所致。

纯铁在 1873K 的密度为 6900 ~ 7000kg/m³。密度与温度的关系为：

$$\rho = 8580 - 0.853T \tag{8-1}$$

纯铁的密度除与温度有关外，还与溶解元素的种类有关，溶于铁液的元素中，钨、钼能提高熔铁的密度，铝、硅、锰、磷、硫则能降低熔铁的密度，而镍、钴、铬等过渡金属的作用很小。但碳对铁密度的影响则较复杂。即在纯铁中，随着碳量的增加，密度下降，到碳量为 0.15% ~ 0.20% 时有较小值，然后随着碳量的增加，密度上升，到碳量为 0.4% 左右时有最大值，之后，密度又随碳量的增加而下降，降到碳量为 1.2% ~ 1.4% 时密度又有最小值，然后再随着碳量的增加，密度上升，到碳量为 4.0% 左右时又有最大值，之后密度又随碳量的增加而下降，如图 8-4 所示，这是由于纯铁中碳浓度的增加引起铁原子有序排列的结构改变。

8.2.2 黏度

黏度是液体的流体力学性质之一。在液体中各层的定向运动速度并不相等，因而相邻间发生了相对质量运动，各层间产生摩擦力，以阻止这种运动的延续，因而液体流速减慢，这就是黏滞现象。如图 8-5 所示，设液体沿流动方向相距 dx 的两层的速度差为 dv，则 dv/dx 表示流动方向前进单位距离时速度的增加，称为速度梯度。各层每单位面上有一

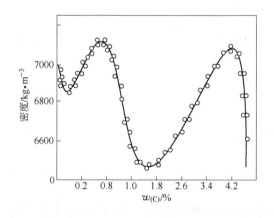

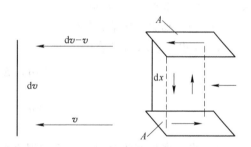

图 8-4　碳对熔体密度的影响　　　　图 8-5　液体中的黏滞流动质点移动方向

平行于运动方向的拖动力，拖动它的下层，而下层则以一黏滞阻力阻止上层的运动。这两种力的大小相等，方向相反，与其作用面平行，这种力与速度梯度及力分布的该层面积成正比：

$$f = \eta A \frac{dv}{dx} \tag{8-2}$$

式中　f——层间的内摩擦力，N；

　　　A——层间的接触面积，m^2；

　dv/dx——速度梯度，s^{-1}；

　　　η——比例系数，称黏滞系数或内摩擦系数，简称黏度。

如取 $A = 1$，$dv/dx = 1$，则 $f = \eta$，故黏度是单位速度梯度下，作用于平行的液层间单位面积的摩擦力。这种黏度称为动力黏度，用 η 表示，单位为 Pa·s 或 N·s/m^2。黏度的倒数称流动度 $\varphi = 1/\eta$。黏度是流动性相反的概念。某液体流动性好也就是它的黏度低。

液态铁合金的黏度不仅是冶炼、铸造等现场操作的重要指标，而且也说明液态铁合金结构的重要性质。熔铁及其他一些液体黏度见表 8-1。

表 8-1　熔铁及其他一些液体的黏度

物质种类	物 质 成 分	温度/℃	黏度/Pa · s
金　属	Fe	1550	0.0050
	Cu	1200	0.0030
	钢	1595	0.0025
炉　渣	FeO-SiO$_2$ (FeO 0.6 ~ 1.0mol)	1400	0.04 ~ 0.3
	CaO-SiO$_2$ (CaO 0.2 ~ 0.55mol)	1550	0.2 ~ 1.0
玻　璃	Na$_2$O-SiO$_2$ (Na$_2$O 0.2 ~ 0.5mol)	1400	1 ~ 10
水			0.0010

由表 8-1 数据可知，铁液、钢液黏度是水的 2 倍左右。

动力黏度与温度的关系为：

$$\eta = B_0 \exp[E_\eta / RT] \tag{8-3}$$

式中　B_0——常数，N · s/m^2；

　　　E_η——黏流活化能，J/mol。

式 8-3 也可表示为对数式：

$$\ln\eta = E_\eta / RT + \ln B_0 \tag{8-4}$$

$$\lg\eta = \frac{A}{T} + B \tag{8-5}$$

对于绝大多数液体金属，在不大温度范围内，实验数据证实式 8-4 的 $\lg\eta$ 与 $\frac{1}{T}$ 是直线关系。由此式关系可求得黏流活化能 $E_\eta = 2.3R \times$ 斜率。

熔铁在 1873K 的黏度为 $(4.70 ~ 5.78) \times 10^{-3}$ Pa · s，从熔点到 1973K，熔铁黏度与温度关系式为：

$$\lg\eta = \frac{1951}{T} - 3.33 \tag{8-6}$$

【例 8-1】　用衰减振动黏度计测得熔铁在不同的温度下的黏度如表 8-2 所示。试求熔铁的黏流活化能及黏度与温度的关系。

表 8-2　熔铁在不同温度的黏度

温度/℃	1502	1552	1630	1700
黏度/10^{3}Pa · s	5.0	4.5	4.3	3.6

解：由式 8-4　　　　　　　　$\lg\eta = E_\eta / 2.303RT + \lg B_0$

现计算各温度熔铁的黏度与温度的关系，如表 8-3 所示。

表 8-3 计算值列表

温度/℃	1502	1552	1630	1700
$1/T \times 10^4/\mathrm{K}^{-1}$	5.63	5.43	5.25	5.07
$\lg\eta$	−2.301	−2.347	−2.347	−2.444

以表 8-3 中计算的 $\lg\eta$ 对 $\dfrac{1}{T} \times 10^4$ 作图（图 8-6），得出

$$\lg\eta = 2322/T - 3.61$$
$$E_\eta = 2322 \times 2.303 \times 8.314 = 44459.7 \mathrm{J} \cdot \mathrm{mol}$$

图 8-7 是 C 在不同温度下对熔铁黏度的影响，从图 8-7 可以看出温度 T 升高黏度 η 将减小。

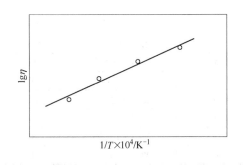

图 8-6　$\ln\eta$-$1/T$ 关系图

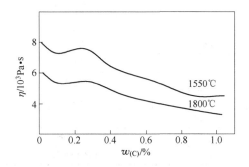

图 8-7　碳对熔铁黏度的影响

8.2.3　表面张力

实践指出，体系表面层的性质往往不同于体系内部。如图 8-8 所示，下面是液体，上面是气体，MN 是液气界面；A 为液体内部某一分子，B 是表面层上的某一分子，可以看出，液体内部分子 A 受到周围分子的吸引力在各个方向都是一样的，平均说来可以相互抵消。表面层的分子则不然，由于气相中的空气或蒸汽密度甚小，对 B 的吸引力小到可以忽略不计，因而表面层分子只受到内部分子的吸引，都趋向于挤向液体内部，使液体表面尽量缩小，结果在表面切线的方向上有一种缩小表面的力作用着，这个力就是表面张力。这个力是施加于液体表面单位长度上的力，其方向是顺沿着液体表面（与液体表面相切），并且促使液体的表面积缩小。它的单位是 N/m 或 dyne/cm，二者的换算关系是：$1\mathrm{N/m} = 10^3\mathrm{dyne/cm}$。液-气界面上有表面张力，而且任何能形成界面（固-气、固-液、液-液等）的体系，在其界面上都有界面张力，但除液-气和液-液外，其他界面张力都不能准确测定。表 8-4 为某些液体的表面张力。

图 8-8　表面层分子受力图

表 8-4　一些液体的表面张力

物　质	分　子　式	表面张力		温度 t/℃
		σ/dyne · cm^{-1}	σ/N · m^{-1}	
铜	Cu	1103	1103×10^{-3}	1131
锌	Zn	760	760×10^{-3}	640
汞	Hg	485	485×10^{-3}	20
氧化铝	Al$_2$O$_3$	690	690×10^{-3}	2050
硅酸钙	CaO 44% , SiO$_2$ 56%	389	389×10^{-3}	1570
人造渣	SO$_2$ 72.4 , Al$_2$O$_3$ 1.7 CaO 9.2, MgO 3.4 Na$_2$O 13.3	334	334×10^{-3}	900
氯化镁	MgCl	139	139×10^{-3}	718
氯化钠	NaCl	114	114×10^{-3}	801
氯化钾	KCl	97.4	97.4×10^{-3}	790
水	H$_2$O	72.53	72.53×10^{-3}	20
苯	C$_6$H$_6$	28.9	28.9×10^{-3}	20
二硫化碳	CS$_2$	31.4	31.4×10^{-3}	20
乙醇	C$_2$H$_5$OH	22.3	22.3×10^{-3}	20
乙酸	CH$_3$COOH	27.6	27.6×10^{-3}	20

液体表面层分子所处的状态不同于内部分子,内部分子受到周围分子的吸引可以相互抵消,其合力为零。所以分子在液体内部从一个位置移到另一个位置时不需要消耗额外的能量。表面层分子则不然,它们受着一种不平衡的向内吸引力。当分子从内部移到表面层时,必须反抗这种吸引力,从周围吸收能量。因此,表面层分子比内部分子来说,具有较多的能量(势能)。这部分多余的能量叫做表面吉布斯自由能,简称表面自由能,符号为 G。而表面张力的另一个定义为:表面张力是保持温度和压力恒定时,增加单位表面所引起的吉布斯自由能增量,即是单位表面上所具有的表面自由能,称比表面自由能。因此,比表面自由能等于表面张力,并且单位也能统一起来,比表面自由能的单位为 J/m^2。

$$J/m^2 = N/m$$

设一体系的表面积为 A,表面张力为 σ,则体系的表面自由能为:

$$G = \sigma A \tag{8-7}$$

式 8-7 表明,若体系的表面张力和表面积越大,则体系的表面自由能就越大。

根据热力学的最小自由能原理,恒温恒压下,吉布斯自由能减小的过程能自动进行,当吉布斯自由能达到最小值(即 $\Delta G = 0$)时,体系处于平衡状态。从式 8-7 可以看出,表面自由能减小有两种可能:

(1)减小表面积。设表面张力恒定,则体系表面自由能的变化决定于表面积的变化。这时

$$\Delta G = \sigma \cdot \Delta A$$

若 $\Delta A < 0$,则 $\Delta G < 0$,即体系表面积减小的过程能自动进行。

(2)减小表面张力。设表面积 A 恒定,则体系表面自由能的变化取决于表面张力的

变化：

$$\Delta G = A\Delta\sigma$$

若 $\Delta\sigma < 0$，则 $\Delta G < 0$。因而表面张力减小的过程能自动进行。

液体中的气泡或气相中的球液滴常受到其表面张力产生的附加压力。附加压力只发生在弯曲液面上。如图8-9所示，有三种不同的液面。设在每一液面上取一圆面积 Δa，其周边长 AB。AB 外的表面对 AB 内的表面必有表面张力作用着。力的方向垂直于周边，并且与表面相切。如果液面是水平的，故沿周边各个方向的表面张力相互抵消，合力为零，所以不产生附加压力，如图8-9（a）所示。若液面是凸面，则沿 AB 周边上表面张力不再是水平的，其方向如图8-9（b）所示。这时各个方向的表面张力将产生一合力，这个合力指向液体内部。在这种情况下，曲面好像紧压在液体身上，使液体受到正的附加压力。若液体是凹面，如图8-9（c）所示，则表面张力的合力指向空间，这时曲面 Δa 好像要被拉出液面，使液体受到一种负的附加压力。附加压力与曲率半径的关系为：

$$p_s = \frac{2\sigma}{r} \tag{8-8}$$

式8-8说明：半径越小，附加压力就越大。凸面液体（命名液珠）$r > 0$，附加压力为正；凹面液体（例如液体中的气泡）$r < 0$，附加压力为负；平面液体 $r = \infty$，所以 $p_s = 0$，即平面液体无附加压力。

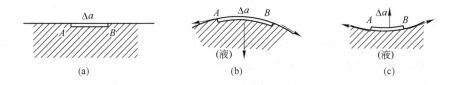

图8-9　附加压力产生示意图

实验指出，大多数液体的表面张力总是随着温度升高而降低，临界温度时表面张力为零。熔铁在1823K的表面张力是1.850N/m；它与温度的关系式为：

$$\sigma = 1.850 - 0.5 \times 10^{-3}(T - 1823)$$

溶液的表面张力和纯溶剂的表面张力大不相同，这种差别因溶质种类和浓度而异。如果在表面层中溶质分子比溶剂分子所受到的指向溶液内部的引力还要大些，则这种溶质的溶入会使溶液的表面张力增加，由于尽量降低系统表面张力的自发趋势，这种溶质趋向于较多地进入溶液内部而较少地留在表面层中，这样就造成了溶质在表面层中比在本体溶液中浓度小的现象。如果在表面层中溶质分子比溶剂分子所受到的指向溶液内部的引力要小些，则这种溶质的溶入会使溶液的表面张力减小。而且，溶质分子趋向在表面层相对浓集，造成溶质在表面层中比在本体溶液中浓度大的现象。溶质在表面层与在本体溶液中浓度不同的现象称为"溶液的表面吸附"，溶质在表面层浓度小于本体浓度，称为"负吸附"；溶质表面层浓度大于本体浓度，称为"正吸附"。在物理化学中，把凡是能够显著地降低液体表面张力的物质叫做该液体的表面活性物质或表面活性剂。凡是能使液体表面张力升高或略为降低的物质叫该液体的表面非活性物质或表面非活性剂。对水来说，可溶性有机物，如醇、醛、酸、酯等都是表面活性物质，尤其是硬脂酸钠、长碳氢链有机物酸盐和烷基磺酸盐即肥皂和各种洗涤剂等。

实践指出，当铁液中溶有 O、S、N 等非金属元素时，可使铁液表面张力大大降低，因而它们是铁液的表面活性物质，在铁液表面发生正吸附。而金属钴、镍等使铁液表面张力略有升高，在铁液表面发生负吸附，它们是铁液的表面非活性物质。P_2O_5、SiO_2、TiO_2 是炼钢炉渣的表面活性物质，它们能显著地降低炉渣的表面张力。

溶液表面层的吸附量与浓度的关系可用吉布斯吸附等温度方程式计算：

$$\Gamma = -\frac{c}{RT}\frac{d\sigma}{dc} \tag{8-9}$$

式中　Γ——单位表面层上吸附溶质的量，单位表面层上溶质的过剩量，mol/m^2；

　　　c——吸附平衡时溶液的浓度，严格来说应是活度，mol/dm^3；

　　　σ——表面张力，N/m；

　　　$\frac{d\sigma}{dc}$——溶液表面张力随浓度的变化率。

从式 8-9 可以看出：若 $\frac{d\sigma}{dc}<0$，则 $\Gamma>0$，即凡能降低液体表面张力的物质在表面层发生正吸附；反之，若 $\frac{d\sigma}{dc}>0$，则 $\Gamma<0$，即凡使液体表面张力升高的物质在表面层发生负吸附。

铁中主要元素对铁液表面张力的影响如图 8-10 所示。其中 O、S、N 使表面张力显著降低，而 O 的表面活性又比 S 强，降低表面张力的作用更大，这是因为 FeO 群聚团中 Fe—O 键比 FeS 群聚团中 Fe—S 键强，因而 FeO 群聚团与其周围 Fe 原子的作用力就小于 FeS 群聚团与其周围 F 原子的作用力，因而 FeO 群聚团更容易被排至铁液表面，发生吸附。其次是 Mn 的影响最大，Si、Cr、C 及 P 的影响较小，而 Ti、Mo 等则无影响，因为它们是表面非活性元素。值得注意的是，虽然 C 的表面活性不高，但其浓度较小（<1.0%）时，熔铁的表面张力变化比较复杂，这和密度及黏度相似。这是由于 Fe—C 群聚团随 C 量的增加与周围 Fe 原子的作用力改变的结果。

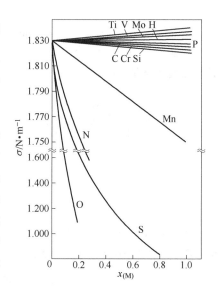

图 8-10　元素对铁液表面张力的影响（1873K）

8.3　炉渣的来源、成分及其作用

8.3.1　炉渣的来源和成分

冶炼的目的是从矿石中提取各种金属或合金。在火法冶炼中，除了获得金属或合金外，同时还产生一定数量的炉渣。炉渣是许多氧化物和少量硫化物组成的熔体。其来源如下：

（1）来源于精矿或矿石中的脉石。这些脉石在冶金过程中未被还原，如在高炉冶炼中来源于铁矿石中脉石的氧化物有 SiO_2、Al_2O_3、CaO 等。

（2）在冶金的粗炼或精炼过程中，金属被氧化产生的氧化物，如炼钢过程中产生的 FeO、Fe_2O_3、MnO、TiO、P_2O_5 等。

（3）被冲刷和侵蚀下来的炉衬和耐火材料，如在碱性炉炼钢时，由于炉衬被侵蚀使渣中含 MgO。

（4）根据冶炼要求加入的熔剂，如 CaO、SiO_2、CaF_2 等。

总之，冶金熔渣是火法冶炼的必然产物，是一种极复杂的体系，一般多由 5～6 种以上化合物组成，其化学组成因冶炼方法不同而不同。

8.3.2　炉渣在冶金过程中的作用

（1）在冶炼过程中，熔渣起着熔炼和精炼金属的作用。熔渣几乎容纳了炉料中的大部分杂质，如脱磷、脱硫等精炼反应均在钢-渣界面进行，其产物进入熔渣中。

（2）熔渣能汇集、分离有用金属或合金，如钛精矿还原熔炼所得的高钛渣，吹炼含钒、铌生铁得到的钒渣、铌渣等。

（3）熔渣覆盖在金属熔体表面上，使金属不被空气直接氧化，同时减缓气氛中 H_2、O_2、N_2 等有害气体熔入金属熔体。

（4）在电渣重熔渣中，熔渣不但对金属进行渣洗精炼，更主要的是熔渣可作为熔炼过程的发热体。

（5）在熔炼过程中，熔渣起黏合剂作用，使烧结块或烧结球团具有一定强度。

（6）炉渣可得到综合利用。如高炉渣可制作水泥和建筑材料；炼钢所得的高磷渣可作化肥。我国复合共生矿冶炼中产生的炉渣有的比金属还贵重，如高炉产生的稀土渣等。

（7）炉渣对炉衬有侵蚀作用，使炉子寿命缩短。另外，如果炉渣物理化学性质控制不当，炉渣中将夹有金属颗粒和未还原的金属氧化物，使金属回收率低。这些作用对冶炼是有害的。

因此，炉渣在保证冶炼金属熔体的成分和质量、金属的回收率、冶炼操作的顺利进行以及各项技术经济指标方面都起着决定性的作用。俗话说"炼钢在于炼渣，好渣之下出好钢"，生动地说明了炉渣在冶炼过程中的作用。

8.4　炉渣的结构

8.4.1　分子理论

分子理论是由科贝尔、欧尔森、申克等人提出来的，基本观点如下：

（1）液体渣是由简单分子（如 CaO，SiO_2，Al_2O_3，P_2O_5，MgO，…）和复杂分子（$CaO \cdot SiO_2$，$2FeO \cdot SiO_2$，$2CaO \cdot SiO_2$）构成的。

（2）分子间作用力是范德华力。因为这种作用力很弱，故分子运动较容易，特别是在高温熔融状态下，分子呈无序的分布状态，形成的液体可认为是理想溶液，因此其各组元的活度便等于其浓度值。即：

$$a_{CaO} = x_{CaO}; \quad a_{2FeO \cdot SiO_2} = x_{2FeO \cdot SiO_2}$$

（3）在一定温度下，熔渣中简单分子与复杂分子间处于动态平衡，即：

$$CaO + SiO_2 \Longrightarrow CaO \cdot SiO_2 \qquad \Delta G^\ominus = -92470 + 2.51T$$

其平衡常数为：
$$K = \frac{x_{CaO \cdot SiO_2}}{x_{CaO} \cdot x_{SiO_2}} \tag{8-10}$$

熔渣的性质主要取决于简单分子的浓度，熔渣中处于自由状态的分子是简单分子，与其他组元反应也取决于简单分子。如炉渣脱硫是靠游离的 CaO：

$$(CaO) + [FeS] \Longrightarrow (CaS) + (FeO)$$

下面介绍分子理论应用实例。

（1）脱硫反应。按分子理论，脱硫反应为：

$$(CaO) + [FeS] \Longrightarrow (CaS) + (FeO) \qquad \Delta H > 0$$

$$K_s = \frac{x_{FeO} \cdot x_{CaS}}{x_{CaO} \cdot a_{FeS}} \tag{8-11}$$

整理得
$$a_{FeS} = \frac{1}{K_s} \frac{x_{FeO} \cdot x_{CaS}}{x_{CaO}} \tag{8-12}$$

可见，在一定温度下 K_s 为常数，当 x_{CaO} 增大或 x_{FeO} 减小时，均可使 a_{FeS} 下降。即有利于脱硫。

（2）氧在金属熔渣间的分配。用纯 FeO 与纯铁建立平衡，以 MgO 为坩埚，采用旋转坩埚法实验，如图 8-11 所示，FeO 与 MgO 反应可写为：

$$[Fe] + [O] \Longrightarrow (FeO)$$

氧在熔渣-金属间的分配系数

$$L'_0 = \frac{a_{FeO}}{a_{[Fe]} a_{[O]}} \tag{8-13}$$

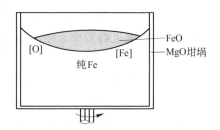

图 8-11　旋转坩埚

当取纯 Fe 为 $a_{[Fe]}$ 的标准状态时，$a_{[Fe]} = 1$；金属中氧含量低时，$a_{[O]} = [\%O]$。

所以：
$$L'_0 = \frac{x_{FeO}}{[\%O]} \tag{8-14}$$

讨论：

（1）取纯 FeO 为 a_{FeO} 的标准状态，当纯 FeO 与 Fe 液达到平衡时，式 8-14 可写为：

$$L'_0 = \frac{1}{[\%O]_{max}} \tag{8-15}$$

式中　$[\%O]_{max}$——纯 FeO 与铁液平衡时，铁液中氧含量。

当 $t = 1600℃$ 时，测得 $[\%O]_{max} = 0.23\%$。

（2）当 FeO 渣（56% CaO-24% FeO-20% SiO₂）与铁液平衡时，取纯 FeO 为 a_{FeO} 的标准态，氧的分配系数为：

$$L'_0 = \frac{a_{FeO}}{[\%O]} \tag{8-16}$$

当 $t = 1600$℃时，测得 $[\%O] = 0.087\%$。

（3）在一定温度下，L_O' 为常数，由式 8-15 和式 8-16 可得

$$\frac{1}{[\%O]_{max}} = \frac{a_{FeO}}{[\%O]}$$

$$a_{FeO} = \frac{[\%O]}{[\%O]_{max}}$$

当 $t = 1600$℃时，则

$$a_{FeO} = \frac{0.087}{0.23} = 0.38$$

按照分子理论，该实验渣液应为理想熔液，即：$x_{FeO} = a_{FeO}$

$$x_{FeO} = \frac{n_{FeO}}{n_{FeO} + n_{SiO_2} + n_{CaO}} = \frac{\frac{24}{72}}{\frac{24}{72} + \frac{20}{60} + \frac{56}{56}}$$

$$= \frac{0.33}{0.33 + 0.33 + 1} = 0.198 \approx 0.2$$

（4）为了用分子理论解释上述结果，分子理论倡导者对上例熔渣中氧化物的存在形式作了如下假设：SiO_2 全部与 CaO 生成复杂化合物 $(2CaO \cdot SiO_2)_2$，按该假定渣中各组元浓度 n_i 如下：

$$n_{CaO} = 1 - 2 \times 0.33 = 0.34 \qquad n_{FeO} = 0.33$$

$$n_{(2CaO \cdot SiO_2)_2} = \frac{n_{SiO_2}}{2} = \frac{0.33}{2} = 0.165$$

这样则有：

$$x_{FeO} = \frac{n_{FeO}}{n_{CaO} + n_{FeO} + n_{2CaO \cdot SiO_2}} = \frac{0.33}{0.33 + 0.34 + 0.165} = 0.395$$

这时：
$$a_{FeO(0.38)} \approx x_{FeO(0.395)}$$

按上述假定解释，与实验结果基本相符。此时熔渣由 $CaO\text{-}FeO\text{-}(2CaO \cdot SiO_2)_2$ 形成的理想熔液构成。

8.4.2 离子理论

离子理论认为构成溶液的基本质点不是中性分子，而是离子。完全离子理论的主要内容为：

（1）熔融炉渣完全由阳离子或阴离子构成，阳离子和阴离子所带的总电荷量相等，熔渣总体不带电；

（2）和在晶体中一样，渣中每种离子的周围是异号离子；

（3）电荷相同离子和邻近离子相互作用完全相等，与离子种类无关。

关于渣中阳、阴离子，一般认为有以下类型：

阳离子：Ca^{2+}，Mn^{2+}，Fe^{2+}，Mg^{2+} 等；

简单阴离子：O^{2-}，S^{2-}，F^- 等；

复杂阴离子：SiO_4^{4-}，PO_4^{3-}，AlO_2^-，FeO_2^- 以及由它们聚合而生成的复杂阴离子，如 $Si_2O_7^{6-}$，$P_2O_7^{4-}$ 等。

8.4.2.1　复杂阴离子的形成

离子理论认为熔渣完全是由阳离子和阴离子构成的，离子带有电荷，因此每个离子均能形成静电场，静电场强度用静电矩 m 表示：

$$m = \frac{Ze}{r} \tag{8-17}$$

式中　Z——离子的电荷数；

　　　e——电子的电荷，1.6×10^{-19}C；

　　　r——离子的半径，10^{-10}m。

静电矩越大，则由离子形成的静电场就越强。实际上，为了简便计算，常用离子的电荷数与其半径之比（Z/r）静电势来表示离子的静电矩。从表 8-5 中数据可见，离子的电荷数愈大，而其半径小，则离子具有的电场强度就愈大。

表 8-5　离子的半径（10^{-10}m）及静电势（Z/r）

离　子	K^+	Na^+	Ba^{2+}	Ca^{2+}	Mn^{2+}	Mg^{2+}	Fe^{3+}
离子半径/10^{-10}m	1.39	0.95	1.43	1.06	0.91	0.65	0.60
静电势	0.72	1.05	1.04	1.89	2.20	3.08	5.00
离　子	Al^{3+}	Ti^{4+}	Si^{4+}	P^{5+}	O^{2-}	F^-	SiO_4^{4-}
离子半径/10^{-10}m	0.50	0.68	0.41	0.34	1.32	1.36	2.79
静电势	6.00	5.88	9.76	14.71	1.52	0.74	1.44

元素的离子一般可以看做是球体，正、负电荷作用力集中在球心（图 8-12a），在外电场作用下，离子中的原子核和电子会发生相对位移，离子就会变形，从而使离子产生极性，这种过程叫做离子的极化（图 8-12b），事实上，所有离子本身产生的电场都能使带有相反电荷的离子极化（图 8-12c）。阳离子的电荷数愈大，而半径愈小，则极化力愈强。因为阴离子的电荷小，半径大，所以其极化性（被极化程度）就很大。

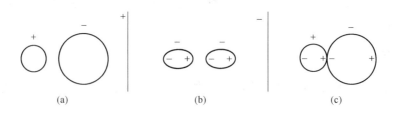

图 8-12　离子的极化作用
（a）不在电场中的离子；（b）离子在电场中的极化；（c）两个离子的互相极化

在各种氧化物中，不同阳离子对氧离子的极化能力不同，由表 8-5 可见，酸性氧化物中的阳离子，例如 Si^{4+}，比碱性氧化物中的阳离子 M^{2+} 的半径小而电荷多，因而静电势大，极化能力强。如果把碱性氧化物和 SiO_2 混合在一起，那么 M^{2+}-O^{2-}-Si^{4+} 离子团中，

Si^{4+} 施加给 O^{2-} 的极化力比 M^{2+} 强得多。结果 M—O 键削弱，甚至完全消失，而硅和氧则形成共价键的硅氧离子 SiO_4^{4-}。

P^{5+} 离子半径更小，电荷更多，同样形成复杂阴离子 PO_4^{3-}。除 Si^{4+}，P^{5+} 外，还有 Al^{3+}、Fe^{3+} 等也形成复杂阴离子，如 AlO_3^{3-} 或 AlO_2^-，FeO_2^- 或 $Fe_2O_5^{4-}$。

由此可见，SiO_2、P_2O_5 等氧化物加入渣中，将消耗渣中的 O^{2-}，形成复杂阴离子。

$$SiO_2 + 2O^{2-} = SiO_4^{4-}$$

$$P_2O_5 + 3O^{2-} = 2PO_4^{3-}$$

$$Al_2O_3 + O^{2-} = 2AlO_2^-$$

而碱性氧化物在渣中则产生 O^{2-}，例：

$$CaO = Ca^{2+} + O^{2-}$$

$$MnO = Mn^{2+} + O^{2-}$$

$$FeO = Fe^{2+} + O^{2-}$$

$$MgO = Mg^{2+} + O^{2-}$$

8.4.2.2　离子浓度的计算

按照完全离子理论第（2）条，阳离子的周围是阴离子，阴离子的周围是阳离子，所以整个溶液（炉渣）好比是由阳离子溶液和阴离子溶液两个独立的理想溶液所构成，阳离子的浓度和阴离子的浓度彼此无关，可以分别计算：

$$x_{K^+} = \frac{n_{K^+}}{\sum n_{K^+}} \tag{8-18}$$

$$x_{A^-} = \frac{n_{A^-}}{\sum n_{A^-}} \tag{8-19}$$

式中　n_{K^+}，n_{A^-}——分别为阳离子和阴离子的摩尔数；

　　　x_{K^+}，x_{A^-}——分别为阳离子和阴离子的摩尔分数。

显然　　　　　　　　$\sum x_{K^+} + \sum x_{A^-} = 2$

完全离子理论是捷姆金首先提出的，这种计算离子浓度的方法称为捷姆金法。

海勒赛门科认为当温度升高后，渣中离子排列发生混乱，阳离子、阴离子可以任意排列，因而提出另一种计算离子浓度的方法。

$$x_{K^+} = \frac{n_{K^+}}{\sum n_{K^+} + \sum n_{A^-}} \tag{8-20}$$

$$x_{A^-} = \frac{n_{A^-}}{\sum n_{K^+} + \sum n_{A^-}} \tag{8-21}$$

而　　　　　　　　$\sum x_{K^+} + \sum x_{A^-} = 1$

这种方法叫海勒赛门科法。

以上两种方法都没有考虑离子电荷的影响，弗路德考虑到这种影响，又提出一种计算浓度的方法，叫弗路德法。

$$x_{K^+} = \frac{kn_{K^+}}{\sum kn_{K^+}} \tag{8-22}$$

$$x_{A^-} = \frac{kn_{A^-}}{\sum kn_{A^-}} \tag{8-23}$$

式中　k——离子的电荷数。

当熔渣中的 SiO_2 在 11% ~ 12% 以下时，才能无很大误差地把熔渣当成完全离子溶液看待。SiO_2 的浓度增加时，必须引入离子的经验活度系数对完全离子溶液导出的公式进行修正。例如，通过热力学推导，对于 FeO，有：

$$a_{FeO} = a_{Fe^{2+}} \cdot a_{O^{2-}} = x_{Fe^{2+}} \cdot r_{Fe^{2+}} \cdot x_{O^{2-}} \cdot r_{O^{2-}}$$

而 Fe^{2+} 及 O^{2-} 离子活度系数的乘积由实验得出的以下经验式计算：

$$\lg(r_{Fe^{2+}} \cdot r_{O^{2-}}) = 1.53\sum x_{SiO_4^{4-}} - 0.17 \tag{8-24}$$

式中　$\sum x_{SiO_4^{4-}}$——熔渣中所有复杂阴离子的摩尔分数之和（SiO_4^{4-}、PO_4^{3-}、AlO_2^- 等）。

对于 FeS，亦有：

$$\lg(r_{Fe^{2+}} \cdot r_{S^{2-}}) = 1.53\sum x_{SiO_4^{4-}} - 0.17 \tag{8-25}$$

【例 8-2】　熔渣组成为 CaO 40.34%、SiO_2 16.64%、FeO 18.21%、Fe_2O_3 5.03%、MnO 3.36%、MgO 4.06%、P_2O_5 1.5%、Al_2O_3 10.86%。用捷姆金法和弗路德法计算 a_{FeO}。温度为 1600℃。

解：（1）捷姆金法。

取 100g 渣，计算渣中各组元物质的量：

$$n_{CaO} = \frac{40.36}{56} = 0.72 \qquad\qquad n_{MnO} = \frac{3.36}{71} = 0.047$$

$$n_{MgO} = \frac{4.06}{40} = 0.102 \qquad\qquad n_{FeO} = \frac{18.21}{72} = 0.253$$

$$n_{Fe_2O_3} = \frac{5.03}{160} = 0.031 \qquad\qquad n_{SiO_2} = \frac{16.64}{60} = 0.277$$

$$n_{P_2O_5} = \frac{1.5}{142} = 0.011 \qquad\qquad n_{Al_2O_3} = \frac{10.86}{102} = 0.107$$

$$x_{Fe^{2+}} = \frac{n_{Fe^{2+}}}{\sum n_{K^+}} \qquad\qquad x_{O^{2-}} = \frac{n_{O^{2-}}}{\sum n_{A^-}}$$

$$\sum n_{K^+} = n_{Ca^{2+}} + n_{Mn^{2+}} + n_{Mg^{2+}} + n_{Fe^{2+}}$$

$$= 0.72 + 0.047 + 0.102 + 0.253 = 1.122$$

复杂阴离子按下列反应形成

$$SiO_2 + 2O^{2-} =\!=\!= SiO_4^{4-} \qquad\qquad n_{SiO_4^{4-}} = n_{SiO_2} = 0.277$$

$$P_2O_5 + 3O^{2-} =\!=\!= 2PO_4^{3-} \qquad\qquad n_{PO_4^{3-}} = 2n_{P_2O_5} = 0.022$$

$$Al_2O_3 + O^{2-} = 2AlO_2^- \qquad n_{AlO_2^-} = 2n_{Al_2O_3} = 0.214$$

$$Fe_2O_3 + O^{2-} = 2FeO_2^- \qquad n_{FeO_2^-} = 2n_{Fe_2O_3} = 0.062$$

因为自由 O^{2-} 的物质的量等于进入渣内碱性氧化物分解出的氧量之和减去酸性氧化物的形成复杂阴离子时消耗的氧量之和的差值。而 1mol SiO_2 消耗 2mol 的 O^{2-}，1mol 的 P_2O_5 消耗 3mol 的 O^{2-}，1mol Al_2O_3 和 1mol Fe_2O_3 都消耗 1mol O^{2-}，故：

$$n_{O^{2-}} = \sum n_{K^+} - 2n_{SiO_2} - 3n_{P_2O_5} - n_{Al_2O_3} - n_{Fe_2O_3} = 0.397$$

$$\sum n_{A^-} = n_{O^{2-}} + n_{SiO_4^{4-}} + n_{PO_4^{3-}} + n_{AlO_2^-} + n_{FeO_2^-}$$

$$= 0.397 + 0.277 + 0.022 + 0.214 + 0.062$$

$$= 0.972$$

$$x_{Fe^{2+}} = \frac{n_{Fe^{2+}}}{\sum n_{K^+}} = \frac{0.253}{1.122} = 0.225$$

$$x_{O^{2-}} = \frac{n_{O^{2-}}}{\sum n_{A^-}} = \frac{0.397}{0.972} = 0.408$$

又

$$\lg(r_{Fe^{2+}} \cdot r_{O^{2-}}) = 1.53\sum x_{SiO_4^{4-}} - 0.17$$

$$= 1.53(1 - x_{O^{2-}}) - 0.17 = 0.736$$

$$r_{Fe^{2+}} \cdot r_{O^{2-}} = 5.445$$

$$a_{FeO} = a_{Fe^{2+}} \cdot a_{O^{2-}} = x_{Fe^{2+}} \cdot r_{Fe^{2+}} \cdot x_{O^{2-}} \cdot r_{O^{2-}}$$

$$= 0.225 \times 0.408 \times 5.445 = 0.4999$$

（2）弗路德法。

$$x_{Fe^{2+}} = \frac{kn_{Fe^{2+}}}{\sum kn_{K^+}} = \frac{2 \times 0.253}{2 \times 1.122} = 0.225$$

$$x_{O^{2-}} = \frac{kn_{O^{2-}}}{\sum kn_{A^-}} = \frac{2 \times 0.397}{2 \times 0.397 + 4 \times 0.277 + 3 \times 0.022 + 0.214 + 0.062}$$

$$= 0.354$$

$$\lg(r_{Fe^{2+}} \cdot r_{O^{2-}}) = 1.53\sum x_{SiO_4^{4-}} - 0.17$$

$$= 1.53(1 - 0.354) - 0.17 = 0.818$$

$$r_{Fe^{2+}} \cdot r_{O^{2-}} = 6.582$$

$$a_{FeO} = a_{Fe^{2+}} \cdot a_{O^{2-}} = x_{Fe^{2+}} \cdot r_{Fe^{2+}} \cdot x_{O^{2-}} \cdot r_{O^{2-}}$$

$$= 0.225 \times 0.354 \times 6.582 = 0.524$$

由上面公式可见，$\sum x_{SiO_4^{4-}}$ 越低，则 $\lg(r_{Fe^{2+}} \cdot r_{O^{2-}})$ 越小，$(r_{Fe^{2+}} \cdot r_{O^{2-}})$ 越接近1。换句话说，酸性氧化物越少，碱度越高，则炉渣越接近理想溶液。

8.5　炉渣的碱度及氧化性

8.5.1　炉渣的碱度

首先了解一下渣中氧化物的酸碱性：CaO、MgO、FeO、MnO 等为碱性氧化物，它们

能提供 O^{2-}；SiO_2、P_2O_5 等为酸性氧化物，能够吸收 O^{2-} 而转变成复杂阴离子；Al_2O_3、V_2O_3、Fe_2O_3 等为两性氧化物，在强碱性渣中起酸性氧化物作用。

$$Al_2O_3 + O^{2-} \Longrightarrow 2AlO_2^-$$

$$Al_2O_3 + 3O^{2-} \Longrightarrow 2AlO_3^{3-}$$

而在强酸性渣中能离解提供 O^{2-}，起碱性氧化物作用。

$$Al_2O_3 \Longrightarrow 2AlO^+ + O^{2-}$$

$$Al_2O_3 \Longrightarrow 2Al^{3+} + 3O^{2-}$$

对于变价金属氧化物，例如 FeO、Fe_2O_3、VO、V_2O_3、VO_2、V_2O_5 等，一般来说，低价氧化物显碱性，高价氧化物显酸性，这些氧化物的酸碱性的强弱次序如下：CaO、MgO、FeO、MnO、CaF_2、Fe_2O_3、Al_2O_3、TiO_2、SiO_2、P_2O_5。

表示碱度有以下几种常用方法：

（1）
$$R = \frac{\% CaO}{\% SiO_2} \tag{8-26}$$

这是最简单最常用的碱度表示法，适用于其他碱性氧化物和酸性氧化物较少的炉渣。

（2）
$$R = \frac{\% CaO + \% MnO + \% MgO}{\% SiO_2 + \% P_2O_5 + \% Al_2O_3}$$

这种表示方法比较全面，但忽略了不同碱性氧化物的碱性差别，不同酸性氧化物的酸性差别。

（3）　　$$R = \frac{\% CaO - 1.18 \times \% P_2O_5}{\% SiO_2} \quad 或 \quad R = \frac{\% CaO}{\% SiO_2 + 0.634\% P_2O_5}$$

（4）与上面表示法相对应的用物质的量分数 x_i 表示法是：

1）
$$R = \frac{x_{CaO}}{x_{SiO_2}}$$

2）
$$R = \frac{x_{CaO} + x_{MnO} + x_{MgO}}{x_{SiO_2} + x_{P_2O_5} + x_{Al_2O_3}}$$

3）　　$$R = \frac{x_{CaO} - 3x_{P_2O_5}}{x_{SiO_2}} \quad 或 \quad R = \frac{x_{CaO}}{x_{SiO_2} + 1.5x_{P_2O_5}}$$

用物质的量分数表示碱度比用质量的百分数表示更为合理，但计算较麻烦。

若以氧离子物质的量 $n_{O^{2-}}$ 表示该渣碱度，则：

$$R = n_{O^{2-}} = n_{CaO} + n_{MnO} + n_{MgO} + n_{FeO} - 2n_{SiO_2} - 3n_{P_2O_5} - n_{Al_2O_3} - n_{Fe_2O_3}$$

当用物质的量分数 $x_{O^{2-}}$ 表示时，则：

$$R = x_{O^{2-}} = x_{CaO} + x_{MnO} + x_{MgO} + x_{FeO} - 2x_{SiO_2} - 3x_{P_2O_5} - x_{Al_2O_3} - x_{Fe_2O_3}$$

8.5.2　炉渣的氧化性

8.5.2.1　渣的氧化能力

平炉、电弧炉熔炼过程中，炉渣形成以后，金属中元素的氧化主要靠渣中的 FeO。例如锰的氧化反应为：

$$(FeO) + [Mn] = (MnO) + [Fe]$$

另外，钢液之所以含氧，也是由于渣中的 FeO 按分配定律进入到钢水内，即：

$$(FeO) = [Fe] + [O]$$

由此可见，钢液中元素的氧化程度和钢液含氧量都与渣中 FeO 密切相关。因为炉渣不是理想溶液，所以元素氧化和含氧量决定于渣中 FeO 的活度 $a_{(FeO)}$，$a_{(FeO)}$ 越大，元素越容易被氧化，钢水含氧量越高。因此渣中 $a_{(FeO)}$ 被用来衡量炉渣的氧化能力。

炼钢炉渣可以归结为 FeO-CaO-SiO_2 系。氧化渣中除 FeO 外，还有一部分 Fe_2O_3，Fe_2O_3 对渣的氧化性的贡献是折算成 FeO，其折算方法有下面两种：

（1）全铁折算法：

因为
$$Fe_2O_3 = 2FeO + \frac{1}{2}O_2$$

$$160 \qquad 2 \times 72$$

$$1 \qquad x$$

$$x = \frac{2 \times 72}{160} = 0.9$$

假设实际炉渣中有 FeO 和 Fe_2O_3，将 Fe_2O_3 折算成 FeO 后，FeO 的总量为：

$$\% \Sigma FeO = \% FeO + 0.9(\% Fe_2O_3) \qquad (8\text{-}27)$$

（2）全氧折算法：

因为
$$Fe_2O_3 + Fe = 3FeO$$

$$160 \qquad 3 \times 72$$

$$1 \qquad y$$

$$y = \frac{3 \times 72}{160} = 1.35$$

$$\% \Sigma FeO = \% FeO + 1.35(\% Fe_2O_3) \qquad (8\text{-}28)$$

8.5.2.2 影响氧化能力的因素

A $a_{(FeO)}$ 与碱度的关系

在图 8-14 中，CaO-SiO_2 边表示 CaO-SiO_2 二元系的成分。过 FeO 顶点的一条虚线与 CaO-SiO_2 边的交点，成分（物质的量分数）为 $CaO/SiO_2 = 2$，因此在这条虚线上，渣中 $CaO/SiO_2 = 2$。而且 $a_{(FeO)}$ 曲线沿此虚线对称，这意味着在 FeO 含量相同（凡是平行于 CaO-SiO_2 边的直线，FeO 含量相同）的情况下，$CaO/SiO_2 = 2$ 的炉渣，$a_{(FeO)}$ 最大。该比值过低或者过高，都会使 $a_{(FeO)}$ 下降。也就是说，欲使炉渣有最大的氧化能力，碱度必须适当（$CaO/SiO_2 = 2$），碱度过低或过高，氧化能力都要下降。

B a_{FeO} 与 FeO 浓度的关系

在图 8-14 中，联结 FeO 顶点和 CaO-SiO_2 边上任一点的直线，碱度都为一定值。

例如图 8-14 中的虚线（$CaO/SiO_2 = 2$），不难看出，当碱度一定时，随着渣中 FeO 浓度下降，a_{FeO} 减小。

表 8-6 是 FeO-CaO-SiO_2 系 FeO 的活度，从表 8-6 中数据可以看出 FeO 在 FeO、CaO、SiO_2 的摩尔分数不同时 FeO 的活度及活度系数。

表 8-6　FeO-CaO-SiO_2 系 FeO 的活度

x_{FeO}	x_{SiO_2}	x_{CaO}	CaO/SiO_2	a_{FeO}	r_{FeO}
0.9	0.069	0.031	0.45	0.96	1.067
0.8	0.138	0.062	0.45	0.92	1.150
0.7	0.207	0.093	0.45	0.87	1.243
0.6	0.276	0.124	0.45	0.80	1.333
0.5	0.345	0.155	0.45	0.72	1.440

8.5.2.3　铁液含氧量

炉渣的氧化能力，即 a_{FeO} 直接影响到铁液含氧量。因为

$$(FeO) = [Fe] + [O]$$

$$L_O = \frac{[\%O]}{a_{(FeO)}} \qquad (8\text{-}29)$$

如果与铁液平衡的是纯 FeO 熔体，则溶于铁中的氧含量最大，即含氧量达到饱和 $[\%O]_饱$，也就是氧在铁液中的溶解度。因为熔渣是纯 FeO，则

$$a_{FeO} = 1$$

所以　　　　　　　$$L_O = \frac{[\%O]}{a_{(FeO)}} = \frac{[\%O]_饱}{1} = [\%O]_饱$$

就是说，氧的分配系数 L_O 在数值上等于氧在铁液中的溶解度 $[\%O]_饱$，这样：

$$[\%O] = L_O \cdot a_{FeO} = [\%O]_饱 \cdot a_{FeO} \qquad (8\text{-}30)$$

氧的溶解度 $[\%O]$ 与温度有关：

$$\lg[\%O] = -\frac{6320}{T} + 2.734 \qquad (8\text{-}31)$$

温度一定时，$[\%O]_饱$ 为常数。由式 8-30 可见，铁液 $[\%O]$ 含量决定于炉渣氧化能力 a_{FeO}，a_{FeO} 越大，熔渣氧化能力越强，金属液中含氧量越高。

8.6　炉渣的热力学性质——三元渣系组元的活度

8.6.1　CaO-SiO_2-Al_2O_3 渣系的活度

图 8-13 为 CaO-SiO_2-Al_2O_3 渣系的活度曲线图，由图 8-13（a）可见，SiO_2 的等活度曲线位于 1873K 的等温截面内，受碱及 Al_2O_3 浓度的影响。a_{SiO_2} 随着碱度的增加而减少，当碱度很高时，其值非常小，为 $10^{-2} \sim 10^{-3}$ 数量级，这是由于形成了硅酸盐复杂化合物，Al_2O_3 的影响则与碱度有关，碱度高时，Al_2O_3 浓度增加，a_{SiO_2} 增大，因为这时 Al_2O_3 显酸性，与 CaO 结合，故 a_{SiO_2} 提高；碱度低时，Al_2O_3 显碱性，与 SiO_2 结合，故 a_{SiO_2} 减少。

图 8-13（b）为 CaO（实线）及 Al_2O_3（虚线）的活度曲线，炉渣组成对 a_{CaO} 的影响则和对 a_{SiO_2} 的影响恰好相反。

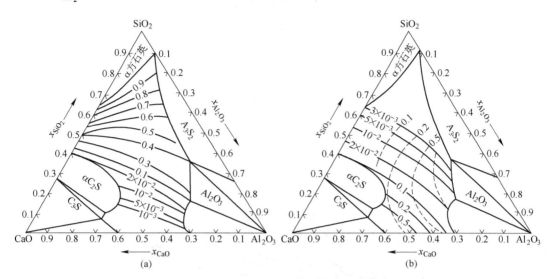

图 8-13　CaO-SiO_2-Al_2O_3 渣系组分的活度系数
（a）a_{SiO_2}；（b）a_{CaO}（实线），$a_{Al_2O_3}$（虚线）（1873K，标准态，纯物质）

8.6.2　CaO-SiO_2-FeO 渣系的活度

图 8-14 为 CaO-SiO_2-FeO 渣系的 a_{FeO} 的活度曲线图。

这是 ΣFeO-$(CaO + MgO + MnO)$-$(SiO_2 + P_2O_5)$ 的伪三元系。把 MgO + MnO 并入 CaO 内，P_2O_5 并入 SiO_2 内，而 ΣFeO 为总量，将 Fe_2O_3 用全氧法或全铁法折算成 FeO 后的 ΣFeO。

图 8-14 是利用 FeO 含量不同的此渣系与铁液的平衡实验测定铁液中氧含量，由氧在铁液与熔渣间的分配常数 L_O 计算的 a_{FeO} 绘制的。

$$a_{FeO} = \frac{[\%O]}{L_O} = \frac{[\%O]}{0.23}$$

由图 8-14 可见，a_{FeO} 受（FeO）浓度及碱度的影响。随着（FeO）浓度的增加，a_{FeO} 增大，所以各曲线的 a_{FeO} 向 FeO 顶角方向增加，（FeO）浓度一定时，随着碱度的增加，a_{FeO} 增大，到碱度接近 2 时，a_{FeO} 达到极大值，之后 a_{FeO} 则随碱度的增大而降低。即各曲线在三角形的 CaO/SiO_2 = 2（CaO-SiO_2 边上 x_{SiO_2} = 0.33、x_{CaO} = 0.66 的点）等比线上有最高点，图 8-15 表明了这种关系。

【例 8-3】　利用图 8-14 确定组成为 33.62% CaO、20.14% SiO_2、13.05% FeO、1.92% Fe_2O_3、9.27% MgO、10.94% P_2O_5、11.71% MnO 的熔渣在 1600℃时 FeO 的活度。

解：由于图 8-14 组元的浓度是用 x 表示的，因此需要计算 100g 熔渣中组分的摩尔数及其摩尔分数。需先将 Fe_2O_3 折算为 FeO 的浓度：

$$\Sigma FeO = \% FeO + 1.35(\% Fe_2O_3)$$

$$= 13.05 + 1.35 \times 1.92$$

$$= 15.64\%$$

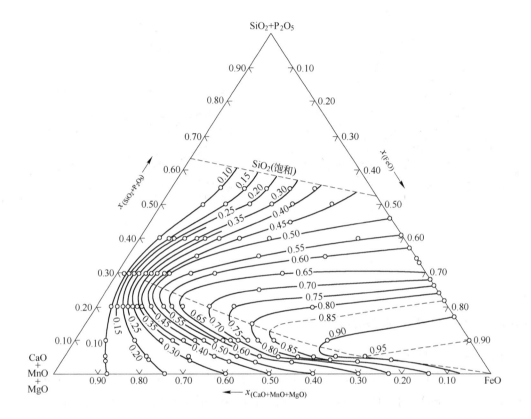

图 8-14　CaO-SiO$_2$-FeO 系 FeO 的等活度图(1873K,标准态,与铁液平衡的纯氧化铁)

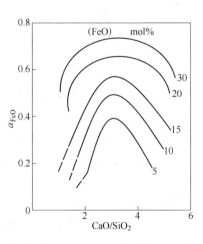

图 8-15　(FeO) 一定时,a_{FeO}-R 的关系

$$n_{CaO} = \frac{33.62}{56} = 0.600 \qquad x_{CaO} = \frac{0.600}{1.628} = 0.369$$

$$n_{SiO_2} = \frac{20.14}{60} = 0.336 \qquad x_{SiO_2} = \frac{0.336}{1.628} = 0.206$$

$$n_{FeO} = \frac{15.64}{72} = 0.218 \qquad x_{FeO} = \frac{0.218}{1.628} = 0.134$$

$$n_{MgO} = \frac{9.27}{40} = 0.232 \qquad x_{MgO} = \frac{0.232}{1.628} = 0.143$$

$$n_{P_2O_5} = \frac{10.94}{142} = 0.077 \qquad x_{P_2O_5} = \frac{0.077}{1.628} = 0.047$$

$$n_{MnO} = \frac{11.71}{71} = 0.165 \qquad x_{MnO} = \frac{0.165}{1.628} = 0.101$$

$$\sum n_i = 1.628$$

故
$$\sum x_{CaO} = x_{CaO} + x_{MgO} + x_{MnO} = 0.369 + 0.143 + 0.101 = 0.613$$

$$\sum x_{SiO_2} = x_{SiO_2} + x_{P_2O_5} = 0.206 + 0.047 = 0.253$$

$$\sum x_{FeO} = 0.134$$

查图 8-14，得 $a_{FeO} = 0.55$，$r_{FeO} = \frac{0.55}{0.134} = 4.10$。

【例 8-4】 利用图 8-14 确定 FeO = 20%（mol）及 $R = 3$ 的熔渣中 FeO 的活度及活度系数。

解：FeO 的活度值为 $x_{FeO} = 0.20$ 的等含量线与 $R = 3$ 的等比线的交点，等比线在 CaO-SiO₂ 边上的点可按下式求得：

$$\frac{x_{CaO}}{x_{SiO_2}} = 3 \qquad x_{CaO} = 3x_{SiO_2}$$

故
$$3x_{SiO_2} + x_{SiO_2} = 1 \qquad x_{SiO_2} = 0.25$$

$$x_{CaO} = 3x_{SiO_2} = 0.75$$

连接 CaO-SiO₂ 边上 $x_{CaO} = 0.75$，$x_{SiO_2} = 0.25$ 的点和顶角 FeO 的直线与 $x_{FeO} = 0.20$ 等含量线的交点，得出 $a_{FeO} = 0.65$，$r_{FeO} = \frac{0.65}{0.20} = 3.25$。

8.7 炉渣的黏度及熔化性

8.7.1 炉渣的黏度

液体的黏度（η）取决于其内质点由一平衡位置向另一平衡位置移动时需要克服的黏流活化能（E_η），而 η 与 E_η 和 T 的关系式为：

$$\eta = B_0 e^{\frac{E_\eta}{RT}} \tag{8-32}$$

由 $\lg\eta$ 与 $1/T$ 直线关系的斜率可求出黏流活化能（E_η）。但在测定的温度范围较宽时，也能得到随温度而变化的 E_η 值，这主要是熔体的结构，即黏滞流动单元的结构发生了改变。

影响黏度的主要是离子尺寸大的复杂阴离子，特别是硅氧离子，当熔渣组成改变引起复杂阴离子解体或聚合而使结构单元尺寸改变时，熔渣的黏度就会相应地降低或增高。在调整酸性渣的黏度上，MgO、CaO、Na_2O、FeO 均起较大的作用，因为碱性氧化物能切断硅氧离子的网状结构，所以有降低黏度的作用。SiO_2 等酸性氧化物能使黏滞流动单元尺寸变大，所以能提高黏度。Al_2O_3 是两性氧化物，在碱度高时，能形成与 SiO_2 相同的结构，流动单元变大，而黏度增加；碱度低时，可以降低黏度。

在碱性氧化物中，二价金属的氧化物比一价金属的氧化物对降低黏度的作用大，因为在离子摩尔数相同的基础上，一价金属，如 K^+、Na^+ 的氧化物所起的降低黏度的作用只有二价金属，如 Ca^{2+} 的氧化物（CaO）的一半（O^{2-} 的摩尔数减少了一半），但二价金属氟化物（CaF_2）所起的降低炉渣黏度的作用却为二价金属氧化物作用的 2 倍，因为 CaF_2 引入的 F^- 和 O^{2-} 同样能使硅氧离子解体，其反应为：

$$—Si—O—Si— + 2F— \Longrightarrow —Si—O—F + F—O—Si—$$

或

$$—Si—O—Ca—O—Si— + CaF_2 \Longrightarrow 2(—Si—O—Ca—F)$$

因此 CaF_2 是调整熔渣黏度的最有效熔剂。

黏度随温度的变化很大。随着温度升高，黏度降低。但温度对黏度的影响和熔渣的化学性质有很大的关系。如图 8-16 所示，当过热温度升高时，碱性渣的黏度比酸性渣的黏度小，因为前者具有尺寸较小的复杂离子。当温度下降时，酸性渣的黏度变化平稳，凝固时形成玻璃状，而黏度曲线上没有明显的转折点；碱性渣的黏度则变化急剧，凝固时出现结晶状，而黏度曲线上有明显的转折点。这是由于酸性渣的结晶能力弱，在冷却过程中复杂离子的移动缓慢，来不及在晶格上排列，以致形成过冷态的玻璃质。这种渣冷却时能拉成长丝，断面是

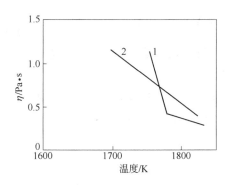

图 8-16　碱性及酸性高炉渣的黏度与温度的关系
1—碱性渣（$R=1.5$）；2—酸性渣（$R=0.93$）

玻璃状，又因其由流动态变为固态的温度范围较宽，所以称为长渣或稳定性渣，如图 8-16 中的曲线 2。碱性渣的结晶能力强，冷却时复杂离子移动得快，能在晶格上排列，不断析出晶体，很快变为非均匀态，以致失去流动性，故在黏度曲线上出现明显的转折点。这种渣不能拉成丝，断面是石头状，又因其凝固过程的温度范围比较窄，所以称为短渣或不稳定性渣，如图 8-16 中的曲线 1。

8.7.2　炉渣的熔化性

当熔渣内的固相物存在或在难溶解的细分散状固相物析出时，则由于相界面的出现，能使黏滞流动的内摩擦力增大。这时熔渣的黏度远比熔渣内由于尺寸大的复杂离子增加的

黏度大得多。这种黏度称为"表观黏度"。例如，炼钢渣内未溶渣料及耐火材料质点（方镁石等）的存在。在高炉内冶炼钒钛磁铁矿时，当温度过高时，渣中的 TiO_2 大量还原，形成高熔点（＞3000℃）的 TiC、TiN 等细分散状固相，也能使熔渣的黏度变得很大，以致这种渣在炉缸内失去流动性。因此，为了降低"表观黏度"，应防止固相物进入熔渣，提高温度或加入助熔剂，可使固相物消失。

8.8　炉渣的表面性质及导电性

8.8.1　表面性质

8.8.1.1　表面张力

纯氧化物的表面张力为 0.3 ~ 0.6N/m（熔点附近温度），主要与离子键的键能有关。形成氧化物的阳离子的静电矩大，而离子键分数又高的氧化物有较高的表面张力。图 8-17 表明了氧化物的表面张力与阳离子静电矩之间的关系。例如，K^+、Na^+ 离子虽然它们的离子键分数较高，但由于离子的静电矩比较小，所以表面张力比较低；位于直线顶端附近的氧化物如 Ca^{2+}、Mn^{2+}、Fe^{2+} 等静电矩依次略有增加，但它们的离子键的分数则依次有所减小，所以综合表现为它们氧化物的表面张力值相似。因此，熔体中这些离子或氧化物互相取代时，熔体的表面张力改变不大；Ba^{2+}、Al^{3+}、Mg^{2+} 的氧化物的表面张力值也是这两项性质反映的结果。而 Si^{4+}、Ti^{4+}、B^{5+}、P^{5+} 等离子虽然静电矩很大，但它们的氧化物的离子键分数很低（＜50%），形成了共价键成分大而静电矩小的复杂阴离子，所以它们的氧化物表面张力随 Z/r 的增加而降低。因而易被排挤到界面上去，发生正吸附，导致熔体的表面张力降低。

渣系的表面张力多采用最大气泡压力法测定。但对不含或少含表面活性物质的熔渣，其表面张力可由各组分的偏摩尔表面张力与其物质的量分数乘积的加和公式得出：

$$\sigma = \Sigma \sigma_i x_i \tag{8-33}$$

式中　σ_i——组分的偏摩尔表面张力；

　　　x_i——组分的物质的量分数。

表 8-7 是熔渣组分的偏摩尔表面张力，它表明了氧化物在玻璃和熔渣中表面张力的大小。图 8-18 是各种氧化物在 1400℃ 对 FeO 表面张力的影响。

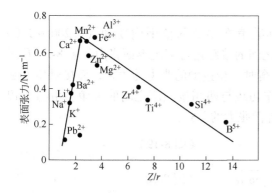

图 8-17　氧化物的表面张力与阳离子
静电矩的关系（1400℃）

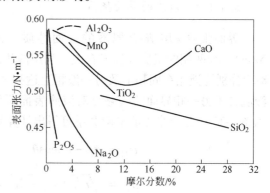

图 8-18　各种氧化物对 FeO 表面
张力的影响（1400℃）

表 8-7　熔渣组分的偏摩尔表面张力　　　　　　　　　　（N/m）

物　质	CaO	MgO	FeO	MnO	SiO$_2$	Al$_2$O$_3$
玻　璃	0.51	0.52	0.49	0.39	0.29	0.58
熔　渣	0.52	0.53	0.59	0.59	0.40	0.72

用式 8-33 计算的熔渣的表面张力值比实测值要高 8% ～ 10% 。

熔渣表面张力与温度的关系为：

$$\frac{\mathrm{d}\sigma}{\mathrm{d}T} = 0.2 ～ 0.3 \mathrm{N/(m \cdot K)}$$

8.8.1.2　熔渣的起泡性能

泡沫渣形成，大大增加了气-液两相的接触面积，如果熔渣的表面张力又高，则体系的吉布斯表面自由能（$G = \sigma A$）很高，在热力学上是不稳定状态，气泡能自动合并排出，降低其界面能，使泡沫消失。炼钢炉渣虽然含有大量的表面活性物（PO$_4^{3-}$、F$^-$、Si$_x$O$_y^{z-}$等），但其表面张力（0.4～0.6N/m）远比碱性、有机液体（0.01～0.03N/m）高，在一定条件下（如碳氧反应猛烈进行，形成大量的 CO 气泡）能形成泡沫渣。可见，表面张力不是影响泡沫渣形成的唯一因素，而动力学的因素却有很大的作用。

具有一定动能的气体进入液体易形成气泡。这些气泡经过聚合，形成大气泡才能排出。但如果这些气泡能稳定存在，则能形成泡沫。因此，泡沫的形成与气泡周围的液膜有很大关系。它阻止了气泡的合并和排出。

熔渣的黏度，尤其是含有大量固相悬浮物，使渣变稠，能有力地阻止气泡运动及互相合并，所以异相熔渣比均匀相熔渣易于起泡。如果熔渣表面张力大，有使表面缩小的趋势，能阻碍泡沫的形成，但带电的离子会使相邻的液膜出现排斥力；熔渣中的表面活性物质能降低表面张力；高能量气体能使泡沫寿命较长。

因此，影响泡沫渣形成的主要因素是熔渣的黏度、存在的表面活性物质以及进入渣内气体的量。

8.8.1.3　熔渣的界面张力

界面张力是熔渣-金属液的界面性质。其数值在很宽的范围内变动（0.200～1.00 N/m），与两相的组成及温度有关。利用两相之间的接触角可测定界面张力。图 8-19 及图 8-20 分别为液相在固相上及另一液相上达到平衡时三相接触的张力的关系，而接触角 θ 是液滴位于另一相界面的接触点对液滴表面所作切线与两相接触面之间的夹角。由图 8-19 和图 8-20 中三个张力的平衡关系可得出计算界面张力的公式：

$$\sigma_{12} = \sigma_1 - \sigma_2 \cos\theta \qquad （图 8-19）$$

$$\sigma_{\mathrm{ms}} = \sqrt{\sigma_{\mathrm{m}}^2 + \sigma_{\mathrm{s}}^2 - 2\sigma_{\mathrm{m}}\sigma_{\mathrm{s}}\cos\alpha} \qquad （图 8-20）$$

公式中由 σ_{s}、σ_{ms}、σ_{m} 三力合成的三角形余弦定律得出（见图 8-20 内右上角的附图）。

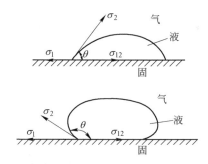

图 8-19 液相-固相间的接触角 θ
σ_1，σ_2—固体、液体的表面张力；
σ_{12}—固、液间的界面张力

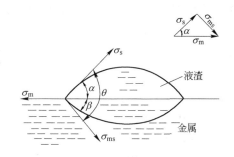

图 8-20 熔渣-金属液间的接触角、表面张力及界面张力
σ_m，σ_s，σ_{ms}—金属、熔渣及金属液与熔渣间的界面张力；
θ—钢液和熔渣间的接触角；α—熔渣和钢渣界面间的夹角；
β—钢液和钢渣界面间的夹角

θ 愈小，液相对另一相的润湿程度就愈大，而界面张力也愈小。当 $\theta = 0$ 时，液相才能完全湿润另一相。

界面张力受两相中存在的表面活性物组分的影响很大，但金属液中的表面活性物组分的影响最大，虽然它们同样是金属-熔渣界面的表面活性物。

8.8.1.4 熔渣的乳化性能

熔渣能以液珠状分散在铁液中，形成乳化液，这称为熔渣的乳化性。它主要与熔渣、金属液的表面张力及界面张力有关。影响熔渣乳化的主要因素是熔渣的表面张力及界面张力。两者的数值越小，熔渣就易于在钢液中乳化，意味着熔渣对金属液的润湿性好，渣与金属液越难以分离。如果渣是混在钢水内部的非金属夹杂，那么夹杂不容易上浮到钢液表面，而残留在钢中。例如，铬能降低界面张力，含铬高的钢水和夹杂的润湿一定好，夹杂将不容易排除。所以冶炼含铬高的钢种，为了减少夹杂，浇注前往往要先用渣洗。而且，这种渣必须是对钢水润湿性差的合成渣，也就是能够提高界面张力的合成渣。和铬相反，钨可以极大地提高界面张力，因此含钨高的钢水和夹杂的润湿性差，夹杂容易分离，没有渣洗的必要。

8.8.2 炉渣的导电性

炉渣的导电性，对于电冶金及电渣重熔过程，将直接影响冶炼的供电制度和电耗。另外，通过炉渣导电性的研究还可以推测炉渣的结构。

炉渣的导电性服从欧姆定律，即长度为 $L(\mathrm{m})$、截面积为 $A(\mathrm{m}^2)$ 的熔渣的电阻为：

$$R = \frac{1}{\kappa} \times \frac{L}{A}$$

故

$$\kappa = \frac{1}{R} \times \frac{L}{A}$$

由欧姆定律 $$R = \frac{V}{I} \quad 或 \quad \frac{1}{R} = \frac{I}{V}$$

故 $$\kappa = \frac{I}{V} \times \frac{L}{A}$$

式中　κ——电导率（比电导），s/m；

　　　V——电压，V；

　　　I——电流，A。

熔渣的电导是其中的离子在外电场的作用下向一定方向输送的电荷量。它跟参加导电的离子数和离子在单位电位梯度（单位距离上的电位降 V/m）下的迁移速率有关。通常参加导电的主要是简单的阳离子和阴离子，而静电矩（Z/r）小的阳离子在单位电位梯度下的迁移速率大。因为离子迁移时所受到的阻力一部分为反号离子间的静电引力，另一部分则是黏滞阻力。

温度升高，离子动能增大，离子间作用力减弱，迁移速率增大，它们的关系可用阿累尼乌斯型公式表示：

$$\kappa = A\exp[-E_\kappa/RT] \tag{8-34}$$

式中　A——指数前系数；

　　　κ——电导率；

　　　E_κ——电导活化能，J/mol。

由 $\lg\kappa\text{-}\frac{1}{T}$ 直线关系的斜率可求出 E_κ。

当液态渣黏度降低时，导电的离子迁移阻力减小，使电导率增大，得知电导率 κ 与黏度 η 有下述关系：

$$\kappa_n \cdot \eta = K \tag{8-35}$$

式中　K——常数；

　　　η——常数，$E_\eta/E_\kappa > 1$。

E_η 为黏流活化能（210 ~ 335kJ/mol），而 E_κ 为电导活化能（41.8 ~ 160kJ/mol），所以 $n > 1$。

式 8-35 表明电导率与黏度成反比，但电导率的增加率小于黏度下降率。这是因为电导率决定于尺寸小的离子，而黏度则决定于尺寸大的复杂阴离子。因此，熔渣的电导率随着碱性氧化物 Na_2O、CaO、FeO 或碱度的增加而增大，酸性氧化物，如 SiO_2、P_2O_5 的增加则使电导率下降。CaF_2 能供给导电的 Ca^{2+}、F^-，所以能显著提高熔渣的电导率。图 8-21 为电渣重熔渣的电导率。

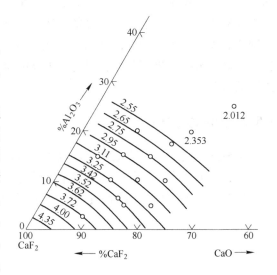

图 8-21　$CaO\text{-}Al_2O_3\text{-}CaF_2$ 渣系的电导率曲线

（1500℃，$\kappa \times 10^{-2}$S/m）

习 题

8-1 试用分子理论假说计算与下列组成熔渣平衡的铁液中氧浓度。熔渣成分如下：21.63% CaO、5.12% MgO、7.78% SiO$_2$、46.56% FeO、11.88% Fe$_2$O$_3$、6.92% Cr$_2$O$_3$。在 1893K 与纯氧化铁渣平衡的铁液氧浓度 0.249%，假定熔渣中有 FeO、(2CaO·SiO$_2$)$_2$、CaO·Fe$_2$O$_3$、FeO·Cr$_2$O$_3$ 的化合物分子存在，MgO 与 CaO 同等看待。

8-2 利用熔渣离子理论，写出下列反应的离子方程式

$$(SiO_2) + 2C = [Si] + 2CO$$

$$2[P] + 5(FeO) + 4(CaO) = (4CaO \cdot P_2O_5) + 5[Fe]$$

$$4(FeO) + O_2 = 2(Fe_2O_3)$$

$$2(Fe_2O_3) + 2[Fe] = 5(FeO) + [FeO]$$

$$[Si] + 2(FeO) + 2(CaO) = (2CaO \cdot SiO_2) + 2[Fe]$$

$$[C] + (FeO) = [Fe] + CO$$

8-3 试用完全离子理论的捷姆金法及 CaO-SiO$_2$-FeO 系的等活度曲线图分别计算下列组成的熔渣在 1600℃时 FeO 的活度。18% FeO、16.8% MgO、1.2% P$_2$O$_5$、4.0% MnO、20% SiO$_2$、40% CaO。

8-4 把组成为 20% FeO、10% MnO、10% MgO、40% CaO、20% SiO$_2$ 的熔渣与含氧 0.1% 的钢液接触，试问此渣是否能使钢液含氧量再增高（温度 1600℃）？

8-5 试用离子理论观点说明温度对碱度、熔渣黏度、表面张力、活度及氧化能力的影响。

8-6 在 1600℃钢液与熔渣处于平衡态，测得钢液含氧为 0.093%，求熔渣氧化能力（a_{FeO}）。

8-7 利用图 8-14 求 FeO = 15%（mol）及碱度 $R = 2.5$ 熔渣的 a_{FeO}。

8-8 利用完全离子理论捷姆金法计算组成为 48% CaO、3% MgO、7% MnO、17% FeO、3% Fe$_2$O$_3$、22% SiO$_2$ 的熔渣中 FeO 的活度 a_{FeO}。

8-9 试计算温度为 1500℃，$x_{FeO} = 0.1$ 及碱度 $R = 2$ 的熔渣中 FeO 活度，活度系数及与此渣平衡的铁液含氧量。

8-10 试阐明冶炼过程中熔渣温度、碱度、黏度及组分活度之间的关系。

氧化熔炼反应

【本章学习要求】

（1）了解钢液中元素氧化反应的类型，明确钢液中元素氧化的氧势图，掌握钢液中元素氧化的热力学条件。

（2）了解硅、锰的氧化反应，掌握硅、锰的氧化规律及特点。

（3）了解脱磷的热力学条件，掌握钢液脱磷的分子反应及离子反应方程式，明确钢液脱磷影响 L_P 的因素。

（4）了解脱碳反应的热力学条件，明确碳氧积 m 的概念，理解碳氧化的热效应。

在高炉内矿石的主要氧化物——氧化铁大部分还原后，进入高温区的金属铁吸收碳和易还原的元素逐渐形成金属熔体。但矿石中比较难还原的氧化物及未能完全为气-固反应还原的 FeO 则与熔剂和脉石形成熔渣。温度升高后，渣中的氧化物将为碳（焦炭及铁液中溶解的碳）继续还原，进入铁液中形成生铁。生铁进一步冶炼成钢时，其中 Si、Mn、P、C 氧化，杂质（S、H、N）被除去达到规定范围。在大量元素，特别是 C 量降到很低时，钢铁的氧量将提高，最后必须加入脱氧剂对钢液进行脱氧及合金化，才能获得成分合格的钢液，浇注成钢锭或钢坯。

因此，高炉渣中氧化物的还原及炼钢炉内生铁元素的氧化是渣-金属液间的主要反应，渣中还原的元素进入金属熔体，而金属熔体中氧化的元素则进入熔渣（碳氧化的产物 CO 除外）。本章主要介绍氧化熔炼反应的热力学条件，掌握决定反应进行的重要因素。控制熔炼反应规定的各种成分。

9.1　钢液中元素氧化精炼的热力学条件

9.1.1　氧化反应的类型

氧化熔炼是生铁及废钢在氧的作用下，其中的元素被氧化，变成不溶于金属液的氧化物而排出。用于氧化精炼的氧化剂是氧、空气、含氧的气体及铁矿石。例如，平炉内是燃料燃烧过剩的空气（5% ~ 15%）及燃烧产物（CO_2、$H_2O(g)$），装入的铁矿石，纯氧顶吹转炉是从氧枪吹入的氧气，而电炉是吸入炉内的少量空气、加入的铁矿石及吹入的氧。

气体氧可直接氧化铁液的元素：

$$2[M] + O_2 \Longrightarrow 2(MO) \qquad\qquad (I)$$

此反应称为直接氧化，但更多的是首先氧化金属铁成 FeO，再与易氧化的元素形成氧化物和熔剂结合成熔渣。在渣-金属界面 FeO 转入铁液中，去氧化元素，其过程为：

$$2[Fe] + O_2 === 2(FeO)$$

$$(FeO) === [FeO]$$

$$[M] + [FeO] === (MO) + [Fe]$$

其反应可写成：

$$[M] + [FeO] === (MO) + [Fe] \qquad (Ⅱ)$$

铁液中的元素为溶在铁液中的氧所氧化：

$$[M] + [O] === (MO) \qquad (Ⅲ)$$

反应（Ⅱ）是熔渣-金属液间的氧化反应，是靠熔渣（FeO）进行 [M] 的氧化，而反应（Ⅲ）是金属液内元素的氧化，为熔于金属液中 [O] 进行 [M] 的氧化，称为间接氧化。

$$[\%O] = [\%O]_{max} \cdot a_{FeO}$$

在 1600℃ 时

$$[\%O] = 0.23 \times a_{FeO}$$

可见熔渣内的 a_{FeO} 愈大，则熔渣对金属液供给的氧量就愈多，而溶解元素 [M] 被氧化的量就愈多。

9.1.2 铁液中元素氧化的氧势图

溶解于钢液中的氧反应为

$$2[Fe] + O_2 === 2(FeO) === 2[O] + 2[Fe]$$

溶解氧的氧势为：

$$\Delta G_O^{\ominus} = - RT\ln \frac{[\%O]^2}{\dfrac{p_{O_2}}{p^{\ominus}}}$$

故

$$RT\ln p_{O_2} = \Delta G_O^{\ominus} + 2RT\ln[\%O] \qquad (9-1)$$

氧化物的氧势可由下列反应式导出：

$$2M(s) + O_2 === 2MO(s) \qquad \Delta G_1^{\ominus}$$

$$2M(s) === 2[M] \qquad \Delta G_2^{\ominus}$$

$$O_2 === 2[O] \qquad \Delta G_3^{\ominus}$$

$$2[M] + 2[O] === 2MO(s) \qquad \Delta G_M^{\ominus}$$

故

$$\Delta G_M^{\ominus} = \Delta G_1^{\ominus} - \Delta G_2^{\ominus} - \Delta G_3^{\ominus}$$

$$RT\ln p_{O_2(MO)} = \Delta G_M^{\ominus} - 2RT\ln[\%O] - 2RT\ln[\%M] \qquad (9-2)$$

为便于计算，上面假定氧化形成的 MO 是纯固态。当溶解氧的氧势大于 MO 的氧势时，元素可被氧化。如取 $[\%M]=1$（标准态），可由式 9-2 绘出溶解元素氧化的 $\Delta G^{\ominus}$-T 图，如图 9-1 所示。比较图中 FeO 及各 MO 的 $\Delta G^{\ominus}$-T 直线的相互关系，可以确定不同温度条件下元素氧化的特性。

（1）FeO 的 $\Delta G^{\ominus}$-T 直线以上的元素基本上不能氧化，如 Cu、Ni、Pb、Sn、W、Mo 等。

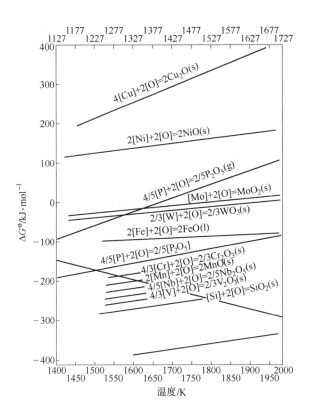

图 9-1　溶解元素氧化的 $\Delta G^{\ominus}$-T 图

因此，如它们不是冶炼钢种的合金元素，则应在选择原料中加以剔除。相反，如它们是所炼钢种的合金元素，则在炉内料中加入。FeO 的 $\Delta G^{\ominus}$-T 直线以下的元素，均可氧化，但难易程度不同，C、P 可大量氧化，Cr、Mn、V 等氧化的程度随冶炼条件而定。Si、Ti、Al 等基本上能完全氧化。

（2）[C] 氧化的 $\Delta G^{\ominus}$-T 直线与所有其他元素氧化的 $\Delta G^{\ominus}$-T 有反应的走向（C 与 M 对氧的亲和力随温度成相反的变化），两者出现相交。交点温度以下，[C] 难于氧化（这时主要是 Si、Mn、Cr、V 等氧化），而在交点温度以上，[C] 才大量氧化，而其他元素的氧化减弱。

$$2[\mathrm{C}] + \frac{2}{y}\mathrm{M}_x\mathrm{O}_y = \frac{2x}{y}[\mathrm{CM}] + 2\mathrm{CO}$$

例如，对 Cr 及 C 来说，此两者氧化的 $\Delta G^{\ominus}$-T 直线在 1514K 相交，如使温度保持在 1514K 以上，C 就能抑制 Cr 的氧化，或认为氧化了的 Cr 可以为 C 所还原：

$$3[\mathrm{C}] + \mathrm{Cr}_2\mathrm{O}_3(\mathrm{s}) = 2[\mathrm{Cr}] + 3\mathrm{CO}$$

（3）实际上在一定温度和浓度下氧化物分解压较小的元素首先氧化。但是浓度的影响可以忽略时（图 9-1 中 [%M]＝1），元素氧化的顺序与标准亲和力（–$\Delta G^{\ominus}$ 小的顺序相同或与 25℃ 按 1mol 氧计算的 ΔH）的顺序相同。因此，亦可认为，生成热比较大的元素最先氧化，并且其氧化强度随温度的升高而减弱（但 C 除外）。同时，元素氧化的顺序还受浓度变化的影响。如图9-2所示，两种元素的浓度相同时（如 c 或 c_1），分解压小的 MO 的元素先氧化。浓度不相同时（如 c_1 及 c_2），分解压相同，则两者同时氧化，分解压不同，则浓度高的 M（如 c_1）比浓度低的 M′（如 c_2）先氧化，因为前者的分解压比较小。

（4）氧化反应达到平衡时，所有元素氧化物的分解压相同，故有：

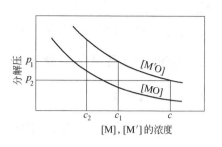

图 9-2　元素氧化时氧化物的
分解压与浓度的关系

$$p_{O_2}^{\frac{1}{2}} = \frac{a_{M_1O}}{K_1 a_{M_1}} p^{\ominus\frac{1}{2}} = \frac{a_{M_2O}}{K_2 a_{M_2}} p^{\ominus\frac{1}{2}} = \cdots = \frac{a_{FeO}}{K_{Fe} a_{Fe}} p^{\ominus\frac{1}{2}}$$

$$(9-3)$$

9.1.3　元素氧化的热力学条件

在炼钢熔池内，元素的氧化反应处于非标准状态下，即：

$$[M] + (FeO) \Longrightarrow (MO) + [Fe]$$

其反应的 ΔG 由等温方程式来确定：

$$\Delta G = \Delta G^{\ominus} + RT\ln J$$

$$= \Delta G^{\ominus} + RT\ln \frac{a_{[Fe]} a_{(MO)}}{a_{(FeO)} a_{[M]}}$$

式中，FeO 和 MO 的浓度不等于1，而与熔渣组成有关。反应达到平衡时，M 的浓度很低，$r_{[M]} = 1$，而 $a_{Fe} = 1$（取纯铁为标准态）。故上式的平衡常数为：

$$K = \frac{r_{MO} \cdot x_{MO}}{a_{FeO} \cdot [\%M]}$$

从而

$$L_M = \frac{x_{MO}}{[\%M]} = K \frac{a_{FeO}}{r_{MO}} \qquad (9-4)$$

这是由平衡常数导出的分配常数。即元素在两相同的分配比。由式9-4可得出元素氧化的热力学条件为：

（1）温度。元素的氧化是放热的，K 随温度的升高而减小，所以升高温度时，大多数元素的氧化程度均减小（碳的氧化除外），而保持了一定的残存浓度。

（2）熔渣的氧化能力由式9-4可以看出，熔渣的氧化能力愈大及 r_{MO} 愈小，则元素被氧化的程度就愈大。碱度在2左右的氧化渣有最大的氧化能力。r_{MO} 却与熔渣的碱度及氧化物的化学性质有关。形成酸性氧化物的元素，如 Si、P 等在碱性渣内 r_{MO} 很小，容易氧化；相反，形成碱性氧化物的元素，如 Mn，在碱度低的渣内 r_{MO} 很小，更易氧化。

（3）多种元素同时存在。多种元素同时存在时，可同时氧化，但如前所述，其氧化物分解压小的元素氧化的程度大些，而 C 又是冶炼过程中氧化物（CO）的 $\Delta G^{\ominus}$-T 与其他元

素氧化物的 $\Delta G^{\ominus}$-T 相反变化的元素，所以就出现了选择氧化，其温度条件可由两元素形成氧化物的反应组合而得出的反应等温方程计算出。

9.2　钢液中锰及硅的氧化反应

9.2.1　硅的氧化反应

钢液中的硅仍主要在钢液-熔渣的界面上反应

$$[Si] + 2(FeO) === (SiO_2) + 2[Fe]$$

$$K_{Si} = \frac{a_{SiO_2}}{a_{(FeO)}^2 \cdot a_{[Si]}} = \frac{r_{(SiO_2)} \cdot x_{SiO_2}}{a_{(FeO)}^2 f_{[Si]} \cdot [\%Si]} \tag{9-5}$$

而硅的氧化程度：

$$L_{Si} = \frac{x_{SiO_2}}{[\%Si]} = K_{Si} \frac{a_{(FeO)}^2 f_{[Si]}}{r_{(SiO_2)}}$$

由此得出硅的氧化规律。

9.2.1.1　温度的作用

Si 的氧化是强放热反应，在炼钢温度范围内，$\Delta H \approx -389112J$。所以在冶炼之初，硅就大量氧化。到熔氧后期由于渣的碱度较高，SiO_2 与 CaO 形成硅酸钙，r_{SiO_2} 很小，因而 L_{Si} 很大。

9.2.1.2　炉渣成分的影响

在碱性炼钢中，r_{SiO_2} 很小，硅的氧化反应能进行到底，虽然熔炼后期，温度升高时，K 虽有所减小，但因 r_{SiO_2} 很小，所以渣中 SiO_2 难以发生还原。在酸性渣中，冶炼之初硅也强烈地氧化，（FeO-MnO-SiO_2 渣系中 $SiO_2 \approx 50\%$），故其氧化的程度不及碱性渣下的完全。在冶炼后期，温度升高时，K 减小很多。而 $a_{SiO_2} = 1$，故

$$[\%Si] = \frac{1}{K \cdot a_{(FeO)}^2}$$

a_{FeO} 不高（形成硅酸铁），所以渣中 SiO_2 可还原，钢液的硅量可达 0.15% ～ 0.30%，与酸性渣的操作方法有关。这是酸性炼钢法的特点。

9.2.2　锰的氧化反应

锰也是一种较易氧化的元素。它能形成一系列的氧化物：MnO_2、Mn_2O_3、Mn_3O_4、MnO。在这些氧化物中，只有 MnO 在高温下较为稳定。钢液中 Mn 的氧化还原为：

$$[Mn] + [O] === (MnO) \qquad\qquad \Delta G^{\ominus} = -244521 + 108.78T(J) \tag{1}$$

$$[Mn] + \frac{1}{2}O_2 === (MnO) \qquad\qquad \Delta G^{\ominus} = -361464 + 106.39T(J) \tag{2}$$

$$[Mn] + (FeO) === (MnO) + [Fe] \qquad\qquad \Delta G^{\ominus} = -123516 + 56.04T(J) \tag{3}$$

式（2）是熔渣-钢液界面锰的氧化反应，由式（2）可得：

$$K = \frac{a_{(MnO)}}{a_{(FeO)} \cdot a_{[Mn]}} = \frac{r_{(MnO)} \cdot (\%MnO)}{r_{(FeO)} \cdot (\%FeO) \cdot [\%Mn]} \tag{9-6}$$

式 9-6 中 $(\%MnO)/(\%FeO) = x_{MnO}/x_{FeO}$，因为 Mn、MnO 与 Fe、FeO 的原子质量和分子质量相近，故可用质量百分浓度代替摩尔分数。由于锰与铁形成理想溶液，$a_{[Mn]} = [\%Mn]f_{[Mn]} = 1$。在炼钢渣中当 R（碱度）≈ 2 时，$r_{MnO}/r_{FeO} = 1$，$R > 2$ 时 $r_{MnO}/r_{FeO} = 0.67 \sim 0.83$。

$$\lg K = \lg \frac{(\%MnO)}{[\%Mn](\%FeO)} \times \frac{r_{MnO}}{r_{FeO}} = \frac{6440}{T} - 2.95 \tag{9-7}$$

由式 9-7 可得出 Mn 的分配常数式：

$$L_{Mn} = \frac{(\%MnO)}{[\%Mn]} = K \times \frac{a_{FeO}}{r_{MnO}}$$

式中，r_{MnO} 可由渣系的等活度系数图 9-3 查得。

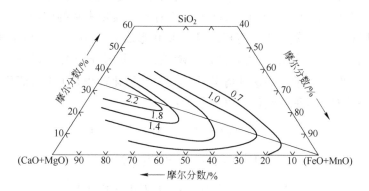

图 9-3　炼钢渣系 MnO 的活度系数 r_{MnO}（1553 ~ 1700℃）

锰的氧化规律为：

（1）温度作用。锰氧化是放热反应，但热量不如硅大，在熔炼温度范围内 $\Delta H = -106274J$。温度升高，K 值减小，氧化程度下降。

（2）炉渣成分的影响。上面所述，当 R（碱度）≈ 2 时，$r_{MnO}/r_{FeO} = 1$；当 $R > 2$ 时，$r_{MnO}/r_{FeO} = 0.83 \sim 0.67$。可见，碱度变化时，$r_{MnO}$ 和 r_{FeO} 都同时增大或减小，因此对锰的影响不如对硅的影响大。因此，熔氧末期炉料中锰大约有 40% 被氧化成渣。进入还原期，由于熔池中加入强脱氧剂，渣中氧的活度下降，使一部分 MnO 还原，增加了钢液中锰的含量。因此，在冶炼高碳钢时注意"回锰"现象，以免锰量出格造成重氧化。

9.3　钢液的脱磷

磷是钢中有害杂质之一，只有在易切削钢中才作为合金元素加入。当钢中磷含量过高时，将产生冷脆现象。某些优质钢种出钢时最大允许的磷含量是 0.02% ~ 0.03%，低碳钢要求磷含量小于 0.004%。

　　高炉冶炼不能控制铁水的磷量。矿石的磷几乎全部进入生铁，致使生铁的含量高达 0.1% ~ 0.2%。生铁中的磷主要是在炼钢过程中利用高碱度氧化渣的作用除去的。碱性电炉熔氧期能脱除钢中大部分磷量，这是生产实践早已证明的。

9.3.1　脱磷的热力学分析

　　由图 9-1 可见，在炼钢温度下，[P] 不能依靠 $P_2O_5(g)$ 的形成而除去，因为 $\Delta G^\ominus > 0$。[P] 只有在氧化时形成的 P_2O_5 与碱性氧化物结合成稳定的磷酸盐才能进入熔渣中。

　　在一般炼钢渣中，最可能与 P_2O_5 结合的碱性氧化物是 FeO 及 CaO。FeO 是通过下述反应形成磷酸铁的：

$$2[P] + 8(FeO) = (3FeO \cdot P_2O_5) + 5[Fe]$$

或

$$2[P] + 8[O] + 3[Fe] = (3FeO \cdot P_2O_5)$$

　　在这里，FeO 不仅是 [P] 的氧化剂，而且又是磷酸铁的形成者。但是磷酸铁是不稳定化合物，只能在较低温度（1400 ~ 1500℃）下存在，实现去磷的作用。

　　冶炼温度提高后，石灰在渣中溶解，[P] 氧化形成 P_2O_5（或磷酸铁分解出 P_2O_5）能与渣中 CaO 结合成在渣中稳定存在的化合物磷酸钙。可用分子式 $3CaO \cdot P_2O_5$ 或 $4CaO \cdot P_2O_5$ 及复杂离子 PO_4^{3-} 表示。在这种情况下，[P] 的氧化剂仍是 FeO，而稳定磷酸盐形成的碱性氧化物是 CaO。这种脱磷反应可表示为：

$$5(FeO) = 5[Fe] + 5[O]$$

$$2[P] + 5[O] = (P_2O_5)$$

$$(P_2O_5) + 4(CaO) = (4CaO \cdot P_2O_5)$$

$$2[P] + 5(FeO) + 4(CaO) = (4CaO \cdot P_2O_5) + 5[Fe]$$

$$\lg K' = \lg \frac{a_{4CaO \cdot P_2O_5}}{[\%P]^2 a_{(FeO)}^5 a_{(CaO)}^4} = -\frac{\Delta G^\ominus}{19.14T}$$

　　由于 [P] 在铁液中形成极稀溶液，故 $f_P = 1$。又渣中 $4CaO \cdot P_2O_5$ 的浓度很低，故 $a_{4CaO \cdot P_2O_5} \approx x_{4CaO \cdot P_2O_5} \approx x_{P_2O_5}$，$a_{FeO}$ 可由 CaO-SiO_2-FeO 渣系的 FeO 等活度曲线图得出，a_{CaO} 可由过剩碱计算出。在这种假定条件下，由实验研究得出：

$$\lg K = \lg \frac{x_{P_2O_5}}{[\%P]^2 x_{(FeO)}^5 x_{(CaO)}^4} = \frac{40067}{T} - 15.06 \tag{9-8}$$

$$L_P = \frac{x_{P_2O_5}}{[\%P]^2} = K \cdot x_{FeO}^5 \cdot x_{CaO}^4 \tag{9-9}$$

式中　x_{FeO}，x_{CaO}——按分子理论得出的自由浓度值。

　　这里假定的复杂氧化物是 $(2CaO \cdot SiO_2)_2$、$(CaO \cdot SiO_2)_2$、$(4CaO \cdot P_2O_5)$、$(CaO \cdot Fe_2O_3)$。

根据离子理论，脱磷反应可表示为：

$$2[P] + 5(Fe^{2+}) + 8(O^{2-}) \Longrightarrow 2(PO_4^{3-}) + 5[Fe]$$

$$K = \frac{a_{PO_4^{3-}}^2}{a_P^2 a_{Fe^{2+}}^5 a_{O^{2-}}^8} = \frac{x_{PO_4^{3-}}^2}{[\%P]^2 x_{Fe^{2+}}^5 x_{O^{2-}}^8} \times \frac{r_{PO_4^{3-}}^2}{r_{Fe^{2+}}^5 r_{O^{2-}}^8} \tag{9-10}$$

$$L_P = \frac{x_{PO_4^{3-}}}{[\%P]^2} = K^{\frac{1}{2}} \times \frac{x_{Fe^{2+}}^{\frac{5}{2}} x_{O^{2-}}^4 - r_{Fe^{2+}}^{\frac{5}{2}} r_{O^{2-}}^4}{r_{PO_4^{3-}}} \tag{9-11}$$

利用式 9-10 及式 9-11 可得出影响 L_P 的因素有以下几个方面。

9.3.1.1　温度的作用

脱磷反应是放热的，$\Delta H = -384kJ/mol$。温度升高，K 值减小，因此低温下 [P] 氧化程度很大，但低温难以获得高碱度的均匀炉渣，所以中温去磷最适宜。

9.3.1.2　炉渣组成的影响

由式 9-9 可见，L_P 随炉渣 FeO 及 CaO 浓度的增加而提高，这种关系从炉渣理论能更好的说明。由式 9-11 知，L_P 随炉渣内 Fe^{2+} 及 O^{2-} 活度的提高以及 PO_4^{3-} 活度系数的降低而提高。O^{2-} 使 [P] 氧化形成的 P^{5+} 结合成络合离子 PO_4^{3-}，而 Fe^{2+} 则吸收 [P] 转变成 P^{5+} 或 PO_4^{3-} 时放出的电子完成电化学反应。Fe^{2+} 来自 FeO，而 O^{2-} 主要来自碱性氧化物，例如 CaO 使其 $r_{O^{2-}}$ 较大。因此 CaO 对提高 L_P 的作用最大。酸性氧化物如 SiO_2，吸收 O^{2-}，降低 O^{2-} 的离子浓度，使 L_P 降低。所以脱磷的炉渣是高碱度氧化铁渣。但如果炉渣 CaO 过高，则炉渣变黏，反而不利于脱磷。所以碱度也不能无限制地提高。由图 9-4 可知，在一定碱度下，开始时，随着渣中 FeO 增加，磷的分配系数增大，超过极大值后，再提高 FeO 浓度，反而使 L_P 下降，这就是说，

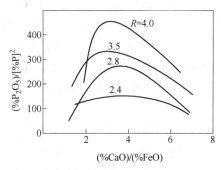

图 9-4　$(\%CaO)/(\%FeO)$ 对 $L_P = (\%P_2O_5)/[\%P]^2$ 的影响（1600℃）

$R = (\%CaO)/(\%SiO_2 + \%P_2O_5)$

为 L_P 达到很大值，渣中 CaO/FeO 比应有最适宜值。当 CaO/FeO 之比达到了 3 左右，L_P 有最大值，并随着碱度的提高而增大，而 FeO 大致在 14% ~18% 范围内。

虽然磷的氧化是强放热反应，低温下易于进行，但在冶炼之初，温度低，适宜于脱磷的高碱度氧化铁渣不能及时形成，所以实际上磷不能氧化。但是在氧气顶吹转炉内，初期渣的氧化铁量提高得很快，石灰就溶解得快，迅速形成碱度高的氧化渣，因而在碳氧化的过程中磷也同时被氧化转入渣中。

9.3.1.3　渣量的影响

增加渣量可以在 L_P 一定时使 [%P] 降低。这是因为渣量的增加意味着 $4CaO \cdot P_2O_5$ 浓度被稀释，从而使 P_2O_5 浓度也相应减小。所以多次换渣操作是脱磷的有效措施，但金

属和热量的损失很大。

根据式 9-11 可见，当渣中 O^{2-} 及 Fe^{2+}，特别是 O^{2-} 的浓度减小时，会使脱磷反应逆向进行，钢液的磷量升高，这称为"回磷"。这种现象发生在钢液脱氧时，加入了大量的硅铁，减小钢液氧量的同时，形成的 SiO_2 进入熔渣，而使碱度降低。在氧气顶吹转炉炼钢时，如果氧枪位过低，渣中 FeO 量少，也使渣发生回磷。为防止回磷，应在冶炼后期脱氧及浇铸过程中防止熔渣碱度降低，并在渣中加入石灰。电炉炼钢氧化期结束时要尽可能扒去含磷的氧化渣，以防止还原期的回磷。

9.3.2　钢液的还原法脱磷

上面说的氧化法脱磷为一般炼钢法中普遍采用的方法。在电弧炼钢炉中遇到高铬镍钢时采用氧化法脱磷就有困难。近年来，国外开发了用 Ca 和 CaC_2 还原脱磷的新工艺。采用还原脱磷工艺不会引起钢中铬、锰、硅等元素的损失，因此日益受到重视。

CaC_2 对不锈钢钢液脱磷时，将按下列反应和钢液中磷作用：

$$CaC_2 =\!\!=\!\!= Ca + 2[C]$$

$$3Ca + 2[P] =\!\!=\!\!= Ca_3P_2$$

金属钙的密度小，沸点较低，直接向钢液中添加很困难；而用惰性气体氩作载气将 CaC_2 粉喷入高铬镍钢中脱磷是有效的。使用 CaC_2 脱磷的工艺中，钢中初始碳含量起着重要作用，它影响 CaC_2 的分解、释放钙的速度。减慢释放钙的速度可以减少钙的汽化损失。但 CaC_2 易于和水蒸气、水反应生成易爆的乙炔气，因此运输和保存较为困难，而且钢液还增碳 0.5% ~ 1.0%。所以在不锈钢的处理中使用钙或碳化钙都不够理想。

我国某钢铁研究单位，对用氩喷吹硅钙作脱磷剂进行了实验。硅钙的脱磷过程可以分为下列两步：

（1）硅的熔化、分解、释放出钙；

（2）钙和钢中杂质反应或汽化等途径消耗掉。

在炼钢温度下，硅钙很快熔化。铁和硅在液态无限互溶。硅钙熔化后硅易于被铁液吸收，释放出钙。这一过程是很快的。产生的钙以下列四种形式消耗掉：

（1）溶解在渣中；

（2）和磷、硫、氧等钢中杂质反应；

（3）和耐火材料、渣以及气氛中的氧反应；

（4）汽化逸散。

为了提高硅钙脱磷的效果，钢液应该预先脱氧、脱硫，还应尽量减少（3）、（4）两项中消耗的钙。对硅钙来说，钢中硅含量对硅钙分解，释放钙的过程没有明显的影响。

采用喷吹技术和在较低的钢液温度下（1500 ~ 1550℃）脱磷，可以减少钙的汽化损失；可在一定时间内连续均匀地向钢液输送硅钙，并使钢液充分搅拌，避免在短时间内集中大量钙。以至来不及和钢液反应就汽化损失掉。在 1530℃ 左右的钢液深处，由于钢水的静压力和大气压力的作用，在较长时间内钙可与钢水作用。所以，应用硅钙还原脱磷在钢液温度较低的情况下，喷吹硅钙可提高脱磷效果。在喷吹硅钙时，渣中混入部分 CaC_2 粉，钢液增碳仅有 0.10% ~ 0.40%。这是由于用硅钙脱磷时，钢液温度较低，不利于碳化钙和钢水作用。并且碳化钙使渣有较强的还原性，使脱磷过程中产生的 Ca_3P_2 在渣中很稳定，从而改善了硅钙的脱磷效果。

总之，通过实验得到硅钙对不锈钢的脱磷工艺条件如下：

（1）钢液还原脱磷采用喷吹工艺是适当的。实验中，喷吹 20kg/t 硅钢，脱磷率为 20% ~ 45%。

（2）钢液的温度对硅钙的脱磷效果有明显的影响，钢液温度在 1500 ~ 1550℃ 范围内效果较好。

（3）钢液应预脱氧并扒除脱氧后的渣，重新用石灰、萤石粉造好渣，防止 Al_2O_3，SiO_2 降低脱磷效果。

（4）在覆盖渣中混加部分碳化钙粉，可以提高钙的脱磷效果。

9.4 钢液的脱碳

9.4.1 脱碳反应的热力学分析

在纯氧顶吹转炉向铁水喷吹高速氧气（氧气射流）脱碳，或在平炉氧化期的吹氧和炉外钢液喷吹 $Ar + O_2$ 的过程中发生下面碳氧化反应：

$$2[C] + O_2 = 2CO \tag{1}$$

若进入铁液中的氧与其碳进行反应，则有反应：

$$[C] + (FeO) = CO + [Fe] \tag{2}$$

此反应是通过熔渣向钢液供氧进行脱碳。应该写成：

$$[C] + [O] = CO \tag{3}$$

但由于反应产物 CO 的形核在铁水内部困难，所以反应（3）常是通过铁水的 [C] 及 [O] 向残存于炉底耐火材料的微孔里的气泡和铁水中上浮的气泡表面上扩散而进行。它是碳氧化的最主要反应，能确定脱碳的热力学条件。当 [%C] 很低（< 0.05%）时，还有反应（4）：

$$[C] + 2[O] = CO_2 \tag{4}$$

反应（3）的平衡常数式为：

$$K_C = \frac{p_{CO}/p^\ominus}{a_{[C]}a_{[O]}} = \frac{p_{CO}/p^\ominus}{f_{[C]}[\%C]f_{[O]}[\%O]} \tag{9-12}$$

长期以来，对脱碳反应做了大量研究工作，得到了很多平衡常数与温度的关系式。常用的有：

$$\lg K_C = \frac{1168}{T} + 2.003 \tag{9-13}$$

$$\lg K_C = \frac{811}{T} + 2.205 \tag{9-14}$$

$$\lg K_C = \frac{1860}{T} + 1.643 \tag{9-15}$$

温度为 1500 ~ 2000℃ ，代入式 9-13，计算结果见表 9-1。

表 9-1　K_C 值

温度/℃	1500	1600	1700	1800	1900	2000
K_C	454	419	389	362	339	324

9.4.2　碳氧乘积 m

式 9-12 又可写成

$$m = \frac{1}{K_C f_{[C]} f_{[O]}} = \frac{[\%C][\%O]}{p_{CO}/p^{\ominus}} \qquad (9\text{-}16)$$

m 值可由 K_C 及 $f_{[C]}$、$f_{[O]}$ 求得。从表 9-1 可见 K_C 随温度的变化不大。又 $f_{[C]}$、$f_{[O]}$ 虽与 [C] 有关，但随着 [%C] 的增加，$f_{[O]}$ 下降，而 $f_{[C]}$ 上升，在 [%C] = 0.02 ~ 2 范围内 $f_{[C]} f_{[O]}$ 值有不大的变化，接近 1 。如图 9-5 所示，当 p'_{CO} = 101325Pa 及 1600℃ 时，得到 $m \approx 0.0025$，从而

$$m p_{CO}/p^{\ominus} = [\%C][\%O] \qquad (9\text{-}17)$$

在炼钢温度（1550 ~ 1620℃）范围内，m 可视为常数，称为碳氧积，是钢液中平衡的 [%O] 与其 [%C] 的关系，可表示为双曲线，如图 9-6 所示。钢水中碳的浓度越低，则氧的浓度越高，亦即熔池含氧量主要决定于含碳量，所以，根据脱碳的要求，可以用它计算钢中平衡含氧量，从而算出所需渣中 FeO 的浓度。

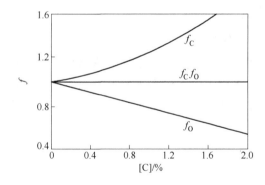
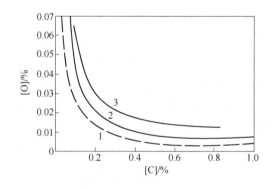

图 9-5　f_O、f_C 及 $f_O f_C$ 与 [%C] 的关系　　　图 9-6　钢中碳和氧的浓度曲线

1—1600℃平衡值；2—电炉实际值；3—平炉实际值

【例 9-1】　设电炉熔池温度为 1600℃，渣的碱度为 2，欲使钢中的碳降到 0.05%，炉渣至少应含多少 FeO？

解：（1）求钢水含氧量。

由于 1600℃ 时，[%C][%O] = 0.002，所以与 0.05[%C] 平衡的钢水氧量为：

$$[\%O] = \frac{0.002}{0.05} = 0.04$$

（2）求渣中 FeO 的活度。

根据 $$[\%O] = 0.23 \times a_{FeO}$$

所以与钢水平衡的渣中 FeO 活度：

$$a_{FeO} = \frac{0.04}{0.23} = 0.174$$

（3）求渣中 FeO 浓度。

在等活度图 8-14 中，根据 $R = 2$、$a_{FeO} = 0.174$ 找到 $x_{FeO} = 0.04$ 即钢水含碳量要降到 0.05%，渣中 FeO 的摩尔分数必须提高到 0.04% 以上。

由式 9-17 可见，钢液的 $[\%C][\%O]$ 积与 p'_{CO} 有关。此 p'_{CO} 在平衡时则等于钢液中气泡所承受的外压，即

$$p'_{CO} = p_{外} = p'_{气} + (\rho_m H_m + \rho_s H_s)g + \frac{2\sigma}{r} \tag{9-18}$$

式中 p'_{CO}——气泡内 CO 的分压，等于其平衡的外压，Pa；

$p'_{气}$——炉气的压力，10^5Pa；

ρ_m，ρ_s——分别为钢液及熔渣的密度，kg/m^3；

H_m，H_s——分别为气泡上面钢液层及渣层的厚度，m；

σ——钢液的表面张力，N/m；

g——重力加速度，m/s^2。

气泡所受的外压等于炉气压力，熔渣层及钢液层的静压力，以及钢液的表面张力对气泡产生的毛细管压力之和。后一压力在气泡萌芽时由于尺寸很小（10^{-6}m），可达到很大的值。$\frac{2\sigma}{r} = \frac{2 \times 1.2}{10^{-6}} = 2.4 \times 10^6$Pa。但是，它却随着气泡半径的长大而减小。当 $r \geq 10^{-3}$m 时，$\frac{2\sigma}{r} = 2.4 \times 10^3$Pa。当 $H_s < 0.15$m 时，$\rho_s H_s \leq 4.4 \times 10^3$Pa，这些项的数值与 $p'_{气} + \rho_m H_m g$ 相比，可忽略不计。于是，在实际计算中可取：

$$p'_{CO} = 10^5 + \rho_m H_m g \tag{9-19}$$

而钢液中与 CO 气泡平衡的氧浓度由式 9-17 得：

$$[\%O] = \frac{mp_{CO}/p^{\ominus}}{[\%C]} \approx \frac{0.0025(1 + \rho_m H_m g \times 10^{-5})}{[\%C]} \tag{9-20}$$

利用式 9-20 可计算金属熔池内各处的平衡氧浓度。接近炉底处（H_m 等于熔池深度）有最大的平衡氧浓度，钢液上中层（$H_m = 0$）有最小的值 $[\%O] = m/[\%C] = 0.0025/[\%C]$。

9.4.3 碳氧化的热效应

碳氧化反应的热效应对冶炼过程有一定的影响。而碳氧化的热效应又因氧化剂种类不同有很大差异。例如：

$$[C] + \frac{1}{2}O_2 = CO \qquad \Delta H = -139.70kJ$$

$$[C] + [O] = CO \qquad \Delta H = -22.40kJ$$

$$[C] + \frac{1}{3}Fe_2O_3 \Longrightarrow CO + \frac{2}{3}[Fe] \qquad \Delta H = 210.79kJ$$

$$[C] + (FeO) \Longrightarrow CO + [Fe] \qquad \Delta H = 98.51kJ$$

　　碳直接氧化和间接氧化反应是放热的,从表 9-1 中可以看出,对于间接氧化反应,不同温度下 K_C 虽然不同,但变化不大。并随温度的升高稍有降低,是个弱放热反应。而直接氧化放热较多,比间接氧化高 5 倍多。用铁矿石及熔渣的 FeO 氧化碳则是吸热的,而又以前者耗热较多。用矿石氧化钢液 1kg 碳要消耗热量 $(210.79/12) \times 10^3 = 17.9 \times 10^3 kJ$,吹入氧氧化 1kg 碳可放出热量 $(139.70/12) \times 10^3 = 11.6 \times 10^3 kJ$。故用氧代替铁矿石脱碳时,每氧化 1kg 碳,熔池可比加矿石多获得约 $(17.9 + 11.6) \times 10^3 kJ$ 的热量。所以,吹氧脱碳使熔池有过剩热量出现,熔池温度提高很快。加铁矿石脱碳及利用熔渣的 FeO 脱碳,则应在提高熔池温度时才能进行。另外,矿石要分批加入,不能一次加入过多,否则会使熔池温度降低太多,影响脱碳反应的进行,一旦温度上来,就会突然沸腾,造成跑钢事故。

习　题

9-1　1600℃时,MnO 和 FeO、锰和铁分别形成理想溶液,若渣中 MnO 和 FeO 的摩尔浓度分别为 0.3 和 0.7,求给定温度下与渣相平衡的铁液中,锰的质量百分浓度。

已知:

$$Fe(1) + \frac{1}{2}O_2 \Longrightarrow FeO(1) \qquad \Delta G^{\ominus} = -232714 + 45.31T$$

$$Mn(1) + \frac{1}{2}O_2 \Longrightarrow MnO(1) \qquad \Delta G^{\ominus} = -354385 + 60.67T$$

$$Mn(1) \Longrightarrow [Mn] \qquad \Delta G^{\ominus} = -38.17T$$

9-2　已知石墨和氧溶于铁液的标准溶解自由能分别为:

$$\Delta G_C^{\ominus} = 21338 - 41.847T$$

$$\Delta G_O^{\ominus} = -117152 - 2.89T$$

$$\Delta G_{CO}^{\ominus} = -117984 - 84.35T$$

求 1600℃时脱氧反应 $[C] + [O] \Longrightarrow CO$ 的平衡常数。设铁水为稀溶液 $f_{[C]}f_{[O]} = 1$, $p_{CO} = 101325Pa$,求同一温度下的碳氧浓度积。

9-3　设 CO、CO_2 混合气体含 CO_2(1)为 14%;(2)为 1.8%。$p_{CO} + p_{CO_2} = 101325Pa$,假定 $f_{[C]} = f_{[O]} = 1$,分别计算 1600℃时与此混合气体平衡的钢液中,碳和氧的浓度积。

已知:

$$CO_2 + [C] \Longrightarrow 2CO \qquad \Delta G^{\ominus} = 144348 - 130T$$

$$CO + [O] \Longrightarrow CO_2 \qquad \Delta G^{\ominus} = -170498 + 92.09T$$

9-4　设钢水含磷 1%,含氧 0.1%,气相中 P_2O_5 的分压为 $101325 \times 10^{-4}Pa$,证明在炼钢温度下,不能按下式脱磷:

$$2[P] + 5[O] \Longrightarrow P_2O_5(g) \qquad \Delta G^{\ominus} = -632621 + 517.73T$$

假定 $f_{[P]}$ 和 $f_{[O]}$ 均为 1。

9-5　炼钢过程中,分析钢水成分如下:C 0.06%、Mn 0.13%、P 0.025%、S 0.028%,假定碳氧化生成的 CO 分压为 $p_{CO} = 101325Pa$,渣中 P_2O_5 的活度为 9.6×10^{-19},熔池温度为 1570℃,试问对钢水含

氧量而言，碳和磷能否处于平衡。

已知：

$$[C] + [O] \rightleftharpoons CO(g) \qquad \Delta G^{\ominus} = -15523 - 42.22T$$

$$2[P] + 5[O] \rightleftharpoons P_2O_5(g) \qquad \Delta G^{\ominus} = -632621 + 517.73T$$

活度的相互作用系数如下：

	S	C	Mn	P
C	0.045	0.23	-0.002	0.047
P	0.041	0.12	-0.012	0

附表 1 各种能量单位之间的关系

单 位	焦耳(J)	大气压·升(atm·L)	热化学卡(Calth)	国际蒸汽表卡(CallT)
焦耳(J)	1	9.80932×10^{-3}	0.239006	0.238846
大气压·升(atm·L)	101.325	1	24.2173	24.2011
热化学卡(Calth)	4.184	4.12929×10^{-2}	1	0.999331
国际蒸汽表卡(CallT)	4.1808	4.13205×10^{-2}	1.00067	1

附表 2 某些物质的基本热力学数据

物 质	$-\Delta H^{\ominus}_{298K}$ /kJ·mol^{-1}	$-\Delta G^{\ominus}_{298K}$ /kJ·mol^{-1}	$S^{\ominus}_{298K}$ /J·mol^{-1}·K^{-1}	$C_P = a + bT + c'T^{-2} + cT^2$				
				a	$b \times 10^3$	$c' \times 10^{-5}$	$c \times 10^6$	温度范围/K
Ag(s)	0.00	0.00	42.70	21.30	8.535	1.506	—	298~1234
AgCl(s)	127.03	109.66	96.11	62.26	4.184	11.30	—	298~728
Ag$_2$CO$_3$	81.17	12.24	167.4	79.37	108.16	—	—	298~450
Ag$_2$O(s)	30.57	0.84	121.71	59.33	40.80	4.184	—	298~500
Al(s)	0.00	0.00	28.32	20.67	12.38	—	—	298~932
AlCl$_3$(s)	705.34	630.20	110.7	77.12	47.83	—	—	273~466
AlF$_3$(s)	1489.5	1410.0	66.53	72.26	45.86	9.623	—	298~727
Al$_2$O$_3$(s)	1674.4	1674.4	50.99	114.77	12.80	35.443	—	298~1800
As(s)	0.00	0.00	35.15	21.88	9.29	—	—	298~1090
As$_2$O$_3$	652.70	576.66	122.7	35.02	203.3	—	—	273~548
B(s)	0.00	0.00	5.94	19.81	5.77	-9.21	—	298~1700
B$_2$O$_3$(s)	1272.7	1193.6	53.85	57.03	73.01	14.06	—	298~723
Ba(α)	0.00	0.00	67.73	22.73	13.18	-0.28	—	298~643
BaCl$_2$(s)	859.39	809.57	123.6	71.13	13.97	—	—	298~1195
BaCO$_3$	1216.2	1136.1	112.1	86.90	48.95	11.97	—	298~1079
BaO(s)	553.54	523.74	70.29	53.30	4.35	-8.30	—	298~1270
Be(s)	0.00	0.00	9.54	19.00	8.58	-3.35	—	298~1556
Bi(s)	0.00	0.00	56.53	22.93	10.13	—	—	298~545
Bi$_2$O$_3$(α)	574.04	493.84	151.5	103.5	33.47	—	—	298~800
Bi$_2$(g)	30.91	3.166	245.3	37.36	0.46	-1.29	—	298~2000
Bi$_2$(l)	0.00	0.00	152.2	71.55	—	—	—	273~334
C 石墨	0.00	0.00	5.74	17.16	4.27	-8.79	—	298~2300
金刚石	-1.90	2.901	2.38	9.12	13.22	-6.20	—	298~1200
C$_2$H$_2$(g)	226.73	20.923	200.8	43.63	31.65	-7.51	6.31	298~2000

物　质	$-\Delta H^{\ominus}_{298K}$	$-\Delta G^{\ominus}_{298K}$	$S^{\ominus}_{298K}$	$C_{P} = a + bT + c'T^{-2} + cT^{2}$				
	/kJ·mol^{-1}	/kJ·mol^{-1}	/J·mol^{-1}·K^{-1}	a	$b \times 10^{3}$	$c' \times 10^{-5}$	$c \times 10^{6}$	温度范围/K
$C_2H_4(g)$	52.47	68.407	219.2	32.63	59.83	—	—	298~1200
$CH_4(g)$	74.81	50.749	186.3	12.54	76.69	1.45	18.0	298~2000
$C_6H_6(l)$	49.04	124.45	173.2	136.1	—	—	—	298~沸点
C_2H_5OH	277.61	174.77	160.71	111.4	—	—	—	298~沸点
$CO(g)$	110.5	137.12	197.6	28.41	4.10	-0.46	—	298~2500
$CO_2(g)$	393.52	394.39	213.7	44.14	9.04	-8.54	—	298~2500
$COCl_2$	220.08	205.79	283.7	65.01	18.17	11.14	4.98	298~2000
$Ca(s)$	0.00	0.00	41.63	21.92	14.64	—	—	298~737
$CaC_2(s)$	59.41	64.53	70.29	68.62	11.88	-8.66	—	298~720
$CaCl_2(s)$	800.82	755.87	113.8	71.88	12.72	-2.51	—	600~1045
$CaCO_3$	1206.8	1127.3	88.00	104.50	21.92	25.94	—	298~1200
$CaF_2(s)$	1221.3	116.88	68.83	59.83	30.46	1.97	—	298~1424
$CaO(s)$	634.29	603.03	39.7	49.62	4.52	-6.95	—	298~2888
$CaS(s)$	476.14	471.05	56.48	42.68	15.90	—	—	273~1000
$CaSiO_3$	1584.0	1559.9	82.00	111.5	15.06	27.28	—	298~1643
Ca_2SiO_4	2255.0	2138.4	120.5	113.6	82.01	—	—	298~948
$CaSO_4$	1432.6	1334.8	160.7	70.21	98.74	—	—	298~1400
$Cd(s)$	0.00	0.00	51.46	22.22	12.30	—	—	298~594
$CdCl_2(s)$	391.62	344.25	115.5	66.94	32.22	—	—	298~841
$CdO(s)$	255.64	226.09	54.81	40.38	8.70	—	—	298~1200
$CdS(s)$	149.36	145.09	69.04	53.97	3.77	—	—	298~1300
$Cl_2(g)$	0.00	0.00	223.01	36.90	0.25	-2.85	—	298~3000
$Co(s)$	0.00	0.00	30.04	19.83	16.74	—	—	298~700
$CoO(s)$	238.91	215.18	52.93	48.28	8.54	1.67	—	298~1800
$Cr(s)$	0.00	0.00	23.77	19.79	12.84	0.259	—	298~2170
$CrCl_2(s)$	405.85	366.67	115.3	63.72	22.18	—	—	298~1088
$Cr_2O_3(s)$	1129.6	1048.0	81.17	119.37	9.20	—	—	298~1800
$Cu(s)$	0.00	0.00	33.35	22.64	6.28	—	—	298~1357
$CuSO_4$	769.98	660.87	109.2	73.41	152.9	12.31	—	298~1078
$CuO(s)$	155.85	120.85	42.59	43.83	16.77	-5.88	—	298~1359
$CuS(s)$	48.53	48.91	66.53	44.35	11.05	—	—	273~1273
$Cu_2O(s)$	170.29	147.56	92.93	56.57	29.29	—	—	298~1509
$Cu_2S(s)$	79.50	86.14	120.9	81.59	—	—	—	298~376
$F_2(g)$	0.00	0.00	203.3	34.69	1.84	-3.35	—	298~2000
$Fe(\alpha)$	0.00	0.00	27.15	17.49	24.77	—	—	273~1033
$FeCl_2(s)$	342.25	303.49	120.1	79.25	8.70	-4.90	—	298~950

物　质	$-\Delta H^{\ominus}_{298K}$	$-\Delta G^{\ominus}_{298K}$	$S^{\ominus}_{298K}$	$C_P = a + bT + c'T^{-2} + cT^2$				
	/kJ·mol^{-1}	/kJ·mol^{-1}	/J·mol^{-1}·K^{-1}	a	$b \times 10^3$	$c' \times 10^{-5}$	$c \times 10^6$	温度范围/K
$FeCl_3(s)$	399.40	334.03	142.3	62.34	115.1	—	—	298~577
$FeCO_3$	740.57	667.69	95.88	48.66	112.1	—	—	298~800
$FeS(\alpha)$	95.40	97.87	67.36	21.72	110.5	—	—	298~411
$FeS(\beta)$	86.15	96.14	92.59	72.80	—	—	—	411~598
$FeS_2(s)$	177.40	166.06	52.93	74.81	5.52	12.76	—	298~1000
$FeSi(s)$	78.66	83.54	62.34	44.85	17.99	—	—	298~900
$FeTiO_3$	1246.4	1169.0	105.9	116.6	18.24	20.04	—	298~1743
$CrCl_2(s)$	405.85	366.67	115.3	63.72	22.18	—	—	298~1088
$Cr_2O_3(s)$	1129.6	1048.0	81.17	119.37	9.20	15.65	—	298~1800
$Cu(s)$	0.00	0.00	33.35	22.64	6.28	—	—	298~1357
$CuSO_4$	769.98	660.87	109.2	73.41	152.9	12.31	—	298~1078
$CuO(s)$	155.85	120.85	42.59	43.83	16.77	−5.88	—	298~1359
$CuS(s)$	48.53	48.91	66.53	44.35	11.05	—	—	273~1273
$Cu_2O(s)$	170.29	147.56	92.93	56.57	29.29	—	—	298~1509
$Cu_2S(s)$	79.50	86.14	120.9	81.59	—	—	—	298~376
$F_2(g)$	0.00	0.00	203.3	34.69	1.84	−3.35	—	298~2000
$Fe(\alpha)$	0.00	0.00	27.15	17.49	24.77	—	—	273~1033
$FeCl_2(s)$	342.25	303.49	120.1	79.25	8.70	−4.90	—	298~950
$FeCl_3(s)$	399.40	334.03	142.3	62.34	115.1	—	—	298~577
$FeCO_3$	740.57	667.69	95.88	48.66	112.1	—	—	298~800
$FeS(\alpha)$	95.40	97.87	67.36	21.72	110.5	—	—	298~411
$FeS(\beta)$	86.15	96.14	92.59	72.80	—	—	—	411~598
$FeS_2(s)$	177.40	166.06	52.93	74.81	5.52	12.76	—	298~1000
$FeSi(s)$	78.66	83.54	62.34	44.85	17.99	—	—	298~900
$FeTiO_3$	1246.4	1169.0	105.9	116.6	18.24	20.04	—	298~1743
$FeO(s)$	272.04	251.50	60.75	50.80	8.614	3.309	—	298~1650
$Fe_2O_3(s)$	825.50	743.71	87.44	98.28	77.82	14.85	—	298~953
$Fe_3O_4(s)$	1118.3	1015.5	146.4	86.27	208.9	—	—	298~866
Fe_2SiO_4	1479.8	1379.1	145.2	152.8	39.16	28.03	—	298~1493
$Fe_3C(s)$	22.59	18.39	101.3	82.17	83.68	—	—	273~463
$Ga(s)$	0.00	0.00	40.88	25.90	—	—	—	298~303
$Ge(s)$	0.00	0.00	31.17	25.02	3.43	−2.34	—	298~1213
$H_2(g)$	0.00	0.00	130.6	27.28	3.26	0.502	—	298~3000
$HCl(g)$	92.31	95.23	186.6	26.53	4.60	2.59	—	298~2000
$H_2O(g)$	242.46	229.24	188.7	30.00	10.71	0.33	—	298~2500
$H_2O(l)$	285.81	237.25	70.08	75.44	—	—	—	273~373
$H_2S(g)$	20.50	33.37	205.7	29.37	15.40	—	—	298~1800

物　质	$-\Delta H^{\ominus}_{298K}$	$-\Delta G^{\ominus}_{298K}$	$S^{\ominus}_{298K}$	$C_P = a + bT + c'T^{-2} + cT^2$				
	/kJ·mol^{-1}	/kJ·mol^{-1}	/J·mol^{-1}·K^{-1}	a	$b \times 10^3$	$c' \times 10^{-5}$	$c \times 10^6$	温度范围/K
Hg(l)	0.00	0.00	76.02	30.38	-11.46	10.15	—	298~630
Hg$_2$Cl$_2$	264.85	210.48	192.5	99.11	23.22	-3.64	—	298~655
HgCl(s)	230.12	184.07	144.5	69.99	20.28	-1.89	—	298~550
I$_2$(s)	0.00	0.00	116.14	-50.64	246.91	27.974	—	298~387
I$_2$(g)	62.42	19.37	260.6	37.40	0.569	0.619	—	298~2000
In(s)	0.00	0.00	57.82	21.51	17.57	—	—	298~529
K(s)	0.00	0.00	71.92	7.84	17.19	—	—	298~336
KCl(s)	436.68	406.62	82.55	40.02	25.47	3.65	—	298~1044
La(s)	0.00	0.00	56.90	25.82	6.69	—	—	298~1141
Li(s)	0.00	0.00	29.08	13.94	34.36	—	—	298~454
LiCl(s)	408.27	384.05	59.30	41.42	23.40	—	—	298~883
Mg(s)	0.00	0.00	32.68	22.30	10.25	-0.43	—	298~923
MgCO$_3$	1096.2	1012.6	65.69	77.91	57.74	17.41	—	298~750
MgCl$_2$	641.41	591.90	89.54	79.08	5.94	-8.62	—	298~987
MgO(s)	601.24	568.98	26.94	48.98	3.31	11.44	—	298~3098
MgSiO$_3$	1548.9	1462.1	67.78	92.25	32.90	17.88	—	298~903
Mn(s)	0.00	0.00	32.01	23.85	14.14	-1.57	—	298~990
MnCO$_3$	894.96	817.62	85.77	92.01	38.91	19.62	—	298~700
MnO(s)	384.93	362.67	59.83	46.48	8.12	-3.68	—	298~1800
MnO$_2$(s)	520.07	465.26	53.14	69.45	10.21	16.23	—	298~523
Mo(s)	0.00	0.00	28.58	21.71	6.94	—	—	298~2890
MoO$_3$(α)	745.17	668.19	77.82	75.19	32.64	-8.79	—	298~1008
N$_2$(g)	0.00	0.00	191.50	27.87	4.268	—	—	298~2500
NH$_3$(g)	46.19	16.58	192.3	29.75	25.10	-1.55	—	298~1800
NH$_4$Cl	314.55	203.25	94.98	38.87	160.2	—	—	298~458
NO(g)	90.29	86.77	210.66	27.58	7.44	-0.15	1.43	298~3000
NO$_2$(g)	33.10	51.24	239.91	35.69	22.91	-4.70	6.33	298~1500
N$_2$O$_4$(g)	—	—	304.26	128.32	1.60	128.6	24.7	298~3000
Na(s)	0.00	0.00	51.17	14.79	44.23	—	—	298~371
NaCl(s)	411.12	384.14	72.13	45.94	16.32	—	—	298~1074
NaOH	428.02	381.96	64.43	71.76	-110.9	—	235	298~568
Na$_2$CO$_3$	1130.7	1048.2	138.78	11.02	244.40	24.49	—	298~723
Na$_2$O(s)	417.98	379.30	75.06	66.22	43.87	-8.13	14.0	298~1023
Na$_2$SO$_4$(s)	1387.2	1269.5	149.62	82.32	154.4	—	—	298~522
Na$_2$SiO$_3$	1561.4	1437.0	113.76	130.29	40.17	27.07	—	298~1362
Na$_3$AlF$_6$	3305.3	3140.5	238.49	172.27	158.5	—	—	298~834

物　质	$-\Delta H^{\ominus}_{298K}$	$-\Delta G^{\ominus}_{298K}$	$S^{\ominus}_{298K}$	$C_P = a + bT + c'T^{-2} + cT^2$				
	/kJ·mol^{-1}	/kJ·mol^{-1}	/J·mol^{-1}·K^{-1}	a	$b \times 10^3$	$c' \times 10^{-5}$	$c \times 10^6$	温度范围/K
Nb(s)	0.00	0.00	36.40	23.72	2.89	—	—	298~2740
Nb$_2$O$_5$(s)	1902.0	1766.5	137.24	154.39	21.42	25.52	—	298~1785
Ni(s)	0.00	0.00	29.88	32.64	-1.80	-5.59	—	298~630
NiCl$_2$(s)	305.43	258.98	97.70	73.22	13.22	-4.98	—	298~1303
NiO(s)	248.58	220.47	38.07	50.17	157.23	16.28	—	298~525
NiS(s)	92.88	94.54	67.36	38.70	53.56	—	—	298~600
O$_2$(g)	0.00	0.00	205.04	29.96	4.184	-1.67	—	298~3000
P(黄)	17.45	—	41.09	19.12	15.82	—	—	298~317
P(赤)	0.00	0.00	22.80	16.95	14.89	—	—	298~870
P$_4$(g)	128.74	—	279.90	81.85	0.68	13.44	—	298~2000
P$_2$O$_5$(s)	1548.0	1422.2	135.98	—	—	—	—	
Pb(s)	0.00	0.00	64.81	23.55	9.74	—	—	298~601
PbO(s)	219.28	188.87	65.27	41.46	15.33	—	—	298~762
PbO$_2$(s)	270.08	212.48	76.57	53.14	32.64	—	—	298~1000
PbS(s)	100.42	98.78	91.21	46.43	10.26	—	—	298~1387
PbSO$_4$(s)	918.39	811.62	148.53	45.86	129.70	15.57	—	298~1139
Rb(s)	0.00	0.00	75.73	13.68	57.66	—	—	298~312
S 斜方	0.00	0.00	31.92	14.98	26.11	—	—	298~369
S 单斜	-2.07	0.249	38.03	14.90	29.12	—	—	369~388
S(g)	278.99	—	167.78	21.92	-0.46	1.86	—	298~2000
S$_2$(g)	—	—	228.07	35.73	1.17	-3.31	—	298~2000
SO$_2$(g)	296.90	298.40	248.11	43.43	10.63	-5.94	—	298~1800
SO$_3$(g)	395.76	371.06	256.6	57.15	27.35	12.91	7.72	298~2000
Sb(s)	0.00	0.00	45.52	22.34	8.954	—	—	298~903
Sb$_2$O$_5$(s)	971.94	829.34	125.10	45.81	240.9	—	—	298~500
Se(s)	0.00	0.00	41.97	15.99	30.20	—	—	273~423
Si(s)	0.00	0.00	18.82	22.82	3.86	-3.54	—	298~1685
SiC(s)	73.22	70.85	16.61	50.79	1.950	—	8.20	298~594
SiCl$_4$(l)	686.93	620.33	241.36	140.16	—	—	—	298~331
SiCl$_4$(g)	653.88	587.05	341.97	106.24	0.96	14.77	—	298~2000
SiO$_2$(α)	910.86	856.50	41.46	43.92	38.81	-9.68	—	298~847
SiO$_2$(β)	875.93	840.42	104.71	58.91	10.04	—	—	847~1696

物　质	$-\Delta H^{\ominus}_{298K}$	$-\Delta G^{\ominus}_{298K}$	$S^{\ominus}_{298K}$	$C_P = a + bT + c'T^{-2} + cT^2$				
	$/\text{kJ}\cdot\text{mol}^{-1}$	$/\text{kJ}\cdot\text{mol}^{-1}$	$/\text{J}\cdot\text{mol}^{-1}\cdot\text{K}^{-1}$	a	$b\times10^3$	$c'\times10^{-5}$	$c\times10^6$	温度范围/K
SiO(g)	100.42	127.28	211.46	29.82	8.24	−2.06	2.28	298~2000
Sn(白)	0.00	0.00	51.55	21.59	18.16	—	—	298~505
Sn(灰)	−2.51	−4.53	44.77	18.49	26.36	—	—	298~505
SnCl$_2$(s)	325.10	281.82	129.70	67.78	38.74	—	—	298~520
SnO(s)	285.77	256.69	56.48	39.96	14.64	—	—	298~1273
SnO$_2$(s)	580.74	519.86	52.3	73.89	10.04	—	—	298~1500
Sr(s)	0.00	0.00	52.3	22.22	13.89	—	—	298~862
SrCl$_2$(s)	829.27	782.02	117.15	76.15	10.21	—	—	298~1003
SrO(s)	603.33	573.40	54.39	51.63	4.69	−7.56	—	298~1270
SrO$_2$(s)	654.38	593.90	54.39	73.97	18.41	—	—	—
Th(s)	0.00	0.00	53.39	24.15	10.66	—	—	298~800
ThCl$_4$(s)	1190.3	1096.4	184.31	126.98	13.56	−9.12	—	298~679
Ti(s)	0.00	0.00	30.65	22.16	10.28	—	—	298~1155
TiC(s)	190.37	186.78	24.27	49.95	0.98	—	1.89	298~3290
TiCl$_2$(s)	515.47	465.91	87.36	65.36	18.02	−3.46	—	298~1300
TiCl$_4$(l)	804.16	737.33	252.40	142.79	8.71	−0.16	—	298~409
TiCl$_4$(g)	763.16	726.81	354.80	107.18	0.47	—	—	298~2000
TiO$_2$	944.75	889.51	50.33	62.86	11.36	−9.96	—	298~2143
U(s)	0.00	0.00	51.46	10.92	37.45	4.90	—	298~941
V(s)	0.00	0.00	28.79	20.50	10.79	0.84	—	298~2190
V$_2$O$_5$(s)	1557.7	1549.0	130.96	194.72	−16.32	55.31	—	298~943
W(s)	0.00	0.00	32.66	22.92	4.69	—	—	298~2500
WO$_3$(s)	842.91	764.14	75.90	87.65	16.17	17.50	—	298~1050
Zn(s)	0.00	0.00	41.63	22.38	10.04	—	—	289~693
Zn(l)	—	—	—	31.38	—	—	—	693~1184
Zn(g)	—	—	—	20.79	—	—	—	298~2000
ZnO(s)	348.11	318.12	43.51	48.99	5.10	−9.12	—	298~1600
ZnS(s)	201.67	196.96	57.74	50.89	5.19	−5.69	—	298~1200
Zr(s)	0.00	0.00	38.91	21.97	11.63	—	—	298~1135
ZrC(s)	196.65	193.27	33.32	55.12	3.38	—	—	298~3500
ZrCl$_4$(s)	981.98	889.03	173.01	133.45	0.16	—	—	298~710
ZrO$_2$(s)	1094.1	1036.4	50.36	69.62	7.53	14.06	—	298~1478

附表 3　一些物质的熔点、熔化热、沸点、蒸发热、转变点、转变热

物　质	熔点/℃	熔化热 /kJ·mol^{-1}	沸点/℃	蒸发热 /kJ·mol^{-1}	转变点/℃	转变热 /kJ·mol^{-1}
Al	660.1	10.47	2520	291.4	—	—
Al_2O_3	2030	527.2	(3300)	—	(1000)	(86.19)
Bi	271	10.89	1564	179.2	—	—
C	(5000)	—				
Ca	839	8.07	1484	167.1	460	1.00
CaO	2600	(79.50)	(3500)	—	—	—
$CaSiO_3$	1540	(56.07)	—	—	1190	(5.44)
Ca_2SiO_4	2130	—	—	—	675;1420	4.44;3.26
Cd	320.9	6.41	767	99.6	—	—
Cr	1860	(20.9)	2680	342.1	—	—
Cu	1083.4	13.02	2560	304.8	—	—
Fe	1536	15.2	2860	340.4	910;1400	0.92;1.09
FeO	1378	31.0	—	—	—	—
Fe_3O_4	1597	138.2	—	—	593	
Fe_2O_3	1457	—	分解	—	(680)	0.67;—
Fe_3C	1227	51.46	分解	—	190	0.67
Fe_2SiO_4	1220	133.9	—	—	—	—
$FeTiO_3$	1370	11.34	分解	—	—	—
H_2O	0	6.016	100	41.11	—	—
Mg	649	8.71	1090	134.0	—	—
MgO	2642	77.0	2770	—	—	—
Mn	1244	(14.7)	2060	231.1	718;1100;1138	1.92;2.30;1.80
MnO	1785	54.0	—	—	—	—
Mo(s)	2615	35.98	4610	590.3	—	—
N_2	−210.0	0.720	−195.8	5.581	−237.5	0.23
NaCl	800	28.5	1465	170.3	—	—
Na_2SiO_3	1088	52.3	—	—	—	—
Ni	1455	17.71	2915	374.3	—	—
O_2	−218.8	0.445	−183.0	6.8	−249.5; −229.4	0.00938; 0.7436
Pb	327.4	4.98	1750	178.8	—	—
Ti	1667	(18.8)	3285	425.8	882	3.48
Si	1412	50.66	3270	384.8	—	—
SiO_2	1713	15.1	—	—	250	1.3
TiO_2	1840	648.5	—	—	—	—
V	1902	209.30	3410	457.2	—	—
W	3400	(46.9)	5555	(737)	—	—
Zn	419.5	7.20	911	115.1	—	—

注：括号中的数字是参考《Metals reference book》(1976) 的数据。

附表4 某些反应的标准吉布斯自由能变化 $\Delta G^{\ominus} = A + BT$

反　　应	$A/\text{J} \cdot \text{mol}^{-1}$	$B/\text{J} \cdot \text{mol}^{-1} \cdot \text{K}^{-1}$	温度范围/K
$\frac{4}{3}\text{Al(s)} + \text{O}_2 = \frac{2}{3}\text{Al}_2\text{O}_3(\text{s})$	-1115500	209.2	$298 \sim 932$
$\frac{4}{3}\text{Al(s)} + \text{O}_2 = \frac{2}{3}\text{Al}_2\text{O}_3(\text{s})$	-1120500	214.2	$932 \sim 2345$
$4\text{Ag(s)} + \text{O}_2 = 2\text{Ag}_2\text{O(s)}$	-58576	122.2	$273 \sim 480$
$\frac{4}{3}\text{As(s)} + \text{O}_2 = \frac{2}{3}\text{As}_2\text{O}_3(\text{s})$	-435154	178.7	$298 \sim 585$
$\frac{4}{3}\text{B(s)} + \text{O}_2 = \frac{2}{3}\text{B}_2\text{O}_3(\text{s})$	-838890	167.8	$298 \sim 723$
$\frac{4}{3}\text{Bi(s)} + \text{O}_2 = \frac{2}{3}\text{Bi}_2\text{O}_3(\text{s})$	-384900	177.0	$298 \sim 544$
$2\text{C(s)} + \text{O}_2 = 2\text{CO}$	-232600	-167.8	$298 \sim 3400$
$\text{C(s)} + \text{O}_2 = \text{CO}_2$	-395390	0	$298 \sim 3400$
$2\text{Ca(s)} + \text{O}_2 = 2\text{CaO(s)}$	-1267800	201.3	$298 \sim 1123$
$2\text{Cd(s)} + \text{O}_2 = 2\text{CdO(s)}$	-518800	197.1	$298 \sim 594$
$\frac{4}{3}\text{Ce(s)} + \text{O}_2 = \frac{2}{3}\text{Ce}_2\text{O}_3(\text{s})$	-1195400	189.1	$298 \sim 1077$
$\text{Ce(s)} + \text{O}_2 = \text{CeO}_2(\text{s})$	-1085700	211.3	$298 \sim 1077$
$2\text{Co(s)} + \text{O}_2 = 2\text{CoO(s)}$	-477800	173.2	$298 \sim 1768$
$\frac{4}{3}\text{Cr(s)} + \text{O}_2 = \frac{2}{3}\text{Cr}_2\text{O}_3(\text{s})$	-746800	170.3	$298 \sim 2176$
$4\text{Cu(s)} + \text{O}_2 = 2\text{Cu}_2\text{O(s)}$	-334700	144.3	$298 \sim 1357$
$4\text{Cu(l)} + \text{O}_2 = 2\text{Cu}_2\text{O(s)}$	-324700	137.6	$1357 \sim 1509$
$2\text{Cu(s)} + \text{O}_2 = 2\text{CuO(s)}$	-311700	180.3	$298 \sim 1357$
$2\text{Fe(s)} + \text{O}_2 = 2\text{FeO(s)}$	-519200	125.1	$298 \sim 1642$
$2\text{Fe(s)} + \text{O}_2 = 2\text{FeO(l)}$	-441400	77.8	$1642 \sim 1809$
$2\text{Fe(l)} + \text{O}_2 = 2\text{FeO(l)}$	-459400	87.4	$1809 \sim 2000$
$\frac{4}{3}\text{Fe(s)} + \text{O}_2 = \frac{2}{3}\text{Fe}_2\text{O}_3(\text{s})$	-540600	170.3	$298 \sim 1809$
$\frac{3}{2}\text{Fe(l)} + \text{O}_2 = \frac{1}{2}\text{Fe}_3\text{O}_4(\text{s})$	-589100	180.3	$1809 \sim 1867$
$2\text{H}_2 + \text{O}_2 = 2\text{H}_2\text{O(g)}$	-499200	114.2	$298 \sim 3400$
$2\text{Hg(g)} + \text{O}_2 = 2\text{HgO(s)}$	-281600	380.3	$630 \sim 740$
$2\text{Hg(l)} + \text{O}_2 = 2\text{HgO(s)}$	-184100	225.9	$298 \sim 630$
$4\text{K(s)} + \text{O}_2 = 2\text{K}_2\text{O(s)}$	-719600	261.5	$273 \sim 336$
$\frac{4}{3}\text{La(s)} + \text{O}_2 = \frac{2}{3}\text{La}_2\text{O}_3(\text{s})$	-1192000	277.4	$298 \sim 1193$

反　应	$A/\text{J} \cdot \text{mol}^{-1}$	$B/\text{J} \cdot \text{mol}^{-1} \cdot \text{K}^{-1}$	温度范围/K
$2Mg(s) + O_2 = 2MgO(s)$	-1196600	208.4	$298 \sim 923$
$2Mg(l) + O_2 = 2MgO(s)$	-1225900	240.2	$923 \sim 1376$
$2Mg(g) + O_2 = 2MgO(s)$	-1428800	387.4	$1376 \sim 3125$
$2Mn(s) + O_2 = 2MnO(s)$	-769900	149.0	$298 \sim 1517$
$Mn(s) + O_2 = MnO_2(s)$	-523000	201.7	$298 \sim 1120$
$\frac{2}{3}Mo(s) + O_2 = \frac{2}{3}MoO_3(s)$	-502100	168.6	$298 \sim 1068$
$2Ni(s) + O_2 = 2NiO(s)$	-477000	168.6	$298 \sim 1725$
$\frac{4}{5}P(s) + O_2 = \frac{2}{5}P_2O_5(s)$	-594100	311.7	$298 \sim 631$
$2Pb(s) + O_2 = 2PbO(s)$	-435100	192.0	$298 \sim 762$
$2Pb(l) + O_2 = 2PbO(s)$	-425100	179.1	$762 \sim 1159$
$\frac{1}{2}S_2(g) + O_2 = SO_2$	-362300	72.0	$298 \sim 3400$
$\frac{1}{3}S_2(g) + O_2 = \frac{2}{3}SO_3$	-304600	107.9	$298 \sim 2500$
$\frac{4}{3}Sb(s) + O_2 = \frac{2}{3}Sb_2O_3(s)$	-464400	171.1	$298 \sim 904$
$Si(s) + O_2 = SiO_2(s)$	-905800	175.7	$298 \sim 1685$
$Si(l) + O_2 = SiO_2(s)$	-866500	152.3	$1685 \sim 1696$
$2Si(l) + O_2 = 2SiO(g)$	-310500	-94.6	$1686 \sim 2000$
$Sn(s) + O_2 = SnO_2(s)$	-580700	205.4	$298 \sim 505$
$Sn(l) + O_2 = SnO_2(s)$	-584100	212.5	$505 \sim 2140$
$2Sr(s) + O_2 = 2SrO(s)$	-1175700	192.5	$298 \sim 1043$
$Ti(s) + O_2 = TiO_2(s)$	-943500	179.1	$298 \sim 1940$
$Ti(l) + O_2 = TiO_2(s)$	-941800	178.2	$1940 \sim 2128$
$2V(s) + O_2 = 2VO(s)$	-829300	156.1	$298 \sim 2190$
$\frac{4}{5}V(s) + O_2 = \frac{2}{5}V_2O_5(l)$	-625500	175.3	$298 \sim 943$
$\frac{4}{5}V(s) + O_2 = \frac{2}{5}V_2O_5(s)$	-561500	107.5	$943 \sim 2190$
$\frac{2}{3}W(s) + O_2 = \frac{2}{3}WO_3(s)$	-556500	158.6	$298 \sim 1743$
$\frac{2}{3}W(s) + O_2 = \frac{2}{3}WO_3(l)$	-484500	117.2	$1743 \sim 2100$
$2Zn(s) + O_2 = 2ZnO(s)$	-694500	193.3	$298 \sim 693$
$2Zn(l) + O_2 = 2ZnO(s)$	-709600	214.6	$693 \sim 1180$
$Zr(s) + O_2 = ZrO_2(s)$	-1096200	189.1	$298 \sim 2125$
$4Ag(s) + S_2 = 2Ag_2S(s)$	-187400	79.5	$298 \sim 1115$

反　　应	$A/\mathrm{J} \cdot \mathrm{mol}^{-1}$	$B/\mathrm{J} \cdot \mathrm{mol}^{-1} \cdot \mathrm{K}^{-1}$	温度范围/K
$\mathrm{C}(石墨) + \mathrm{S}_2 = \mathrm{CS}_2(\mathrm{s})$	-12970	-7.1	$298 \sim 2500$
$2\mathrm{Ca}(\mathrm{s}) + \mathrm{S}_2 = 2\mathrm{CaS}(\mathrm{s})$	-1083200	190.8	$298 \sim 673$
$2\mathrm{Ca}(\mathrm{l}) + \mathrm{S}_2 = 2\mathrm{CaS}(\mathrm{s})$	-1084000	192.0	$673 \sim 1124$
$2\mathrm{Cd}(\mathrm{s}) + \mathrm{S}_2 = 2\mathrm{CdS}(\mathrm{s})$	-439300	181.2	$298 \sim 594$
$2\mathrm{Cd}(\mathrm{l}) + \mathrm{S}_2 = 2\mathrm{CdS}(\mathrm{s})$	-451000	200.8	$594 \sim 1038$
$4\mathrm{Cu}(\mathrm{s}) + \mathrm{S}_2 = 2\mathrm{Cu}_2\mathrm{S}(\mathrm{s})$	-262300	61.1	$298 \sim 1356$
$2\mathrm{Cu}(\mathrm{s}) + \mathrm{S}_2 = 2\mathrm{CuS}(\mathrm{s})$	-225900	143.5	$298 \sim 900$
$2\mathrm{Fe}(\mathrm{s}) + \mathrm{S}_2 = 2\mathrm{FeS}(\mathrm{s})$	-304600	156.9	$298 \sim 1468$
$2\mathrm{Fe}(\mathrm{s}) + \mathrm{S}_2 = 2\mathrm{FeS}(\mathrm{l})$	-112100	25.9	$1468 \sim 1809$
$\mathrm{Fe}(\mathrm{s}) + \mathrm{S}_2 = \mathrm{FeS}_2(\mathrm{s})$	-180700	186.6	$298 \sim 1200$
$2\mathrm{H}_2 + \mathrm{S}_2 = 2\mathrm{H}_2\mathrm{S}(\mathrm{s})$	-180300	98.7	$298 \sim 2500$
$2\mathrm{Mn}(\mathrm{s}) + \mathrm{S}_2 = 2\mathrm{MnS}(\mathrm{s})$	-535600	130.5	$298 \sim 1517$
$\mathrm{Mo}(\mathrm{s}) + \mathrm{S}_2 = \mathrm{MoS}_2(\mathrm{s})$	-362300	203.8	$298 \sim 1780$
$4\mathrm{Na}(\mathrm{l}) + \mathrm{S}_2 = 2\mathrm{Na}_2\mathrm{S}(\mathrm{s})$	-880300	263.2	$371 \sim 1156$
$3\mathrm{Ni}(\mathrm{s}) + \mathrm{S}_2 = \mathrm{Ni}_3\mathrm{S}_2(\mathrm{s})$	-328000	159.0	$298 \sim 800$
$2\mathrm{Pb}(\mathrm{s}) + \mathrm{S}_2 = 2\mathrm{PbS}(\mathrm{s})$	-317100	157.7	$298 \sim 600$
$2\mathrm{Pb}(\mathrm{l}) + \mathrm{S}_2 = 2\mathrm{PbS}(\mathrm{s})$	-327200	174.5	$600 \sim 1392$
$2\mathrm{Zn}(\mathrm{s}) + \mathrm{S}_2 = 2\mathrm{ZnS}(\mathrm{s})$	-487900	161.1	$298 \sim 693$
$4\mathrm{Na}(\mathrm{l}) + \mathrm{S}_2 = 2\mathrm{Na}_2\mathrm{S}(\mathrm{s})$	-880300	263.2	$371 \sim 1156$
$3\mathrm{Ni}(\mathrm{s}) + \mathrm{S}_2 = \mathrm{Ni}_3\mathrm{S}_2(\mathrm{s})$	-328000	159.0	$298 \sim 800$
$2\mathrm{Pb}(\mathrm{s}) + \mathrm{S}_2 = 2\mathrm{PbS}(\mathrm{s})$	-317100	157.7	$298 \sim 600$
$2\mathrm{Pb}(\mathrm{l}) + \mathrm{S}_2 = 2\mathrm{PbS}(\mathrm{s})$	-327200	174.5	$600 \sim 1392$
$2\mathrm{Zn}(\mathrm{s}) + \mathrm{S}_2 = 2\mathrm{ZnS}(\mathrm{s})$	-487900	161.1	$298 \sim 693$
$2\mathrm{Al}(\mathrm{s}) + \mathrm{N}_2 = 2\mathrm{AlN}(\mathrm{s})$	-603800	194.6	$298 \sim 932$
$2\mathrm{B}(\mathrm{s}) + \mathrm{N}_2 = 2\mathrm{BN}(\mathrm{s})$	-507900	182.8	$298 \sim 2300$
$4\mathrm{Cr}(\mathrm{s}) + \mathrm{N}_2 = 2\mathrm{Cr}_2\mathrm{N}(\mathrm{s})$	-184100	100.4	$298 \sim 2176$
$8\mathrm{Fe}(\mathrm{s}) + \mathrm{N}_2 = 2\mathrm{Fe}_4\mathrm{N}(\mathrm{s})$	-242700	102.5	$298 \sim 1809$
$3\mathrm{Mg}(\mathrm{s}) + \mathrm{N}_2 = \mathrm{Mg}_3\mathrm{N}_2(\mathrm{s})$	-458600	198.7	$298 \sim 923$
$3\mathrm{H}_2 + \mathrm{N}_2 = 2\mathrm{NH}_3(\mathrm{g})$	-100800	228.4	$298 \sim 2000$
$\frac{3}{2}\mathrm{Si}(\mathrm{s}) + \mathrm{N}_2 = \frac{1}{2}\mathrm{Si}_3\mathrm{N}_4(\mathrm{s})$	-376600	168.2	$298 \sim 1680$
$2\mathrm{Ti}(\mathrm{s}) + \mathrm{N}_2 = 2\mathrm{TiN}(\mathrm{s})$	-671500	187.9	$298 \sim 1940$

续附表 4

反　　应	$A/\text{J} \cdot \text{mol}^{-1}$	$B/\text{J} \cdot \text{mol}^{-1} \cdot \text{K}^{-1}$	温度范围/K
$2V(s) + N_2 = 2VN(s)$	-348500	166.1	$298 \sim 2190$
$4Al(s) + 3C = Al_4C_3(s)$	-215900	41.8	$298 \sim 932$
$4Al(l) + 3C = Al_4C_3(s)$	-266500	96.2	$932 \sim 2000$
$3Fe(s) + C(s) = Fe_3C(s)$	26690	-24.8	$463 \sim 1115$
$3Fe(l) + C(s) = Fe_3C(s)$	10350	-10.2	$1809 \sim 2000$
$Si(s) + C(s) = SiC(s)$	-63760	7.2	$1500 \sim 1686$
$Si(l) + C(s) = SiC(s)$	-114400	37.2	$1686 \sim 2000$
$Ti(\alpha) + C(s) = TiC(s)$	-183100	10.1	$298 \sim 1155$
$Ti(\beta) + C(s) = TiC(s)$	-186600	13.2	$1155 \sim 2000$
$W(s) + C(s) = WC(s)$	-37660	1.7	$298 \sim 2000$
$3Zr(s) + C(s) = Zr_3C(s)$	-184500	9.2	$298 \sim 2200$
$2Ag(s) + Cl_2 = 2AgCl(s)$	-251000	106.7	$298 \sim 728$
$\frac{2}{3}Al(s) + Cl_2 = \frac{2}{3}AlCl_3(s)$	-464000	161.9	$298 \sim 465$
$\frac{2}{3}Al(s) + Cl_2 = \frac{2}{3}AlCl_3(l)$	-455200	143.5	$465 \sim 500$
$\frac{1}{2}C(s) + Cl_2 = \frac{1}{2}CCl_4(g)$	-51460	66.5	$298 \sim 2500$
$C(s) + \frac{1}{2}O_2 + Cl_2 = COCl_2(g)$	-221800	39.3	$298 \sim 2000$
$Cu(s) + Cl_2 = CuCl_2(s)$	-200400	129.3	$298 \sim 500$
$H_2 + Cl_2 = 2HCl(g)$	-188300	12.1	$298 \sim 2500$
$Hg(l) + Cl_2 = HgCl_2(s)$	-223400	155.2	$298 \sim 550$
$Mg(s) + Cl_2 = MgCl_2(s)$	-631800	158.6	$298 \sim 923$
$Mg(l) + Cl_2 = MgCl_2(s)$	-509600	26.4	$923 \sim 987$
$Mg(l) + Cl_2 = MgCl_2(l)$	-610900	128.9	$987 \sim 1376$
$\frac{1}{2}Si(s) + Cl_2 = \frac{1}{2}SiCl_4(l)$	-307100	88.7	$298 \sim 330$
$\frac{1}{2}Si(s) + Cl_2 = \frac{1}{2}SiCl_4(g)$	-297500	59.4	$330 \sim 1653$
$\frac{1}{2}Ti(s) + Cl_2 = \frac{1}{2}TiCl_4(l)$	-400000	110.5	$298 \sim 409$
$\frac{1}{2}Ti(s) + Cl_2 = \frac{1}{2}TiCl_4(g)$	-379500	60.7	$409 \sim 1940$

附表5 元素的相对原子质量表

原子序数	元素符号	元素名称	相对原子质量	原子序数	元素符号	元素名称	相对原子质量
1	H	氢	1.0079	34	Se	硒	78.96
2	He	氦	4.00260	35	Br	溴	79.904
3	Li	锂	6.941	36	Kr	氪	83.80
4	Be	铍	9.01218	37	Rb	铷	85.4678
5	B	硼	10.81	38	Sr	锶	87.62
6	C	碳	12.011	39	Y	钇	88.9059
7	N	氮	14.0067	40	Zr	锆	91.22
8	O	氧	15.9994	41	Nb	铌	92.9064
9	F	氟	18.9984	42	Mo	钼	95.94
10	Ne	氖	20.179	43	Tc	锝	[98]
11	Na	钠	22.9898	44	Ru	钌	101.07
12	Mg	镁	24.305	45	Rh	铑	102.9055
13	Al	铝	26.9815	46	Pd	钯	106.42
14	Si	硅	28.0855	47	Ag	银	107.868
15	P	磷	30.9738	48	Cd	镉	112.41
16	S	硫	32.06	49	In	铟	114.82
17	Cl	氯	35.453	50	Sn	锡	118.71
18	Ar	氩	39.948	51	Sb	锑	121.75
19	K	钾	39.0983	52	Te	碲	127.60
20	Ca	钙	40.08	53	I	碘	126.9045
21	Sc	钪	44.9559	54	Xe	氙	131.29
22	Ti	钛	47.88	55	Cs	铯	132.9054
23	V	钒	50.9415	56	Ba	钡	137.33
24	Cr	铬	51.996	57	La	镧	138.9055
25	Mn	锰	54.9380	58	Ce	铈	140.12
26	Fe	铁	55.847	59	Pr	镨	140.9077
27	Co	钴	58.9332	60	Nd	钕	144.24
28	Ni	镍	58.69	61	Pm	钷	[147]
29	Cu	铜	63.546	62	Sm	钐	150.36
30	Zn	锌	65.38	63	Eu	铕	151.96
31	Ga	镓	69.72	64	Gd	钆	157.25
32	Ge	锗	72.64	65	Tb	铽	158.9253
33	As	砷	74.9216	66	Dy	镝	162.50

原子序数	元素符号	元素名称	相对原子质量	原子序数	元素符号	元素名称	相对原子质量
67	Ho	钬	164.9303	89	Ac	锕	227.0278
68	Er	铒	167.26	90	Th	钍	232.0381
69	Tm	铥	168.9342	91	Pa	镤	231.0359
70	Yb	镱	173.04	92	U	铀	238.0289
71	Lu	镥	174.967	93	Np	镎	237.0482
72	Hf	铪	178.49	94	Pu	钚	[244]
73	Ta	钽	180.9479	95	Am	镅	[243]
74	W	钨	183.85	96	Cm	锔	[247]
75	Re	铼	186.207	97	Bk	锫	[247]
76	Os	锇	190.2	98	Cf	锎	[251]
77	Ir	铱	192.22	99	Es	锿	[252]
78	Pt	铂	195.08	100	Fm	镄	[257]
79	Au	金	196.9665	101	Md	钔	[258]
80	Hg	汞	200.59	102	No	锘	[259]
81	Tl	铊	204.383	103	Lr	铹	[260]
82	Pb	铅	207.2	104	Rf	𬬻	[261]
83	Bi	铋	208.9804	105	Db	𬭊	[262]
84	Po	钋	[209]	106	Sg	𬭳	[263]
85	At	砹	[210]	107	Bh	𬭛	[264]
86	Rn	氡	[222]	108	Hs	𬭶	[265]
87	Fr	钫	[223]	109	Mt	鿏	[268]
88	Ra	镭	226.0254				

参 考 文 献

[1] 梁应教. 物理化学[M]. 北京：冶金工业出版社，1989.

[2] 傅献彩，沈文霞，姚天扬，侯文华. 物理化学[M]. 北京：高等教育出版社，2006.

[3] 印永嘉，奚正楷，张树永. 物理化学简明教程[M]. 北京：高等教育出版社，2007.

[4] 黄希祜. 钢铁冶金原理[M]. 北京：冶金工业出版社，1990.

[5] 郭汉杰. 冶金物理化学教程[M]. 北京：冶金工业出版社，2004.